제주,
오름,
기행

제주를 두 번째 여행하는 당신을 위한 오름 40곳

제주,
오름,
기행

손민호 지음

북하우스

한라산처럼 거대한 세상을 만들지는 못하지만,

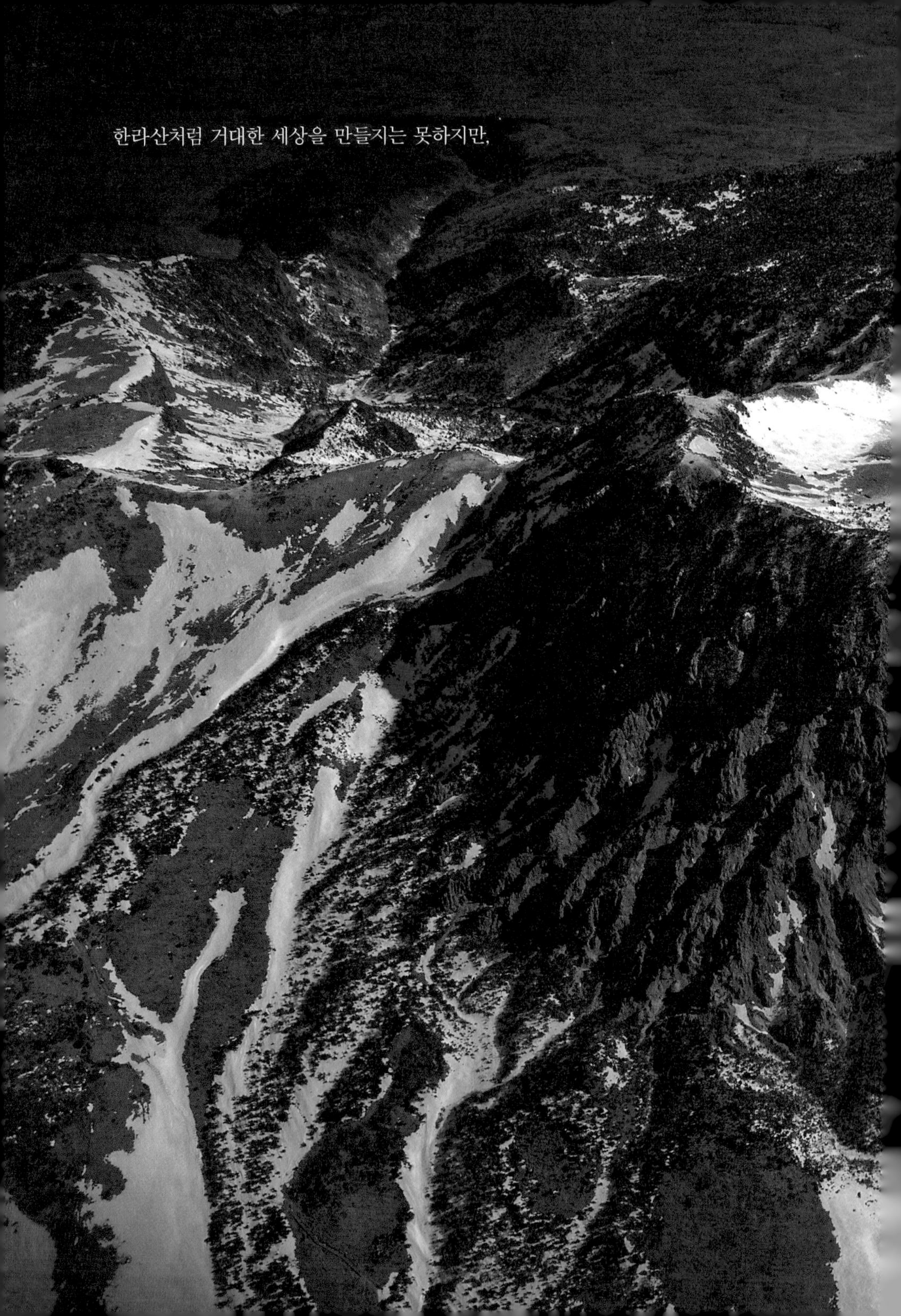

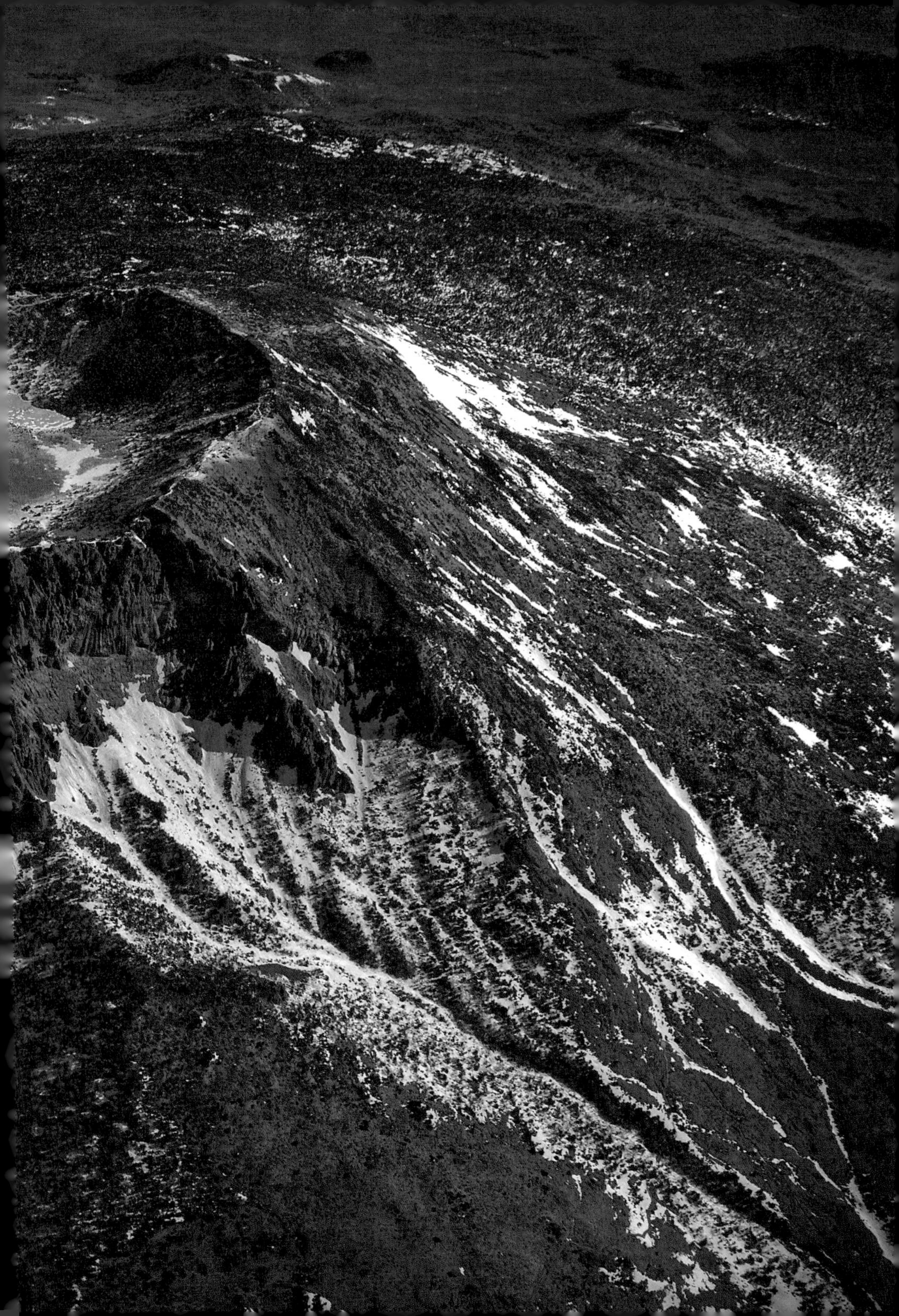

비록 누추하나 나만의 세상 하나씩은 우리도 만들면서 산다.

하여 우리의 오름 여행은 정겹고 또 눈물겹다.

우리를 닮은 산, 오름

세상이 나를 중심으로 돌아간다고 믿은 적이 있었다. 그 시절에는 크고 높은 산만 쳐다보고 살았다. 무릇 산이라면, 으스대고 떵떵거리며 세상을 호령해야 했다. 한라산처럼 하나의 세상을 만든 주인공이어야 했다. 그 시절에는 한라산만 오르면 제주도는 다 아는 줄 알았다.

제주도에 한라산 말고도 368개의 화산이 더 있다는 걸 안 것은, 2003년 한 사내를 만나고 나서였다. 그는 18년 동안 중산간 오름 군락을 헤집고 다니며 사진을 찍었다고 했다. 몹쓸 병에 걸린 그는 힘겨운 목소리로 용눈이오름의 기하학적 곡선이 어떻고, 삽시간의 황홀이 어떻고 하는 무용담을 들려주었다. 나에게 오름을 말할 때 그의 눈은 오랜 꿈을 꾸는 것처럼 그렁그렁했다.

그의 오름 사진을 바라보다 비로소 세상의 중심이 내가 아니란 걸 알았다. 세상에는 크고 높은 산만 있는 게 아니라 작고 낮은 산도 있다는 걸, 압도하는 한라산이 되지 못하고 엎드린 오름으로 사는 인생이 더 많다는 걸 깨달았다. 나의 오름 여행은 그때부터 시작됐다. 온종일 오름밭에서 어슬렁거리다 소똥 널브러진 용눈이오름 자락에서 까무룩 낮잠이 들었던 10여 년 전 기억이 여태 고스란하다.

그는 황급히 세상을 떴지만 그를 기억에서 지울 수는 없었다. 해마다 5월이 오면, 그러니까 사진작가 고故 김영갑1957~2005년의 기일 5월 29일이 다가오면 제사상 차리는 마음으로 제주도에 내려갔다. 오름밭에서 서성거릴수록 오름밭이 편안했다. 못난 놈은 못난 놈을 알아본다고, 오름밭에는 나를 닮은 산이 많아서 좋았다.

김영갑이 가고 이태 뒤 제주올레가 놓여졌다. 자동차에 앗긴 사람의 속도를 올레는 되돌려주었다. 속도에 밀리고 경쟁에 치인 도시인들이 올레길을 걸으러 내려왔다. 올레꾼이 구석구석을 뒤지고 다니면서 제주도는 두어 뼘쯤 넓어졌다.

올레길도 꼬박꼬박 오름을 올랐다 내려왔다. 제주올레 1코스 말미오름 정상에서 내다본 풍경은 아직도 생생하다. 우도가 눈앞에서 소처럼 누워 있었고 멀리서 아침햇살 받은 성산일출봉이 번뜩이고 있었다. 김영갑이 섬 동쪽 중산간의 오름밭을 일러주었다면 올레는 바다를 마주 보고 선 오름을 가르쳐주었다. 하나 오름에 기대어 사는 제주 사람의 삶은 해안이나 내륙이나 별반 다르지 않았다. 다들 가난했고 막막했다. 꼬닥꼬닥 제주올레를 걸으면서 오름에 얽힌 인연이 또 이렇게 이어지는구나 생각했다.

무심코 달력을 보니 김영갑 10주기가 코앞이었다. 늘 이런 식이었다. 달력에 표시된 누군가의 기일을 보고서야 세월의 속도가 가늠이 됐다. 엉엉 울며 부고를 쓰던 10년 전 일이 떠올랐다. 그때만 해도 10주기 추모기사를 쓸 줄 몰랐다. 쫓기듯 사는 건 싫었지만, 그렇다고 다르게 사는 법을 배운 것도 아니었다.

10주기를 핑계로 오랜만에 오름밭에 들었다. 해 뜨기 전에 들어가 해 이운 다음에 나왔다. 몸은 고됐지만 마음은 편했다. 용눈이오름, 둔지봉, 손자봉, 동검은이오름 자락에서 해종일 헤매던 5월의 어느 오후 다랑쉬오름 앞에 관광버스들이 늘어선 장면을 마주했다. 그렇지 않아도 용눈이오름 주변이 관광지로 개발되는 광경을 보고 불편한 참이었다. 알록달록한 등산복 차림의 단체관광객이 긴 줄을 서서 다랑쉬오름의 가파른 계단을 오르는 모습은 영 낯설었다. 내가 아는 오름은, 내가 오름 자락에 묻은 제주의 기억은 이제 지워지는 것인가. 혼자 아팠다.

고민 끝에 제주오름기행 연재를 기획했다. 이미 제주도의 관광명소로 거듭났다면 차라리 내가 나서서 오름 여행을 권하는 게 낫겠다고 작정했다. 마침 제주관광공사와 연이 닿았다. 그렇게 연재가 시작됐고, 긴 인연을 엮고 묶어 책 한 권이 나왔다. 인연은 모진 것이었다.

오름은 사람의 얼굴을 한 산이다. 잘나고 번듯한 저들이 아니라 못나고 후줄근한 우리가 비벼대고 사는 산이다. 한라산이 오롯이 우러러야 하는 신의 산이면, 한라산 자락을 따라 얼기설기 얽힌 오름은 우리네와 부대껴 땀내 흥건한 사람의 산이다. 오름은 지지리도 못난 우리네 산이다. 낮고 작아 보잘것없는 우리네 꼴이다. 산을 닮은 어느 늙은 시인의 노래처럼, "산이라 해서 다 크고 높은 것은 아니다"(신경림, 「산에 대하여」 부분).

구름 옆구리에 낀 거봉에 올라 피안彼岸을 찾는 심리에는 신의 영역에 한 발짝 다가갔다는 인간의 자부심이 슬쩍 얹혀 있다. 대자연에 맞선 인간만이 만끽할 수 있는 감상을 무시하려는 건 아니다. 다만 말하고 싶은 건 있다. 내가 아는 한 피안은 없다. 우리가 사는 이 세상이 전부다. 멀찍이 서 있는 줄만 알았던 오름이 이승의 영역이라는 걸 알고부터 나는 생각을 고쳐먹었다.

제주에서 오름은 바다와 함께 징글징글한 삶의 터전이다. 제주 사람은 오름 어귀 신당을 찾아가 빌었고, 중산간 거친 흙에 메밀을 심었고, 오름 자락의 띠를 뜯어다 지붕을 이었고, 굼부리(분화구)에 소를 풀어 길렀고, 오름 허리에 산담을 두르고 망자를 묻었다. 그리고 난亂이 일어나면 오름 아래 동굴에 기어들어가 숨었다. 제주 사람은 저를 닮은 산에서 살았고, 죽어서도 저를 닮은 산으로 들어갔다. 하여 오름은 오르는 것이 아니다. 드는 것이다.

오름은 말하자면 제주의 흉터다. 몽골의 지배, 양반의 착취, 일제의 탄압, 해녀의 눈물, 4·3의 악몽, 그리고 죄인의 고독까지 꾹꾹 제 몸에 다 새기고 있어서다. 나의 오름 여행은 오름에 팬 제주의 상처를 끄집어내는 일이었다.

한 작가가 내 오름 여행기를 읽고 불만을 털어놓은 적이 있다. 이 좋은 데 혼자 다 다니면서 왜 그렇게 울고 다니냐고. 맞는 말이었다. 그 좋은 데 다 다니면서 나는 울고 다녔다.

미안하지만, 이 글은 울음의 기록이다. 김영갑의 울음이고, 서명숙의 울음이고, 순이삼촌의 울음이고, 해녀 할망의 울음이고, 설문대할망의 울음이다. 다시 미안하지만, 이 글은 눈물 자국이다. 우리네 사는 꼴이 이러하다. 당신이나 나나 우는 것 말고 할 줄 아는 짓이 많지 않다. 오름에 들수록 걸음이 무거웠다.

나는 2002년 여행기자를 시작했다. 중간중간 문학기자와 공연기자를 맡기도 했지만 여행기자로 산 세월이 10년이 훌쩍 넘는다. 그 사이 제주도를 백 번은 넘게 들락거렸다. 이 책은 그 백 번의 여행을 차곡차곡 쟁인 것이다.

이 책은 오름을 말하지만 오름만 말하지는 않는다. 눈을 감기 전의 김영갑이 마지막까지 그리워했던 중산간을 말하고, 서명숙 제주올레 이사장이 남몰래 눈물 훔쳤다는 갯바위를 말한다. 제주 신의 어머니 백주또 할망을 말하고, 이중섭의 누추한 단칸방을 말하고, 시큼털털한 쉰다리를 말하고, 비양도 붉은 바다를 말하고, 비 내리는 사려니 숲길을 말하고, 한라산 깊은 숲의 참꽃을 말하고, 수월봉 절벽에 얽힌 녹고 남매의 전설을 말하고, 해녀콩에 얽힌 가슴 시린 사연을 말하고,

서귀포매일올레시장의 마늘통닭을 말하고, 너븐숭이 아기무덤을 말하고, 가시리 나목도식당의 돼지고기를 말하고, 우도 홍조단괴 해빈에 내리는 핏빛 석양을 말한다.

아예 제주도에 터를 잡은 사람이 수두룩한 요즘, 제주도 여행 백 번이 그리 내세울 자랑이 못 된다는 걸 잘 알고 있다. 그러나 여행기자이자 문화부기자로서, 다시 말해 밥벌이의 엄중함으로 취재한 바를 남기는 일이 무의미하다고는 생각하지 않는다. 헬기 촬영만 세 번이 있었고, 배는 여남은 번 타고 나갔다. 문화관광해설사, 숲 해설가, 향토사학자, 이장, 어촌계장, 해녀 등 취재에 동행한 현장 관계자가 수십 명에 이르고 용천동굴처럼 일반인에게 공개되지 않는 곳도 당국의 허가를 받아 들어가봤다. 무엇보다 내 여행의 기록 대부분은 길에서 만난 허다한 인연에 기대고 있다. 내 오름 여행기는 눈이 아니라 귀가 쓴 것이다. 손이 아니라 발바닥으로 쓴 것이다.

이 책은 꼼꼼한 여행 가이드가 아니다. 당연하다. 상냥한 성격이 못 될뿐더러 오름은 되바라진 관광지와 별 관계가 없다. 자질구레한 여행 정보가 필요하지 않은 까닭이다. 요즘엔 제주 렌터카 내비게이션도 어지간한 오름은 다 안내한다. 이정표도 잘돼 있어 길을 잃을 염려도 없다. 한라산 산행가이드를 쓴다면 전혀 다른 글을 썼을 터다.

그렇다고 제주 여행자를 외면하고 글을 쓰지는 않았다. 지난 15년 사이 여행지로서의 제주도는 많이 변했다. 김영갑이 남긴 사진 갤러리 '두모악'은 관광버스가 멈춰 서는 관광지가 되었고, 제주도를 한 바퀴

다 돈 제주올레는 2017년 9월 7일 열 돌 잔치를 벌였다. 여행자들이 된장 내 비릿한 자리물회를 찾아다니고, 화산섬 제주도는 유네스코 세계자연유산에 등록됐다. 지난 15년 동안 시나브로 변화하는 제주도 여행 트렌드를 관찰하고 기록하는 일이 내 밥벌이였다. 이 책은, 제주도를 두 번째 여행하는 당신을 위한 책이다. 당신이 이 책을 읽고 오름을 꿈꿀 수 있다면 나는 감사하겠다.

이 책은 오름 여행기다. 제주도에 있는 368개 오름 가운데 여행자가 부러 시간을 내 들러야 할 오름을 추린 책이다. 책이 소개하는 오름은 모두 마흔 개다. 서른 개 오름을 다섯 개 주제에 따라 분류했고, 열 개 오름은 위치와 주제 등을 고려해 서른 개 오름 사이사이에 끼워 넣었다. 지역이 아니라 주제로 오름을 나누는 작업은 쉽지 않았다. 그러나 '나다' '살다' '들다' '걷다' '울다'로 구분한 다섯 가지 주제는 썩 마음에 든다.

연재기획을 계획대로 끝내지 못한 채 책을 내는 터라 몇몇 오름은 들어내야 했다. 특히 사라오름 같은 한라산 자락의 오름 몇 개가 빠져 아쉽다. 개정판을 낼 수 있으면 몇몇 오름을 더해 예순여섯 개를 채우고 싶다. 예순여섯 개 정도면 여행자로서 알아야 할 오름은 얼추 다 호명하는 것 같다. 오름이 368개나 된다지만 여행지로서 매력이 없는 오름도 많고 한라산국립공원 안쪽의 오름 대부분은 일반인 출입이 통제돼 있어서다. 오름 개수도 정확하지 않다. 368개라는 주장이 가장 널리 알려져 있어 따를 따름이다. 330개가 안 된다는 사람도 있고, 380개가 훨씬 넘는다는 사람도 있다. 고故 김종철1927~1995년 선생이 썼던 오름 기행 바이블 『오름나그네』는 오름 320개를 열거한 바 있으나 이 책은 『오름나그네』와 성격이 다르다.

끝으로 고마운 사람의 이름을 부른다. 저승의 김영갑이 제일 먼저 생각난다. 형님 덕분에 오름을 알았다. 이제는 나도 팔자려니 한다. 서명숙 사단법인 제주올레 이사장을 비롯한 제주올레 식구들 모두 고맙다. 늘 응원한다. 연재기획 제주오름기행을 함께 진행한 제주관광공사도 감사하다. 까칠한 육지 기자 상대하느라 고생 많으셨다. 책에 나오는 사진 대부분은 내가 찍었다. 몇몇 사진은 신동연, 안성식, 권혁재, 임현동 등 함께 고생한 사진기자 선배가 빌려줬고, 김영갑 갤러리와 제주올레도 사진을 쓸 수 있게 허락해주었다. 모두 감사하다. 지난 15년 제주도에서 맺은 모든 인연들께 감사한다.

맨 처음 오름에 들었을 때 나는 서른을 갓 넘긴 청년이었다. 오름과의 세월을 돌아보는 지금은 쉰을 바라본다. 이 책은 어쩌면 그 세월에 관한 이야기다. 이제야 작고 볼품없는 것에 눈길을 두는, 이 세상은 한 번도 내 것이 아니었다는 이치를 뒤늦게 깨달은 철부지 중년의 넋두리다.

2017년 9월

孫民好

차례

5장

울다
김영갑 그리고 오름

1장

나다

화산 그리고 오름

©신동연

새로이 시작하는 당신에게

성산일출봉

성산일출봉도 오름이다. 제주 오름 368개 중 하나일 따름이다. 그러나 성산일출봉은 오름 이상의 오름이다. 클래스가 다르다고 할까. 바다를 노려보며 성채처럼 우뚝 선 이 화산암 덩어리의 의의와 가치는 낱개의 오름이 감당할 수준과 범위를 한참 넘어선다. 성산일출봉은 온 국민이 알아보는 제주의 랜드마크이자, 숱한 전설과 신화를 잉태한 제주의 성지이자, 제주도가 유네스코 세계자연유산으로 지정되는 데 결정적인 역할을 한 주연이다. 누구나 성산일출봉을 아는 것처럼 말하지만, 성산일출봉을 제대로 아는 사람은 많지 않다.

성산일출봉의 원래 이름은 성산城山이다. 산이 성처럼 서 있어서 성산이다. 조선 중기 김상헌1570~1652년이 "산성 같은 자연自然如山城"이라고 묘사한 것처럼, 손으로 빚은 조각작품 같다는 수사는 상투적이긴 하지만 성산일출봉에는 맞춤한 비유다. 이런 감상도 있었다. 임제1549~1587년는 "한 떨기 푸른 연꽃이 바닷가에 나온 듯하고, 더러는 돛대와 같고 혹은 새나 짐승과 같아 만 가지 천 가지 모습을 이루 다 기록하기가 어렵다"고 표현했다. 김상헌이나 임제나 당대의 내로라하는 문인들이어서 부리는 문장이 예사롭지 않다. 아무튼 예나 지금이나 성산 앞에 서면 너 나 할 것 없이 감상 하나씩은 남긴다.

옛날에는 청산靑山이라고도 불렀다. 지금은 푸른색이 많이 바랬지만 성산일출봉 기슭에 동백나무가 무성했던 시절에는 푸른 산처럼 보였다고 한다. 성산일출봉 남쪽 바다로 나가면 날카로이 솟은 암초 하나가 있다. 이 섬은 아직도 새끼청산이라고 불린다. 요즘에도 성산을 청산이라 부르는 제주 어르신이 있다. 바다에 나간 어부는 청산 아랫도리가 안개에 잠기면 얼른 들어왔다고 한다. 청산에 안개가 끼면 날이 가문다는 말도 전해온다.

성산일출봉에 얽힌 전설만 해도 책 한 권 분량이다. 몇 개만 추린다. 한라산을 손수 빚었다는 거신巨神 설문대할망도 성산일출봉과 인연이 깊다. 명색이 제주를 대표하는 오름인데 설문대할망의 흔적이 없다면 외려 서운하다. 할망은 성산일출봉에 한쪽 발을 대고 오줌을 누었으며, 바느질을 할 때 성산일출봉 굼부리를 바구니로 삼았고 성산일출봉 자락에 돋은 기암 위에 등잔불을 올려놓았다. 이 돌이 등경돌이다.

삼별초의 김통정 장군도 성산일출봉을 들렀나 보다. 여몽연합군의 공격을 피해 성산일출봉에 숨어들었다고 한다. 역사적 기록하고는 맞지 않지만, 김통정 장군이 팠다는 샘이 장수물이라는 지명으로 남아 있다. 등경돌 허리의 팬 자리가 김통정 장군의 발자국이라는 믿음도 있다. 성산리에서는 김통정 장군이 날개 달린 말을 타고 다녔고, 축지법을 부렸다는 전설이 전해온다. 실제로 성산에는 김통정 장군을 모시는 무당도 있다. 돌배에 관한 전설에서는 위트가 느껴진다. 중국이 하루는 우리 조정에 돌로 만든 배를 바치라고 했단다. 돌배를 만들 수는 없었고 돌배를 닮은 성산일출봉을 찾아냈다. 탐라에 돌배를 지어 매두었으니 직접 갖고 가라고 했는데, 중국이 못 끌고 갔단다. 그러고 보니 배처럼 보이기도 한다.

성산일출봉은 바라보는 각도에 따라 다른 모습이 된다. 하늘에서 내려다보면 원형이지만, 우도에서는 바다를 향해 달려드는 코뿔소처럼 보이고, 광치기해변에서 보면 영락없이 엎어놓은 사발이다. 성산일출봉이 뒤집힌 배의 형상이어서 빈 배로 돌아오는 어부들이 성산일출봉을 보고 '그래도 살아 돌아왔구나' 위안을 삼았다는 이야기도 있다.

제주의 명승 열 곳을 열거한 영주십경瀛州十景의 제1경도 성산일출城山日出이다. 제주에서 첫째로 꼽히는 장관이 성산에서 맞는 일출이라는 말이다. 덕분에 성산은 마을 이름으로 바뀌었고 원래의 성산은 한동안 일출봉으로 불렸다. 조선시대 제주 목사牧使들도 순력을 나가면 꼭 성산일출봉을 들러 그림을 남겼고, 임진왜란 와중에는 성산일출봉 아래에 성을 쌓기도 했다. 굼부리 안에 귤나무 수백 그루를 심은 목사도 있었다. 몽골이 제주를 통치했던 100년 동안은 굼부리 안에서 말도 키웠다. 참 성산일출봉도 봉峰 자 돌림 오름이다. 봉수대를 설치한 군사 시설이었다는 뜻이다(영주산·남산봉 편 참조). 뭐, 대충 읊었는데 이 정도다. 옛 선비의 찬사처럼 이루 다 말할 수 없을 따름이다. 김상헌은 "신선의 피서지"라고도 표현했다. 이건 좀 진부하다.

잔혹 개발사

제주 동남쪽으로 가면 성산일출봉이 내내 따라다닌다. 어디에서든 보이고, 어디에서든 시선을 끌어서다. 성산일출봉의 높이는 해발 182미터이고 둘레는 2,927미터다. 그러나 훨씬 훤칠하고 거대해 보인다. 제주도 동남쪽 모서리 해안에 거칠고 험한 바위산이 뜬금없이 솟아 있기 때문이다. 성산일출봉이 자리한 해안 모서리가 곶串처럼 튀어나와 있어서 언뜻 섬처럼 보이기도 한다.

지금은 섬처럼 보이지만 옛날에는 섬이었다. 5,000년 전 성산일출봉은 섬으로 태어났다. 온전한 섬은 아니었다. 본섬 끄트머리 고성리와 성산일출봉을 품은 성산리를 가르는 바다가 얕아 성산일출봉은 물이 빠지면 뭍이 됐고 물이 차면 섬이 됐다. 옛 기록에 "개미허리 같다" "병 주둥이처럼 생겼다"는 표현이 자주 등장하는데 물 빠진 성산일출

오정개 언덕에서 바라본 성산일출봉의 왼쪽 얼굴.

봉을 목격한 옛 선비의 인상기라 할 수 있다. 성산 일대를 '성산도'라 표기한 조선시대 기록도 많다. 1920년대 일제가 바닷물 드나들던 물길을 메우면서 오롯한 뭍이 됐다. 옛 물길이 있던 자리를 터진목이라 부른다. 터진목은 4·3사건의 현장이기도 하다. 성산 주민 200여 명이 터진목에서 학살됐다. 성산읍에서 모두 445명이 4·3사건으로 희생된 것으로 조사됐다.

일제가 터진목을 메울 때 가져다 쓴 돌이 조선시대 성산일출봉 아래에 쌓았던 산성의 잔해였다. 우연 치고는 얄궂다. 임진왜란 때 쌓은 산성을 일제가 들어와 허문 꼴이어서다. 일제는 터진목을 메운 대신 성산일출봉 서쪽 해안에 포구를 건설했다. 수매밋이라는 포구다. 일본 고기잡이 선단이 주로 정박했고, 군대환이라 부르던 일본 정기여객선이 출항했다. 군대환은 기미가요마루君代丸라는 여객선을 한자로 매긴 이름이다.

성산일출봉에도 일제 진지동굴이 있다. 송악산 해안동굴과 같은 용도, 즉 일본군 자살특공대 가이텐回天의 전초기지였다. 성산일출봉 해안에서 발견된 진지동굴은 모두 열여덟 개다. 총 길이가 514미터로 제주에 설치된 가이텐 기지 가운데 가장 길다. 다들 성산일출봉을 오르려고만 하지 해안으로는 내려갈 생각을 안 해 아는 사람이 많지 않다. 옛 수매밋 터 바로 옆에 있다.

앞서 영주십경의 제1경이 성산일출이라고 소개한 바 있다. 여행기자로서 고백하면 솔직히 그 정도는 아니다. 차라리 광치기해변에서 바라보는 성산일출봉의 여명이 훨씬 더 그림이 예쁘다. 해맞이 여행은 여행보다는 의례에 가까우므로 일출 핑계 삼아 정상을 오르는 것도 나쁘지는 않겠다. 해마다 성산일출축제가 열린다. 국내에서 가장 성대한 일출축제 중 하나다. 새해 첫날 정상에서 일출을 보려면 그믐날 오후부터 대기해야 한다. 선착순 1,500명만 새해 첫날 정상에 오를 수 있어서다. 굼부리는 크다. 지름이 600미터나 되고 면적은 13만 제곱미터에 이른다. 다만 정상에 설치한 전망대에서 한 발짝도 벗어날 수 없다. 생각 같아서는 굼부리 능선에서 90미터 아래에 있는 바닥도 밟고 싶고, 굼부리 둘레를 걸어 바다 쪽 굼부리 능선에도 서고 싶지만 모두 안 된다. 1,500명은 전망대가 동시에 수용할 수 있는 최대 인원이다. 성산2리 이장 출신인 한천복 문화관광해설사가 옛날이야기를 들려줬다.

"30년 전까지만 해도 굼부리 바닥에서 사람이 살았다니까. 말도 키우고 소도 키우고 하면서. 나도 어렸을 때는 성산 절벽을 타고 바다로 내려가기도 했어요. 굼부리 외벽이 죄 가마우지 둥지거든. 배 타고 나가면 성산 외벽이 허옇게 보여. 다 가마우지 똥이야. 풍란도 많아서 뜯어서 팔기도 했는데. 뭐, 다 옛날 얘기지…."

비경의 발견

성산일출봉은 역시 하늘에서 내려다봐야 제맛이다. 제주에서 헬기

광치기해변에서 바라본 성산일출봉. 이 장면을 감상하려면 미리 물때를 맞춰야 한다.
물이 완전히 빠진 뒤에야 해변 바위가 모습을 드러낸다.

©임현동

를 세 번 타봤는데 굳이 요청하지 않아도 헬기는 성산일출봉 상공을 꼭 몇 바퀴 돈다. 발아래의 성산일출봉은 우주기지 같다. 당장에라도 원형의 굼부리가 양옆으로 갈라지며 우주선이 솟구칠 것 같다. 아니면 주먹 불끈 쥔 태권브이라도 뛰쳐나와야 할 것 같다. 테두리가 뾰족한 동그라미 모양의 굼부리를 보고 신라시대 왕관을 연상하는 사람도 있었다. 나름 신선한 비유다.

성산일출봉의 연 입장객은 300만 명이 넘는다. 절반 이상이 외국인이다. 입장료 2,000원(어른 기준)이 아까워 멀찍이서 기념사진만 찍고 돌아서는 관광객은 제외한 숫자다. 돈을 냈든 내지 않았든, 하나같이 이 별난 화산을 배경으로 사진만 찍는다. 그러나 성산일출봉은 기념사진의 배경으로만 소비되기에는 아까운 자연유산이다. 해외여행을 가면 그렇게 열심히 공부하는 사람들이 국내여행에서는 왜 이렇게 사진만 찍어대는지 모르겠다. 다 알고 있다고 믿어서일까. 그렇다면 제주도가 성산일출봉 덕분에, 정확히 말해 성산일출봉의 특이한 외모 때문에 유네스코 세계자연유산이 될 수 있었던 것도 알고 있으신가.

성산일출봉은 수성화산이다. 바다에서 폭발한 화산이다. 수성화산 지형은 응회구와 응회환으로 분류된다. 성산일출봉처럼 세로로 솟은 수성화산이 응회구이고, 수월봉처럼 가로로 누운 화산이 응회환이다. 두 오름 모두 유네스코 세계지질공원 구역에 속한다. 응회구, 응회환 모두 바다가 고향이니 해안에 위치한다. 응회구가 당연히 응회환보다 침식작용에 민감하다. 응회구는 서 있고 응회환은 엎드려 있어서

바다에서 바라본 성산일출봉. 전혀 낯선 모습이다.

다. 어쩔 도리 없이 응회구는 긴 세월 바람과 파도에 깎이고 무너지고 패이고 부러진 꼴을 드러내놓고 산다. 지구의 응회구는 다 바람과 파도가 낸 상처를 제 몸에 새기고 산다. 그러나 성산일출봉처럼 제 흉을 적나라하게 까발리고 사는 응회구는 없다. 성산일출봉의 이 알몸 덕분에 제주는 유네스코의 눈에 들 수 있었다. "세계적으로도 드문 지형으로 극적인 풍경까지 연출한다"는 찬사를 받았다. 성산일출봉으로 유네스코의 마음을 얻은 제주는 거문오름으로 확실히 도장을 받았다.

성산일출봉 앞에서 기념사진만 찍어서는 유네스코가 인정한 유산의 진가를 알 수 없다. 성산일출봉의 가치를 확인하려면 하늘로 올라가거나 바다로 나가야 한다. 헬기를 타는 건 쉽지 않지만 배를 타는 건 쉽다. 성산리 주민이 성산일출봉 동쪽 해안 우묵개에서 보트체험을 운영한다.

바다에서 올려다본 성산일출봉은 바짝 각을 세운 암벽이었다. 노출 콘크리트 건물의 외양 모양으로 거칠고 투박한 바위가 핏줄처럼 드러나 있었다. 바위는 회색이었지만 흰색 얼룩이 두드러졌다. 한천복 선생의 말마따나 가마우지 똥이었다. 절벽 중간에 매달린 풍란이 바람에 애처로이 흩날렸다. 성산일출봉 앞의 암초도 가마우지 똥으로 허옇게 반짝였다. 새끼청산은 소문처럼 푸르지 않았다. 암벽 위로는 굼부리 테두리를 따라 짐승 이빨처럼 날카로운 암봉들이 돋아나 있었다. 내 앞의 성산일출봉은 여태 알지 못한 낯선 모습이었다. 새로운 비경의 발견이었다. 옛 기록은 굼부리 테두리의 암봉이 아흔아홉 개라고 전한다.

당신이 지금 무언가를 새로 시작한다면 성산을 들르시라 권한다. 성산읍에 속한 시흥리는 제주 목사가 순력을 시작한 마을이었고, 이 전통을 이어받아 제주올레 1코스가 성산에서 출발한다. 제주 창건 신화에 등장하는 3대 시조가 아내를 얻은 혼인지도 성산읍의 온평리에 있다. 영주십경의 제1경도 성산일출봉이다. 성산일출봉은 제주 본섬에서 가장 동쪽에 있는 오름이다. 다시 말해 가장 먼저 해의 기운을 받는 오름이다. 설문대할망부터 김통정 장군까지 성산일출봉은 귀신이 아끼는 영지다. 일출봉에 해 뜨거든 누굴 부를 생각 마시고 먼저 달려가시라.

여 행 정 보

성산일출봉은 입장료가 있다. 어른 2,000원. 성산일출봉 왼쪽 아래 우묵개에서 하루 두 차례(오후 1시 30분, 오후 3시) 해녀 물질공연이 열린다. 무료. 성산일출축제가 열리는 12월 30일부터 이듬해 1월 1일까지 사흘간은 입장료를 받지 않는다.

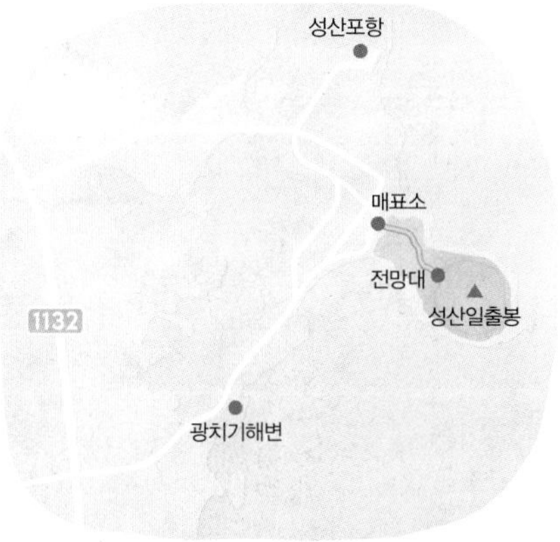

낱개들의 세상

어승생악, 윗세오름

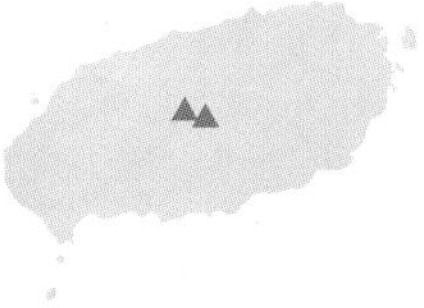

고은 시인은 1963년부터 4년을 제주에서 살았다. 애초에는 죽으러 섬에 들어왔는데, 섬에 들어와서는 학교와 도서관을 세웠다. 그 인연으로 시인은 다음과 같은 시구를 남겼다. “삼양리 검은 모래야 / 너 또한 한라산이지 그렇지”(고은, 「한라산」 부분). 시인의 말마따나 제주도가 한라산이고, 한라산이 제주도다. 한라산이 일어나 제주도가 솟았고, 백록담이 열려 오름이 돋았다. 한라산은 모든 제주의 처음이다. 하여 제주시 삼양동 검은모래해변의 모래 한 알도 한라산에서 비롯됐다는 시인의 문장은 옳다.

한라산은 국립공원이다. 1970년 우리나라에서 일곱 번째로 국립공원이 됐다. 현재 국립공원은 한라산과 제주도를 구분 짓는 경계의 역할을 담당한다. 제주 북쪽 해안의 모래 한 알도 한라산이 낳았다지만, 매정하고 단호한 금을 긋지 않으면 자연과 인간의 영역을 구분할 수가 없다. 현재 한라산국립공원의 면적은 153.3제곱킬로미터로, 제주도 면적의 8.3퍼센트에 해당한다. 해발고도 600미터 이상 지역이 대체로 국립공원 범위에 해당한다. 중산간은 주로 해발 200~600미터 지대를 가리킨다. 여기서부터 인간의 영역이다.

현재 우리나라에는 국립공원이 모두 스물두 개 있다. 좁은 땅덩어리 치고는 많은 편이다. 남한보다 백 배 가까이 넓은 미국에 국립공원이 쉰아홉 개 있다는 걸 상기하면 더욱 그렇다(물론 국립공원 면적은 비교가 안 된다. 이를테면 요세미티국립공원의 면적은 우리나라 국립공원 스물두 개를 다 더한 것보다 크다). 국립공원이 너무 많아서 그런지, 우리 국민은 국립공원을 우습게 아는 경향이 있다. 설악산이고 지리산이고 케이블카를 놓겠다고 야단이다. 한라산도 가슴 철렁했던 기억이 있다. 1968년 제주도는 한라산 케이블카 사업을 추진했다가 국내외 여론의 반발에 부딪혀 무산된 바 있다. 여행기자로서 최근의 국립공원 케이블카 논란은 당황스럽다. 아니 짜증이 난다. 국립공원은 제도 이전에 질서, 질서 이전에 도리와 같은 것이기 때문이다. 국립공원은, 그것마저 무너지면 무엇이 남을까 할 때의 바로 그것이다.

국립공원은 미국이 자랑하는 발명품이다. 1872년 미국 연방정부가 옐로스톤 일대를 국립공원으로 지정하면서 미국 최초, 아니 세계 최초의 국립공원이 탄생했다. 퓰리처상 수상작가 월리스 스테그너1909~1993년가 두고두고 인용되는 문장을 남겼다. "국립공원은 미국이 만들어낸 최고의 아이디어다." 국립공원은 인간이 자연과 공존하는 방법에 관한 최초의 고민이자 최선의 타협이다.

미국은 지금도 국립공원에 불이 나도 일부러 끄지 않는다. 어지간하면 스스로 꺼질 때까지 내버려둔다. 타다 만 나무를 장작으로 쓰지도 않는다. 심지어 곰 몇 마리가 국립공원에 사는지도 파악하지 않는다. 300~500마리로 추산하는 정도다. 인위적으로 번식을 시키거나 보호구역을 정하지도 않는다. 우리나라 같으면 난리가 나겠지만, 곰이 사람을 덮쳐도 일차 책임은 인간에게 있다. 곰의 영역을 침범한 건 인간이어서다. 곰은 그래도 종종 사고를 일으켜 대충이라도 개체 수를 확인하고 있다. 사슴 같은 건 아예 신경도 안 쓴다. 그게 자연이어서다. 인간이 간섭하지 않은, 자연 그대로의 자연만이 자연이기 때문이다. 다시 말하지만 국립공원은 자연을 지키기 위해 인간 스스로 내건 최후의 선언이다.

최근 케이블카 설치를 주장하는 자들이 보편적 접근권이나 유니버설 디자인Universal Design의 논리를 가져다 쓰는 걸 보았다. 이를테면 이런 식의 주장이다. "백록담은 신체 건강한 자의 전유물이 아니다. 휠체어 장애인에게도 백록담을 즐길 권리가 있다." 맞는 말이다. 당신들이 그 정도로 장애인을 위하는지 몰랐다. 그렇다면 휠체어 장애인만 탈 수 있는 케이블카를 놓자. 그럼 나도 기꺼이 당신들 편에 서겠다. 장애인을 비롯한 노약자만 케이블카를 이용할 수 있는 특별법이 만들어지면 국립공원 케이블카 설치를 찬성하겠다.

그래도 포기 못하겠다면 다른 방법도 있다. 국립공원에서 빼면 모든 문제가 해결된다. 다음부터는 마음껏 하시라. 케이블카도 놓고, 호텔도 세우고, 골프장도 지으시라. 케이블카가 싫어서가 아니라 국립공원까지 들어와서 케이블카를 놓겠다니까 반대하는 것이다. 스위스 융프라우와 체르마트의 산악열차를 산악관광자원 활용의 성공사례라고 들이밀던데, 세계적인 관광명소 융프라우와 체르마트는 국립공원이 아니다. 스위스 국립공원은 미국 국립공원보다도 출입이 더 어렵다. 국립공원 케이블카 문제는 지역경제 활성화의 문제도 아니고, 관광자원 개발의 문제도 아니다. 국립공원관리법이라는 법과 제도의 존재 이유에 관한 문제다. 개발할 거면 빼고, 안 뺄 거면 내버려두시라. 장애인 복지 같은 핑계 같지 않은 핑계 대지 마시고.

국립공원의 주인은 자연이므로 인간은 객이다. 하여 국립공원에 들면 불편을 감수해야 한다. 시간과 공간, 행동의 제약을 당연한 것으로 여겨야 한다. 탐방로가 아니면 들어가선 안 되고, 대피소가 아니면 잠을 자선 안 되며, 입장과 퇴장시간도 정해진 대로 따라야 한다. 구석진 수풀에서 남몰래 똥을 누어도 비닐봉지 같은 휴대용 변기에 담아 갖고 나와야 한다. 성가셔도 참아야 하고 귀찮아도 견뎌야 한다. 벌금 50만 원이 무서워서가 아니다. 남의 집에 들어갔으니 예의를 지키는 것이 도리다. 자연 중에서 가장 귀한 자연이라고 법으로 정한 것이니 귀한 티를 내는 것이 오히려 마땅하다. 절제와 규제가 익숙해질 때 인간도 비로소 자연이 된다.

이름을 부르다

아시다시피 한라산(1,950미터)은 남한에서 가장 높은 산이다. 한라산漢拏山이라는 이름도 유례없는 높이에서 유래했다. 한라산은 은하수를 끌어당기는 산이라는 뜻이다. 한라산이라는 이름에는 하늘과 맞닿은 거룩한 존재라는 뜻이 포함되어 있다. 한라산과 지리산의 공통점과 차이점을 아시는지. 두 산 모두 여신이 주인이다. 한라산은 설문대할망이, 지리산은 천왕성모가 지켜준다. 차이점도 여기에 있다. 한라산에는 할머니가 계신데, 지리산에는 어머니가 있다. 우스개 같지만 꼭 그렇지도 않다. 할머니는 생명의 근본을 상징하고, 어머니는 생활의 터전을 의미한다. 한라산과 지리산(1,915미터)이 키 차이가 많이 나는 것도 아니다. 두 산을 대하는 우리의 마음이 이렇게 다른 것이다. 한라산을 유랑한 기록이 많지 않은 것도 물리적 거리에 더해진 심리적 거리 때문이다. 바다 건너 제주에 들어야 하고, 제주에 들어서도 이 험한 산을 올라야 하니 여간한 마음가짐으로는 엄두도 못 냈으리라. 그렇다 보니 한라산은 자꾸 멀어지고 자꾸 높아져 은하수와 닿는 데까지 올라간 것이다. 따지고 보면 그 거리 덕분에 제주도는 우리나라 유일의 세계자연유산이 될 수 있었다. 거리 두기의 역설이다.

그래서 중산간中山間이 있는 것인지 모른다. 마을과 집 사이에 올레가 있는 것처럼 중산간은 은하수 아래의 한라산과 땅을 디디고 선 인간 사이의 매개다. 중산간에 하필이면 오름이 있다. 화산이되 화산 같지 않은 산이 한라산 자락에 올라타 있다. 오름은 한때 기생화산이라고 불렸다. 오름이 기생하는 숙주는 물론 한라산이다. 한라산의 화산활동으로 추가적이고 부수적으로 화산이 생성됐다는 뜻이다.

그러나 오름은 독립한 화산이다. 오름 정상의 굼부리가 증거다. 요즘에는 소小화산체라고 고쳐 부른다. 오름이 화산체의 자격을 획득한 건, 군중에서 개인을 발견한 것과 같은 변화다. 오름 하나하나의 개별성과 독자성을 인정한 것이어서다. 들국화가 아니라 쑥부쟁이, 벌개미취, 구절초인 것처럼 참나무가 아니라 떡갈나무, 상수리나무, 굴참나무인 것처럼 오름은 벌판에 오도독 돋은 언덕들이 아니다. 다랑쉬오름이고, 용눈이오름이고, 따라비오름이고, 동검은이오름이다. 한라산에서도 마찬가지다. 봉우리 중의 하나가 아니다. 콕 집어서 어승생악이다.

국립공원은 인간이 임의로 세운 경계이므로, 한라산국립공원 안에도 당연히 오름이 있다. 한라산국립공원에는 모두 마흔여섯 개 오름이 있다. 오름이 차지하는 면적은 14.7제곱킬로미터로, 국립공원 면적의 10분의 1을 차지한다. 국립공원 내부의 오름은 대부분 해발고도 1,000~1,500미터 지점에 분포한다. 개중에서도 어승생악이 차지하는 지위는 각별하다. 김종철 선생도『오름나그네』에서 "한라산 주봉이 오름 왕

어승생악 정상에서 내다본 한라산 정상부. 산이 덩어리째 서 있다.

국의 군주라면, 어승생악은 오름의 맹주라 할 만하다"라고 특별히 대우했다. 어승생악의 해발고도는 1,169미터이며 비고는 350미터 정도다. 어승생악은 서귀포시 예래동의 군산에 이어 두 번째로 큰 오름이다. 몸집도 몸집이지만, 어승생악은 한라산을 이루는 거대한 산 덩어리에서 슬쩍 비껴서 있다. 어리목 북쪽의 어승생악이 맨 앞에 서서 한라산 주봉을 호위한다. 하여 어승생악 정상은 한라산의 북쪽 모습을 조망하는 최고의 포인트가 된다. 상대를 바라본다는 것은 상대와 떨어져 있다는 뜻이다. 『오름나그네』에서 한라산과 어승생악을 떼어놓은 것도 이 때문이다. 산 아래에서는 어승생악도 한라산 봉우리로 보이지만, 어리목에 오르면 어승생악은 정확히 한라산 가는 길 반대편에 서 있다. 산에 들면 한라산은 한라산이고, 어승생악은 어승생악이다. 전체는 각기 다른 낱개의 합이다. 그렇다고 낱개가 사라지는 것은 아니다.

고은은 1980년 광주민주화항쟁 연루 혐의로 투옥된다. 그 감옥에서, 그러니까 남한산성 육군교도소 제7호 특별감방에서 고은은 필생의 역작 『만인보』를 구상한다. 시대의 아픔과 민족의 고통에 몸서리쳤던 시인은 이후 시선을 낮춰 개인의 삶을 들여다본다. 때로는 시시하고, 때로는 장하고, 때로는 서럽고, 때로는 유쾌한 낱개들의 이름을 하나하나 불러준다. 그리고 그 낱개의 생애를 더하고 엮어 오늘 우리의 세상을 쌓는다. 시인이 검은 모래 한 알에서 한라산을 바라봤던 것처럼 나도 오름 하나하나의 이름을 부르며 제주라는 세상을 몸에 새긴다.

한라산을 바라보다

어리목은 길목이라는 뜻이다. 이름처럼 어리목에서 길이 갈린다. 한라산 주봉을 오르는 큰 무리는 남쪽으로, 어승생악에 드는 작은 일부는 북쪽으로 향한다. 한라산 표석 위에 앉은 큰부리까마귀가 양쪽으로 나뉘는 사람을 물끄러미 내려다본다. 제주에서 까마귀는 신성한 새다. 뭍에서는 불길하게 여기지만 제주에서는 아니다. 제주에서 까마귀는 검은 옷을 입은 심방, 즉 무당이다. 까마귀 우는 모습에서 제주 사람은 제 하루를 점친다. 가령 까마귀가 동쪽 방향으로 울면 재물 운이 있고, 서쪽 방향으로 울면 집안에 우환이 든다는 식이다. 한참을 잠자코 있던 까마귀가 까악 소리를 지르더니 힘껏 날아오른다. 급하게 울면 나쁜 일이 생기고, 한가로이 울면 좋은 일이 생긴다던데…. 그래도 하늘은 맑다.

어승생악 오르는 길은 온통 조릿대밭이다. 가장자리에 흰 무늬가 보인다. 제주조릿대다. 옛날에는 이 줄기로 조리를 엮었다. 그래서 조릿대다. 대나무처럼 하늘을 덮지는 못하지만 1미터 정도까지는 자란다. 제주에선 예부터 조릿대로 차를 끓여 먹었다. 고혈압과 당뇨에 좋다고 한다. 요즘에는 화장품 재료로도 쓰인다. 제주조릿대는 시방 천덕꾸러기 신세다. 해발고도 1,400미터 이상 한라산 자락의 88퍼센트를 점령했다는 조사결과가 나왔을 만큼 조릿대가 한라산을 덮어버렸다. 조릿대는 땅속줄기로 번식하는데 너무 빽빽하게 자라 다른 식물의 서식을

어승생악 기슭을 덮은 조릿대. 거대한 군락이 한없이 이어진다.

방해한다. 급기야 환경부는 2016년 조릿대가 계속 확산되면 한라산이 국립공원과 유네스코 생물권보전지역에서 제외될 수 있다고 으름장을 놓았다. 화들짝 놀란 제주도가 부랴부랴 마련한 대책이 말 방목이다. 2017년 제주는 30년 만에 만세동산(1,608미터)에 말을 풀어놓았다. 6월부터 9월까지 300킬로그램 무게의 말 열 마리가 만세동산에서 조릿대를 제거하는 임무를 맡았다. 말 무게가 300킬로그램이라는 것은 말 한 마리가 하루에 조릿대 18킬로그램을 먹어치운다는 뜻이다. 말은 보통 하루에 제 무게의 6퍼센트에 해당하는 먹이를 먹는다. 언뜻 만화처럼 보이지만 알고 보면 가장 생태친화적인 방법이다. 만세동산에 말을 풀어놓던 시절에는 조릿대가 오늘처럼 골칫거리가 아니었다.

조릿대 위로 온갖 종류의 나무들이 빼곡하다. 고맙게도 이름표를 붙여놓아 나무마다 이름을 부를 수 있다. 곰의말채, 덜꿩나무, 마가목, 솔비나무, 아그배나무, 음나무, 팥배나무 등등 모르는 이름이 여전히 더 많다. 그래도 몇몇 얼굴은 낯이 익다. 나무가 탈 때 꽝꽝 소리가 난다는 꽝꽝나무도 보이고, 가장 안정된 숲 생태계를 이르는 극상림極相林의 징표 서어나무도 눈에 들어온다. 막 새잎이 돋은 주목은 한참 들여다보았다. '살아서 천 년 죽어서 천 년'이라고 하듯이 주목은 죽어서도 좀처럼 스러지지 않는다. 그러니까 이 어린 생명은 앞으로 2,000년을 이 자리에 서 있을 터였다. 마가목 줄기를 휘감은 덩굴식물 앞에는 '담장나무'라는 이름표가 걸려 있었다. 덩굴이 아니라 나무였다. 대나무가 풀이라는 걸 처음 알았을 때처럼 놀랍고 신선했다. 가장 눈에 밟힌 건 바위 위에 뿌리를 내린 나무들이다. 곶자왈에서도 수없이 만났고, 만날 때마다 가슴이 먹먹했던 애처롭고 도저한 생의 장면. 바위 위에 날아든 씨앗 하나가 이룬 하나의 우주. 다른 종류의 나무 10여 그루가 뿌리를 내린 바위도 있었다. 어린 주목의 세월을 가늠할 수 없는 것처럼 스스로 삶의 터전이 된 저 우주의 크기도 나는 헤아릴 수 없었다. 내 눈에는 저 바위가 제주도였다. 돌의 크기와 돌에 흙이 쌓인 세월만 다를 뿐이었다. 어승생악은 정상까지 1.3킬로미터 거리다. 30분 정도 걸린다고 했는데 해찰 부리다 보니 한 시간이 훌쩍 지났다.

큰부리까마귀의 울음은 한가로운 울음이었나 보다. 여전히 하늘이 맑았다. 정상에 오르니 한라산이 불쑥 나타났다. 육중한 푸른색 덩어리의 모습이었다. 날이 안 좋으면 저 선명한 한라산도 구름에 숨어 코빼기도 안 비친다. 북쪽으로는 제주 시내가 훤히 드러났다. 정말로 시야가 맑으면 동쪽 성산일출봉부터 서쪽 비양도까지 다 보인다던데, 그 정도는 아니었다. 제주 시내 동쪽에 사라봉과 별도봉이 희미하게 보였다. 까마귀가 조금만 더 천천히 울었어야 했다. '어승생'이라는 이름은 임금의 말 어승마御乘馬에서 비롯됐다고 한다. 정조에게 바친 말이 여기에서 태어났다는 기록이 전해온다. 어승생악 정상에도 일제의 진지 동굴이 있었다. 들어가 보니 생각보다 넓었다. 진지동굴 너머가 굼부리였지만 길이 막혀 있었다. 한라산처럼 어승생악도 굼부리가 물을 담고 있다고 했는데, 진지동굴에서는 보이지 않았다.

다시 한라산을 바라보았다. 푸른색 근육덩어리 가슴팍에 Y자가 긴 흉터처럼 패여 있었다. Y계곡이다. 백록담에서 발원한 이 계곡에서 알파벳 Y자를 연상한 주인공은 분명 어승생악의 전망을 기억하는 사람일 터였다. 저 계곡을 옆에 끼고 올라 사제비동산(1,423미터)과 만세동산을 지나면 윗세오름 대피소(1,700미터)다. Y계곡 오른쪽 사제비동산 뒤로 고개를 비쭉 내민 윗세오름 꼭대기가 보였다. 백록담 주봉에서 3시 30분 방향이다. 윗세오름은 어리목 코스와 영실 코스가 만나는 교차점이자 두 코스의 종점이다. 윗세오름은 하나가 아니라 셋이다. 붉은오름(1,740미터), 누운오름(1,711미터), 족은오름(1,698미터) 세 오름이 윗세오름을 이룬다. '위에 있는 세 개의 오름'이어서 윗세오름이다. 한라산 동쪽 자락 해발고도 1,100미터 지점의 삼형제오름이 기준이다. 어리목에서 윗세오름까지는 4.7킬로미터 거리다. 두 시간 가까이 걸린다. 어승생악과 달리 윗세오름은 한라산 안에서도 한라산에 속한다.

여행정보

어승생악 입구 어리목에서 주차비를 받는다. 승용차 기준 하루 1,800원. 입장료는 없다. 윗세오름을 오르려면 입산시간을 따라야 한다. 동절기의 경우 정오 이후에는 한라산을 오를 수 없다.

섬에는 섬이 없다

비양봉

제주도는 한라산의 다른 이름이다. 제주도가 한라산이고, 한라산이 제주도다. 바다에서 폭발한 화산이 굳은 꼴이 섬이다. 비양도도 그러하다. 바다에서 솟은 화산이 비양봉이고, 화산이 굳은 섬이 비양도다. 섬이 곧 오름이니 비양도는 비양봉의 다른 이름이다. 그러나 비양도에서 화산을 연상하는 건 쉬운 일이 아니다. 비양도만큼 보기에 좋은 섬도 없다.

비양도飛揚島는 하늘을 날아온 섬이라는 뜻이다. 이름처럼 바다에 외따로이 박혀 있다. 비양도 들어가는 배는 한림항에서 뜬다. 그러나 한림항 남쪽 협재해수욕장 쪽에서 훨씬 잘 보이고 훨씬 예쁘게 보인다. 섬과 육지의 거리도 남쪽의 해수욕장이 더 가깝다. 비양도는 협재 해수욕장에서 직선거리로 1.5킬로미터 떨어져 있지만, 한림항하고는 5킬로미터 거리에 있다. 협재에서 비양도는 손을 뻗으면 닿을 듯하다.

섬에 들어가면 섬이 사라진다. 섬은 사라지고 대신 사람이 나타난다. 단순한 이치인데, 어리석은 나는 여행을 업으로 삼은 뒤에야 눈치챘다. 비양도의 경우는 조금 다르다. 비양도에 들면 산이 나타난다. 바다 건너에서는 섬만 있었는데, 섬에 내리자마자 불쑥 산이 튀어나온다. 비양도를 낳은 산, 아니 스스로 섬이 된 산 비양봉이다.

옛날에는 비양도를 죽도竹島라고 불렀다. 대나무가 많아서였다. 지금은 거의 없다. 전해오는 이야기에 따르면 관청의 대나무 조공 요구를 견디다 못한 비양도 주민이 대숲에 몰래 불을 놓았다고 한다. 대숲을 스스로 태워야 했던 비양도 사람의 심사를 어렴풋이 이해한다. 제가 제 자신을 해쳐야 살 수 있었던 제주의 삶을 들은 바가 있어서다. 옛날 제주에서는 친척 중 한 명을 살해하는 사건이 이따금 일어났다. 말이 죽으면 말을 관리하는 목자牧子가 말가죽을 벗겨 관아에 바쳤는데, 가죽이 온전하지 않으면 친척이 공동으로 값을 치러야 했다. 말이 워낙 비쌌기 때문에 친척 중에 목자가 있으면 망하는 집안이 속출했다. 가문은 지켜야 하는 것이었다. 희생은 어쩔 수 없었다. 제주에서 사는 것은 이토록 참혹했다.

대나무를 벤 비양봉의 새 주인은 띠다. 띠가 온 산을 덮고 있다. 띠는 볏과에 속하는 풀이다. 제주에서는 '새'라고 한다. 제주 초가를 보고 궁금하지 않으셨는지. 논이 없는데 볏짚을 어디서 구해 지붕을 이었는지 말이다. 제주 초가지붕에 얹는 풀이 띠다. 삘기를 기억하는 어르신도 있을 터다. 띠의 새로 나온 순이 삘기다. 옛날에는, 그러니까 주전부리가 변변치 않았던 시절에는 삘기를 뽑아서 껌처럼 질겅질겅 씹고 다녔다. 한참 씹으면 달짝지근한 물이 나왔다고 한다. 옛날에는 뭍이나 섬이나 다들 그렇게 살았다.

띠는 여름에는 푸르고 가을에는 누렇다. 계절이 바뀌면 비양도가 다른 색깔로 보이는 까닭이다. 비양도는 여름에는 푸르고 가을에는 누런 모습으로 파란 바다 위에 떠 있다. 비양봉의 해발고도는 114미터이고 비고는 104미터다. 섬이 곧 산이라는 뜻이다.

동그라미 그리기

비양도는 작은 섬이다. 면적이 0.6제곱킬로미터도 못 된다. 해안 에움길을 따라 한 바퀴 다 돌아도 한 시간이 채 안 걸린다. 비양도는 원형에 가까운 섬이다. 지도에서 비양도를 찾으면 영락없는 동그라미다. 동서 길이가 1.02킬로미터이고, 남북 길이가 1.13킬로미터여서 정확히는 세로로 길쭉한 타원형이 맞지만 가로 세로의 차이가 미미하다. 전국 지도에서 비양도처럼 완벽에 가까운 원을 그리는 섬은 찾기 힘들다.

제주에는 본섬 말고도 사람이 사는 부속섬이 모두 여덟 개 있다. 우

©신동연

금능해수욕장에서 바라본 비양도. 비양도는 보기에 좋은 섬이고, 비양봉은 걷기에 좋은 오름이다.

도, 마라도, 추자도 등 이름난 섬도 많고 관광객이 너무 많이 들어가 골치를 앓는 섬도 여럿이다. 하나 비양도는 여전히 한갓진 섬마을에 머물러 있다. 한림항에서 배를 타고 비양도에 들어온 사람은 연 4만 명이 겨우 넘는다. 같은 해 우도에는 200만 명이 넘게 들어갔다(2015년 입도객 기준).

주민등록 기준으로 비양도 주민은 160여 명이다. 실제 섬에 거주하는 주민은 60명이 안 된다. 2005년 TV드라마 '봄날' 덕을 봐 반짝 호황을 누리기도 했다지만, 하루에 세 번 들어오는 배는 좀처럼 횟수를 늘리지 못하고 있다. 섬에 상수도가 들어온 해가 1998년이고, 섬 일주도로가 완공된 해가 2001년이다. 섬에서 꼬박 한나절을 머물렀지만 길에서 자동차는커녕 오토바이 한 대도 눈에 띄지 않았다.

비양도 사람은 배가 들어오는 압개포구 쪽에 모여 산다. 집마다 돌담을 둘렀는데, 오랫동안 돌보지 않았는지 군데군데 허물어져 있었다. 해안을 빼고는 평평한 땅이 드물어 농사도 어려워 보였다. 그래도 고구마를 심은 우영팟(텃밭)이 띄엄띄엄 보였다. 제주 사람은 고구마를 감자라고 한다. 그럼 감자는? '지슬'이다. 4·3사건이 터져 너도 나도 중산간 동굴에 숨어 살 때 한 입씩 나눠 먹던 최후의 밥이다.

마을을 둘러보다 돌담과 돌담 사이에 비스듬히 누운 통나무에 눈길이 머물렀다. 제주 전통가옥의 대문, 정랑이었다. 성읍민속마을이나 제주민속촌에서 본 정랑은 말끔하고 반듯했는데, 비양도 어부의 집 정랑은 낡고 삐뚤었다. 주변에서 통나무 하나 주워와 대충 걸쳐놓았으리

비양도 동남쪽의 펄랑못. 이곳에 황근, 해녀콩, 억새 등이 군락을 이루고 있다.

라. 되바라지지 않아서 나는 좋았다. 여행은 역시 당신들의 일상을 엿보는 일이다.

비양도에는 없는 게 많았다. 번다하지 않아서 좋았지만 없는 게 너무 많았다. 이를테면 비양도에는 굴뚝이 없었다. 마을 어디에서도 굴뚝이 보이지 않았다. 김용하 제주지질공원해설사의 설명이 이어졌다.

"제주 부엌에는 원래 굴뚝이 없습니다. 굴뚝이 없으니 온돌로 이어지는 부뚜막도 없지요. 겨울에도 난방을 안 했으니까요. 음식을 조리하는 아궁이는 있습니다. 끼니때만 불을 썼으니 굴뚝은 필요 없었지요. 요즘엔 다들 온돌을 들이지만 옛날에는 추워도 참고 살았습니다.

비양도는 내 어릴 적의 제주도, 그러니까 30년 전의 제주도를 간직하고 있습니다."

어릴 적 추억이 떠올랐는지 환갑을 갓 넘겼다는 해설사 선생은 상기된 표정이었다. 그러나 육지에서 내려온 여행자에게는 비양도가 전통을 지키고 산다기보다는 후미져 쇠락했다는 뜻으로 들렸다. 비양도는 그만큼 뒤처져 있었다. 이번에는 마음이 가볍지 않았다.

동그라미 섬 중심 가까운 자리에 비양봉 굼부리가 있다. 비양봉은 굼부리가 두 개 있는데, 큰 것은 바닥 둘레가 800미터이고 작은 것은 500미터다. 협재에서 보면 봉우리 두 개가 나란한데, 봉우리마다 굼부리가 하나씩 들어앉아 있다. 큰 봉우리 정상에 하얀 등대가 있다. 등대가 작아서 서 있다기보다는 놓여 있다는 표현이 어울린다. 압개포구 마을 뒤편에서 탐방로가 시작하는데, 등대가 있는 정상까지 쉬엄쉬엄 30분이면 오른다. 띠 덮인 초원을 가로지르기도 하고 옛날에 태우다 다 못 태운 대숲을 통과하기도 한다. 등대가 자리한 정상에 오르면 제주도 서쪽 해안이 훤히 내다보인다. 해안 뒤로 한라산이 장막처럼 서 있다.

붉은 바다

비양도 소개 자료를 보면 '막내 섬'이라는 표현이 상투적으로 등장한다. 물론 제주에서 가장 어린 섬이라는 뜻이다. 섬의 탄생은 역사보다 신화가 더 가깝게 마련인데, 비양도는 역사가 탄생의 순간을 증명한다. 『신증동국여지승람』에 기록이 전해온다.

“고려 목종 5년1002년 6월 제주 해역 한가운데에서 산이 솟았는데 산꼭대기에서 구멍 네 개가 뚫리고 닷새 동안 붉은 물이 흘러나온 뒤 물이 엉켜 기와가 됐다.”

이 기록의 주인공이 비양도다. 기록에 근거해 비양도는 제주에서 가장 어린 섬, 비양봉은 두 번째로 어린 오름으로 불린다. 비양봉은 서귀포시 예래동의 군산과 함께 분화 사실이 문자로 기록된 오름 두 개 중 하나다. 군산은 목종 10년1007년 폭발했다는 기록이 남아 있다.

그런 줄만 알았는데 최근 들어 새로운 주장이 제기됐다. 2010년 비양도가 유네스코 세계지질공원으로 지정되자 제주도는 비양도 지질을 다시 조사했다. 그랬더니 비양도를 구성하는 화산암이 최소 2만 7,000년 이전에 형성됐다는 결과가 나왔다.

“최근 연구에 따르면 비양도는 2만 7,000~3만 2,000년 전에 생성된 것으로 측정됩니다. 섬에서 신석기시대 유물이 발견된 것도 비양도가 1,000년 전에 솟았다는 주장과 배치됩니다. 신석기시대는 최소 5,000년 전이니까요. 그럼 고려 때 분화 기록은 무엇이냐. 흥미로운 자료가 있습니다. 1700년대 제작된 제주도 지도가 있습니다. 이 지도를 보면 비양도와 차귀도 사이에 섬 하나가 그려져 있습니다. ‘서산’이라고 이름까지 적혀 있지요. 지도의 표기가 정확한지에 대해서는 논란이 있습니

붉은 바다에 우뚝 선 '애기 업은 돌'. 천연기념물 제439호다.

다만, 지도가 맞다면 1,000년 전에 분화한 섬은 서산일 가능성이 큽니다. 지금은 바다에 잠겨 볼 수 없는 미지의 섬 말입니다."

김용하 해설사의 설명이 흥미진진했다. 지구과학은 역시 재미있다. 학술용어 같은 건 몰라도 된다. 지구과학은 상상력에 관한 것이기 때문이다. 비양도의 나이를 짐작할 수 있는 증거는 해안 곳곳에서 목격됐다. 제일 자주 띄는 증거가 '송이'였다. 원래 이름은 스코리아scoria다. 붉은색 자갈처럼 생겼는데, 중산간에 흔한 화산암 알갱이다. 붉은오름이라 불리는 몇몇 오름의 이름이 송이의 붉은색에서 비롯됐다. 송이가 인체에 좋다는 연구결과가 나온 이후 건축 재료는 물론이고 화장품 재료로도 널리 쓰이고 있다. 함부로 채취하면 벌 받는다. 제주도 바깥으로 갖고 나가도 벌 받는다.

그런데 송이는 육지에서 분화한 화산이 생성하는 쇄설물이다. 바다에서 솟은 화산은 좀처럼 송이를 낳지 못한다. 용암이 바닷속에서 식어 화산재로 굳기 때문이다. 비양도가 1,000년 전 바다에서 솟았으면 해안에 이렇게 송이가 많을 수가 없다. 비양도 바다는 붉은 바다다. 물결에 따라 붉게 흔들린다. 비양도 바다의 바닥은 송이밭이다.

10톤이 넘는다는 거대 화산탄도 중요한 증거다. 화산탄은 화산이 폭발할 때 날아와 박힌 화산암 덩어리다. 지름이 64밀리미터가 넘는 둥근 모양의 화산쇄설물을 화산탄이라 하는데, 지질학자는 화산탄이 놓인 방향으로 화산탄이 날아온 방향, 즉 화산이 분화한 지점을 추측한다. 비양도 북서쪽 해안에 놓인 20톤 화산탄은 비양도 동쪽 제주도

쪽에서 날아온 것이 아니다. 방향만 보면 남쪽 바다에서 날아왔다. 비양도 남쪽에는 지금 바다 말고 아무것도 없다. 18세기 지도에 서산이라고 표시됐던 섬이 있었던 자리다. 일개 여행자에게 비양도의 나이를 따질 자격이 있는지는 모르겠다. 그래도 지구과학은 재미있다.

해안을 따라 섬을 한 바퀴 돌았다. 티 없이 맑은 바다보다 인상적이었던 건 온갖 모양을 한 바위들이었다. 개중에서 얕은 바다에 오도카니 서 있던 용암바위가 두고두고 기억에 남는다. 천연기념물 제439호로 지정된 이 바위의 별명이 '애기 업은 돌'이다. 용암이 폭발하면서 내부에 공간이 생겨 굴뚝 모양의 화산지형이 됐다는데, 영락없이 아기 업은 엄마 꼴이다. 코끼리바위도 있다. 코끼리바위는 울릉도가 유명하지만 비양도의 코끼리바위도 제법 비슷하다. 비양도 북쪽 해안에는 아예 희한한 모양의 바위를 일렬로 세워놓은 수석거리도 있었다.

에움길을 다 돌아 마을 어귀에 들어서니 펄랑이라는 습지가 나타났다. 바닷물이 드나드는 염습지다. 비양봉 물그림자가 바닷물 들어온 습지에 어른거렸다. 마침 계절이 맞아 염색식물인 황근의 꽃을 볼 수 있었다. 달맞이꽃처럼 노란색이었다. 이제는 제주에서도 구경하기 힘든 꽃이라고 했다. 펄랑이 끝나는 지점에 압개포구가 있는 마을이 있고, 포구마을 끝에서 한림항으로 들어가는 배가 뜬다. 제주로 돌아오는 배에서 비양도를 돌아봤다. 이제는 비양봉이 보였다.

여행정보

한림항 도선대합실에서 하루 4번(오전 9시, 11시, 오후 2시, 5시) 비양도 들어가는 배가 뜬다. 비양도에서는 오전 9시 16분, 11시 16분, 오후 2시 16분, 5시 16분 한림항으로 가는 배가 뜬다. 배 시간은 15분 정도 걸린다. 편도요금 어른 4,500원. 전화 064-796-7522.

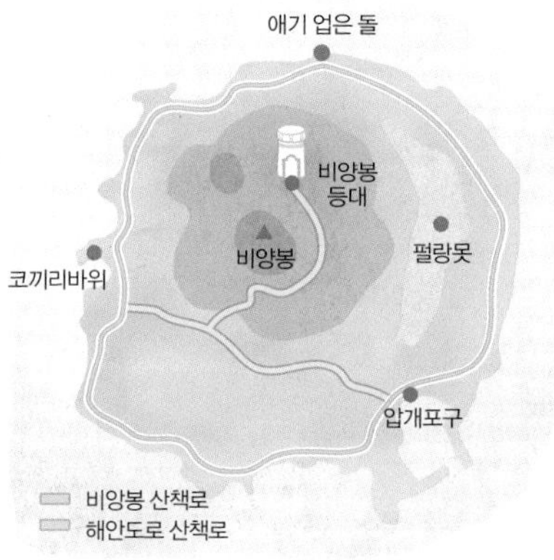

그 어디엔가 있는

산방산

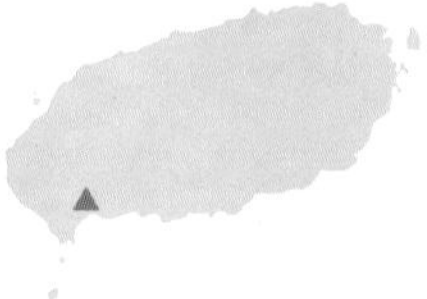

요즘에는 오름에도 산山이 많다. 산방산, 영주산, 단산, 송악산, 군산, 고근산 등등 산이라 불리는 오름이 수두룩하다. 그러나 애초부터 산이었던 오름은 많지 않다. 일제강점기 이후 한자로 지명을 표기하면서 산으로 개정된 오름이 대부분이다. 이를테면 단산은 바굼지오름, 송악산은 절울이오름, 수월봉은 노꼬물오름이었다.

산방산은 애초부터 산이었다. 그것도 '산에 방이 있다'는 의미의 산방山房이라는 한자 이름을 고스란히 물려받았다. 오름 중에는 이름이 서너 개인 것도 허다하지만, 산방산은 산방산 하나뿐이다. 제주 무속 신앙에서 꼽는 삼신산三神山이 있다. 제주 무당이 신이 산다고 믿는 산 세 개는 한라산, 산방산, 송악산이다. 제주 창조신화에는 5대 명산이 등장한다. 한라산, 영주산, 산방산, 청산(성산일출봉), 두럭산(김녕 앞바다의 암초)이다. 두 설화에서 모두 등장하는 건 한라산과 산방산뿐이며, 오름 중에는 산방산이 유일하다. 다른 오름에서는 사람의 냄새를 맡지만 산방산에서는 신의 기운을 느낀다.

실제로 산방산은 신의 영역이었다. 소 풀고 촐 비러(꼴 베러) 다니던 생활의 영역이 아니었다. 함부로 드나들 수 없는, 함부로 드나들어서는 안 되는 신성한 공간이었다. 오름을 신격화하는 여러 설화가 산방산에서 다 모인다. 군산과 고근산처럼 산방산도 금장지禁葬地다. 묘를 쓰면 화를 입는 땅이라는 뜻이다. 산방산 아랫자락에 구름이 끼면 건들마(마른장마)가 든다는 이야기도 있다. 성산일출봉에도 똑같은 이야기가 전해온다. 그러나 오름 자락에 사찰과 암자 여섯 개가 터를 잡은 건 산방산이 유일하다. 더욱이 산방산의 이름은 제 뱃속의 굴사窟寺에서 유래했다.

산방산에도 설문대할망의 전설이 깃들어 있다. 하나 산방산의 전설은 여느 오름에 전해오는 것과 차원이 다르다. 한 사냥꾼이 한라산에서 사냥을 하다가 화살을 잘못 쏴 설문대할망의 엉덩이를 맞혔다(설문대할망이 아니라 옥황상제고, 엉덩이가 아니라 옆구리라는 이설도 있다). 설문대할망은 홧김에 한라산 정상 암봉을 뽑아서 던졌다. 남쪽 해안으로 날아온 암봉이 꽂혀 산방산이 되었고, 암봉이 뽑혀 움푹 팬 자리는 물이 고여 백록담이 됐다. 허무맹랑한 전설인데 허투루 들리지만은 않는다. 산방산과 백록담의 둘레가 얼추 비슷하기 때문이다. 산방산과 백록담 모두 조면암 성분이라는 사실도 솔깃하다. 무엇보다 산방산은 정상에 굼부리가 없다. 볼록 솟은 숫오름이다. 놀라운 상상력이다.

그러나 전설은 전설일 뿐이다. 산방산과 한라산은 태어난 시점이 다르다. 산방산은 최소 70만 년 전에 생성한 반면, 한라산 정상부는 2만 5,000년 전에 생겼다. 굼부리가 없어 끝이 뾰족한 생김새가 특이한 것은 사실이지만, 점성이 강한 마그마가 느린 속도로 흘러나왔다면 화산에 폭발 흔적이 없는 꼴은 되레 당연할 수 있다. 산방산이 지금처럼 종 모양으로 서 있는 건 마그마가 분출하지 못하고 꾸역꾸역 새어나와 굼부리 주변에 차곡차곡 포개졌기 때문이다. 촛농이 흘러 굳은 것처럼 말이다. 명쾌한 설명이지만 재미는 없다. 상상은 계속된다. 한라산 사냥꾼의 전설은 서귀포 앞바다의 섶섬, 문섬, 범섬에도 똑같이 전해온다. 범섬을 바닥에 깔고 시루떡처럼 문섬과 섶섬을 차례로 얹으면 섬마다 아귀가 잘 맞아 그럴듯한 삼각형이 만들어진다. 이 삼각형이 설문대할망이 집어던져 세 개로 쪼개진 한라산 꼭대기라는 황당무계하고도 재기발랄한 주장이 있다. 가공할 상상력이다.

아무튼 산방산은 예나 지금이나 경외의 대상이다. 그럴 수밖에 없다. 산방산은 가장 큰 오름이다. 해발고도는 395미터이지만 비고는 최대 340미터에 이른다. 면적은 1제곱킬로미터다. 한라산 자락에 들면

헬기에서 내려다본 산방산과 용머리해안.
중간에 동강 잘리긴 했지만 산세가 이어지는 것을 확인할 수 있다.

산방산보다 해발고도가 높은 오름이 수두룩하다. 그러나 산방산보다 비고가 높은 오름은 없다. 독립개체로서 산방산은 제주에서 한라산 다음으로 높은 산이다. 산방산은 더욱이 바다를 마주보고 있다. 주변의 안덕면 사계리, 덕수리 일대는 지평선을 그리는 평야지대다. 이 나지막한 수평의 공간에 섬에서 두 번째로 높은 산이 서 있다. 압도당할 수밖에 없으며, 받들지 않을 수 없다. 산방산은 웅대한 암봉이며, 강고한 암벽이다. 산방산에는 완만하고 부드러운 곡선이 없다. 산방산이 오래전부터 산으로 인식된 까닭이다. 인간의 출입을 허락하지 않는, 히말라야의 설산처럼 고고하고 신성한 산으로서 말이다. 굳이 오름이라 한다면, 바라보는 오름이다. 그냥 바라보는 것이 아니라 멀찍이 떨어져서 우러르는 오름이다. 그러하니, 경배하라.

사람의 자리

현재 산방산 정상은 오를 수 없다. 2012년부터 2021년까지 정상 탐방로 출입이 통제됐다. 워낙 가팔라 안전사고가 잦았던 데다 정상부에 자라는 지네발란, 섬회양목 등 희귀식물의 훼손이 심해 길을 막았다고 한다. 산방산 암벽은 천연기념물 제376호다. 왜 진즉에 산방산에 오를 생각을 못했을까. 후회가 막급하다. 산방산 꼭대기에 있다는 선인탑에 앉아 세상을 굽어보고 싶었는데. 선인탑仙仁榻은 신선이 앉는 의자라는 뜻이 매겨진 바위다.

정상은 오르지 못하지만 산방굴사는 갔다 올 수 있다. 용머리해안을 내려다보는 남쪽 언덕 위에 산방굴사로 이어지는 탐방로가 있다. 입장료(어른 1,000원)를 내고 들어서면 탐방로 양쪽으로 사찰들이 보인다. 산방산 남쪽 아랫도리에만 사찰 세 개가 있는데, 종파가 다 다르다. 왼쪽부터 일붕선교종 광명사, 태고종 산방사, 원효종 보문사가 있다. 이 세 개 사찰이 돌아가며 산방굴사를 관리한다. 해발 200미터쯤 높이의 암벽에 산방굴사가 들어앉아 있다. 높이 5미터 폭 5미터 깊이 10미터의 널찍한 동굴이다. 동굴 안쪽에는 남쪽 바다를 굽어보는 부처님이 앉아 계신다. 산방굴사는 제주의 명승 열 곳을 열거한 영주십경의 제8경이다. 동굴 어귀 노송 사이로 내려다보이는 일출이 장관이라 했는데, 노송이 재선충에 걸려 2015년 제사를 지낸 뒤 베어냈다. 하필이면 이 나무라니. 제주의 재선충 피해는 정말 심각하다. 내가 잘 안다. 오름이 그 생생한 피해현장이다.

굴사는 고려 말 혜일선사가 창건했고, 조선 후기에는 초의선사1786~1866년가 굴사에서 수도했다. 초의선사는 귀양살이 중이던 벗 추사 김정희1786~1856년를 만나러 제주까지 내려와 여섯 달을 머물렀다. 천장 바위 틈에서 똑똑 약수가 떨어지는데, 이 약수에 여신 산방덕의 전설이 깃들어 있다. 산방산 동굴에 살던 여신 산방덕은 마을청년 고성목의 품성에 반해 신의 지위를 버리고 그와 결혼한다. 그러나 여신을 탐낸 사또가 고성목에게 누명을 씌워 죽인다. 남편을 잃은 산방덕은 동굴로 돌아와 바위로 변했고, 그때부터 바위에서는 물이 떨어졌다. 산방굴사 약수를 '산방덕이의 눈물'이라 이르는 연유다. 약수 한 국자 떠 마시면 5년을 더 산다는데, 약수 핑계로 날마다 산방산을 오르면 5년은 더 살 것 같기도 하다.

산방산 비탈은 직각에 가까운 절벽이다. 높이 100미터가 넘는 주상절리가 병풍처럼 선 벽면도 있다. 단단한 조면암으로 이루어져 벽면이 크게 훼손되지 않았다. 희한하게도 서남쪽 비탈만 무너져 내렸다. 가파른 기슭을 따라 바위가 흩어져 있어 언뜻 너덜지대로도 보인다. 하나 허물어진 비탈은 침식작용과 무관하다. 인간이 고의로 무너뜨렸다. 한국전쟁이 발발하자 육군은 대구에 있던 제1훈련소를 모슬포로 이전했다. 1951년부터 1956년까지 모슬포 일대는 최대 7만 명이 주둔하는 군부대였다. 그 시절 산방산은 대포사격 표적지로 전락했다. 육군은 주변에 마땅한 표적이 없다는 이유로 산방산을 향해 대포를 쐈다. 어처구니없는 일인데, 당시에는 별문제가 되지 않았다. 산방산이 완전히 무너지지 않은 게 다행이다 싶다.

산방산을 떠올리면 이내 생김새가 그려진다. 그러나 우리에게 익숙한 산방산은 산방연대에서 올려다본 앞모습뿐이다. 산방산의 뒷모습을 아시는가. 산방산은 서 있는 자리에 따라 전혀 다른 얼굴로 나타난다. 산방산 뒤편 영산암에서 올려다보는 산방산은 월출산처럼 날카로운 암봉이다. 전혀 낯선 모습이다. 영산암의 보살은 산방산이 호랑이가 한라산을 향해 절을 하는 형상이라고 말했다. 영산암 보살에게 산

서쪽에서 바라본 산방산. 산방산은 각도에 따라 전혀 다른 모습이 된다.
여기에서는 한라산처럼 보인다.

방산은 호랑이였다. 나에게 산방산은 한라산이다. 산방산의 오른편 얼굴은 영락없는 한라산이었다. 윗세오름에서 올려다봤던 한라산 정상부가 안덕평야에 내려와 있었다. 한라산을 빼닮은 산방산 앞에서 한참을 서 있었다. 그리고 나는 설문대할망의 전설을 믿기로 했다. 산방산은 작은 한라산이다.

유네스코 세계지질공원

이제 용머리해안으로 내려갈 차례다. 내려가기 전에 공부할 게 있다. 제주도를 두고 흔히 유네스코 3관왕이라고 한다. 그러나 유네스코 3관왕이 무엇인지 정확히 아는 사람은 많지 않다. 이를테면 산방산과 용머리해안은 세계지질공원 핵심지질명소로서 지오트레일 구간이다. 무슨 뜻인지 아시는가.

제주도는 2002년 생물권보전지역으로 지정됐고, 2007년 세계자연유산에 등재됐고, 2010년 세계지질공원으로 인증됐다. 생물권보전지역은 생태계 훼손을 막아 생물의 다양성을 지키려는 유엔 차원의 조치다. 제주의 생물권보전지역은 한라산국립공원, 천연기념물로 지정된 하천 두 개(영천, 효돈천)와 부속섬 세 개(문섬, 섶섬, 범섬)로 이루어져 있다. 세계자연유산은 문화유산, 복합유산과 함께 유네스코 세계유산 World Heritage을 구성하는 유산 중의 하나다. 제주는 국내 유일의 세계자연유산이다. 거문오름 편에서 상세히 다룬다.

세계지질공원은 유네스코 '삼형제' 중에서 가장 관광친화적이다. 사업 목적이 지질학적 가치를 지닌 자연유산지역을 보호하면서도 관광을 활성화하는 데 있다. 제주는 섬 전체가 세계지질공원이며, 열두 개 지역이 핵심지질명소로 지정돼 있다. 오름 중에서는 산방산, 성산일출봉, 우도(우도봉), 수월봉, 비양도(비양봉) 등 다섯 개 오름이 핵심지질명소다. 세계지질공원의 자격을 유지하려면 핵심지질명소에서 자연유산을 활용한 관광프로그램을 운영해야 한다. 그 사업이 제주관광공사의 지오GEO 브랜드다. 핵심지질명소를 중심으로 지오트레일을 조성했고, 지오 브랜드를 내건 식당과 민박도 운영한다. 콘텐츠가 튼실한 편인데 잘 알려지지 않아서 작정하고 소개한다. 지오 브랜드가 잘 안 되면 세계지질공원 자격이 문제가 될 수 있다. 산방산과 용머리해안은 개별 핵심지질명소이지만 지오트레일로는 한 개 코스로 묶인다.

전설에 따르면 산방산과 용머리해안은 한 몸뚱어리였다. 산방산 정상에서 내려다보면 산방산에 똬리를 튼 용이 바다로 고개를 내민 것처럼 보인다고 한다. 헬기에서 산방산을 내려다본 적이 있다. 도로가 둘 사이를 갈라놓았어도 산방산부터 용머리해안까지 이어진 산줄기는 또렷했다. 용보다는 뱀에 가까워 보였으나 하나의 산세는 분명했다. 중국의 풍수사 호종단이 제주의 혈을 막기 위해 용 꼬리와 등을 끊었더니 해안바위에서 피가 흘렀고 산방산이 며칠을 울었다고 한다. 그 호종단이 고향으로 돌아가려고 탄 배는 한라산신이 일으킨 바람에 차귀도 앞바다에서 침몰된다. 수월봉 편에서도 설명하지만 제주 설화에는 이렇게 여러 명승이 이리 얽히고 저리 얽혀 등장한다. 전설과 설화만 엮어도 흥미로운 제주 여행 콘텐츠가 될 것 같다.

그러나 지질학적으로 두 화산지형은 어떠한 관계도 없다. 두 화산지형이 별개의 핵심지질명소로 지정된 까닭이다. 용머리해안이 산방산보다 먼저 태어났다. 용머리해안의 고향은 바다이고 산방산은 육지다. 용머리해안은 제주에서 가장 오래된 수성화산 지형이다. 600미터 길이의 해안을 따라 20미터 높이의 퇴적층이 벽처럼 두르고 있는데, 수월봉의 엉앙길처럼 화산재층이 층층이 쌓여 기하학적 장면을 연출한다. 수월봉 엉앙길과 더불어 용머리해안은 화산섬 제주의 속살을 있는 그대로 드러내는 핵심지질명소 중의 핵심명소다. 천연기념물 제526호로 지정돼 있다. 물이 들어오거나 바다가 험해지면 해안으로 내려가지 못한다. 입장료(어른 2,500원)를 내면 산방산도 들어갈 수 있다.

해안으로 내려가는 길목에 커다란 범선이 보인다. 『하멜 표류기』로 조선을 최초로 알린 네덜란드 상인 헨드릭 하멜1630~1692년의 기념관이다. 하멜은 1653년 8월 16일 일본에 가던 중 난파하는 바람에 조선에 상륙했고, 1666년 9월 4일 수차례의 시도 끝에 탈출에 성공했다. 『하멜 표류기』의 의의는 인정하지만 내용에 불만을 털어놓는 역사학자들이 많다. 허황된 사례로 조선을 왜곡했다는 이유에서다. 전문가 의견이니 맞는 지적일 것이다. 그러나 그는 13년을 갇혀 살았다. 고향으로 보내달라고 했지만 조선은 놓아주지 않았다. 학대를 당했다는 기록도 있다. 하멜을 옹호하는 건 아니지만, 나 같아도 좋은 소리는 안 나왔을 것 같다. “곡물의 많은 양을 매년 왕에게 공물로 바쳤다. 주민은 본토 사람에게 천대받았으며 제대로 대접받지 못하는 가난한 사람들이다. 나무 우거진 높은 산이 하나 있고, 낮은 민둥산들이 있었다.” 350년 전 네덜란드 상인이 바라본 제주와 오늘 내가 바라보는 제주에서 나는 차이점을 발견하지 못했다. 켈파르트Quelpart. 하멜은 제주도를 켈파르트라고 불렀다. 어디엔가 있는 섬이라는 뜻이다. 지금도 유럽에는 제주도를 켈파르트라고 표기한 지도가 있단다.

여행정보

산방산 남쪽 입구 바로 아래의 주차장은 사설주차장으로 주차료를 내야 한다. 중형차 기준 하루 1,000원. 무료로 이용할 수 있는 공영주차장은 도로 아래에 있다. 산방산 입장료도 있다. 어른 1,000원. 산방산 아래 용머리해안 탐방을 포함한 입장료는 어른 2,500원.

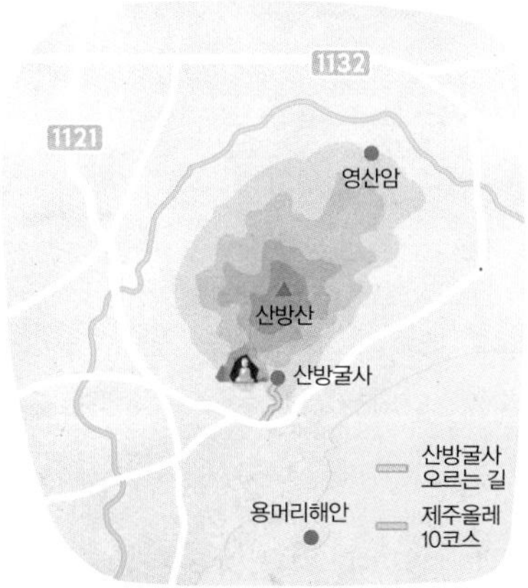

사자와 호랑이

군산

마을 이야기에서 시작한다. 행정구역으로는 제주도 서귀포시 예래동이다. 제주도 좀 다녀봤다면 이름은 몰라도 한 번쯤 들러봤을 동네다. 특급호텔이 모여 있는 중문관광단지 왼쪽 동네가 예래동이다. 다시 이름을 본다. 예猊가 오는來 마을이라는 뜻이다. 예 자가 사자 예 자다. 사자가 오는 마을이라니. 제 이름에 사자를 붙인 마을은 예래동이 유일한 듯싶다. 사연이 곡진해 보인다. 궁금증은 마을 북쪽에 병풍처럼 서 있는 오름을 올라야 비로소 풀린다. 그 오름이 군산이다. 군산은 예래동의 수호산이다.

마을 이야기를 조금 더 하자. 예래동은 자랑할 거리가 많은 마을이다. 우선 감귤로 유명하다. 제주에는 감귤 생산량이 예래동보다 많은 동네가 여럿 있지만, 맛 하면 예래동 감귤이 빠지지 않는다. 예래동은 전국 생태마을의 모범이기도 하다. 2002년 전국 최초로 반딧불이 보호지역으로 지정되었고, 이듬해에는 전국 최초의 자연생태우수마을로 뽑히기도 했다. 마을 주민이 스스로 생태위원회를 꾸려 활동한다. 필요한 교육을 이수한 70~85세 노인이 마을해설사로 활동하기도 한다. 나도 팔순 어르신과 함께 군산을 올랐다 내려왔다. 나보다 걸음이 훨씬 잿고 숨도 골랐다. 제주올레 8코스가 군산은 오르지 않지만 예래생태공원은 가로지른다.

이제 오름을 이야기하자. 군산은 해발고도 335미터 높이의 오름이다. 비고는 280미터이고 둘레는 8,111미터에 이른다. 높고 큰 오름이다. 군산에는 독특한 특징이 있다. 움푹 팬 굼부리가 없다. 굼부리 자리에 평평한 초원이 펼쳐져 있고, 동쪽 끝과 서쪽 끝에 봉우리 두 개가 비쭉 서 있다. 분화활동이 과격하지 않았다는 증거다. 봉우리가 뾰족한 오름을 웅봉雄峰 또는 숫오름(숫뫼)이라 하고, 정상부가 밋밋하거나 팬 오름을 자봉雌峰 또는 암오름(암뫼)이라 한다. 당연히 암오름이 훨씬 더 많다. 군산은 흔치 않은 숫오름이다. 양쪽으로 솟은 봉우리 꼴이 군대 막사처럼 생겨 군산軍山이라 했다는데 유래가 분명한 것은 아니다. 옛날 예래동 사람은 군산을 군메라고 불렀다. 이때 '군'은 군더더기, 군말 따위의 군과 같은 뜻으로 쓰였다. '추가하여 불필요한' 정도의 의미다. 풀이를 따르면 군산은 추가로 생긴 산이 된다. 그런데 정말로 군산은 새로 생겼다.

“천지가 열리기 이전과도 같은 혼동의 세계였다. 운무가 자욱하여 어두컴컴한 가운데 땅은 우레 같은 소리를 울리며 진동했다. 밤낮으로 으르대던 공포의 지동地動은 7주 만에야 비로소 가라앉고 운무가 걷혀 간 앞바다에는 난데없는 산이 우뚝 솟아나 있었다. 초목이 없고 연기가 피어오르고 있었다. 멀리 보기에 석류황石硫黃, 돌처럼 굳은 유황 같았다.”

문장이 좋아 길게 인용했다. 표현이 적확하고 묘사가 생생하다. 『고려사』의 이 구절은 고려 목종 10년1007년의 화산 분화과정을 기록한다. 이 증언의 주인공이 군산이라고 알려져 있다. 어느 날 불쑥 솟아났으니 당연히 새로 생긴 산, 군산이 맞다. 당시에는 서산瑞山으로 기록됐다. 상서로운 산이라는 뜻이다. 이후 한반도에 별다른 분화 소식이 없으니 군산은 현재까지 가장 어린 화산이다.

별안간 군산이 솟으면서 한라산에서 발원한 창고천 물길도 바뀌었다. 군산이 없었을 때는 창고천이 예래동까지 바로 내려왔는데 군산이 가로막으면서 창고천이 군산 서쪽으로 방향을 틀었다. 창고천이 급하게 휘는 모퉁이에 안덕계곡이 있다. TV드라마에서 신성한 계곡으로 곧잘 등장하는 촬영지다. 사철 푸른 나무가 그늘을 드리우고, 주상절리 늘어선 수직바위가 양쪽을 막은 계곡은 실제로도 신비한 기운을 토해내는 듯하다. 지금은 계곡 앞에 주차장도 마련됐지만 10년 전만해도 비경이었다. 군산 서쪽 입구에서 자동차로 10분 거리다.

군산에는 전해오는 이야기도 많다. 금장지 전설도 개중 하나다. 군산 정상에 펼쳐진 넓고 평평한 풀밭은 천하의 명당이다. 풍수를 모르는 눈에도 좋은 땅으로 보인다. 전망도 전망이거니와 양쪽에서 두 봉우리가 지켜줘 풀 위에 누우면 아늑한 느낌마저 든다. 그러나 여기에는 묘를 쓸 수 없다. 묘를 쓰면 마을에 가뭄이 든다고 한다. 실제로 누군가 몰래 묘를 썼다가 마을에 가뭄이 든 적이 있었다. 동네 사람이 총동원된 수색작업 끝에 암묘를 찾았고, 묘를 옮긴 뒤에야 비가 내렸다고 한다. 군산 아랫자락에는 묘지가 있지만 군산 정상부에는 지금도 묘지가 없다. 산방산과 고근산도 금장지로 알려져 있다. 군산 오른쪽 봉우리에 서면 나침반이 고장을 일으킨다. 토양에 섞인 철 성분 때문이라는데, 고근산 정상에서도 나침반이 춤을 춘다. 신기하기는 하다.

남쪽 기슭에 '구시물(귓물)'이라는 약수가 있다. 깊지 않은 동굴이 약수터다. 이끼 낀 동굴 천장에서 비가 내리듯이 물방울이 떨어진다. 아무리 가물어도 구시물은 마른 적이 없다고 한다. 웅봉, 그러니까 숫오름 꼭대기에서 비롯한 물이어서 이 물을 받아 소원을 빌면 아들을 낳는다는 이야기가 전해온다. 말로만 듣던 부처손을 처음 목격한 것도 군산 자락에서였다. 가파른 바위절벽에 마른 고사리 같은 것이 다닥다닥 붙어 있었다. 제주에서는 '푼체순'이라 하여 부녀자가 매우 귀히 여기는 약초다. 불에 태워 연기를 쐬면 부인병에 특효가 있어 한방에서 권백卷柏이라는 이름의 약재로 쓴다. 늘 바삭바삭 메말라 우므린 모습인데 비를 맞으면 활짝 펴진다고 한다.

군산은 전망 좋기로 손꼽히는 오름이다. 말 그대로 360도 파노라마

안덕계곡. 늘 신비로운 기운이 깃든 비경이다.

로 제주의 서남부 지역이 다 드러난다. 제주도의 4분의 1이 보인다고 한다. 나는 세 번을 올랐지만 감동할 만한 전망은 얻지 못했다. 눈앞의 산방산만 우람한 꼴을 드러냈을 뿐, 시선을 조금만 멀리 두면 윤곽이 흐려졌다. 제주에도 미세먼지가 내려앉는다는 걸, 그것도 꽤 정도가 심하다는 걸 군산에서 처음 알았다. 아무리 시야가 흐려도 범섬은 찾아야 했다. 이 섬에서 사자의 전설이 비롯됐다. 동쪽 바다에서 뿌옇게나마 범섬이 나타났다.

범섬, 그러니까 호랑이를 닮은 섬이 하필이면 예래동을 바라본다. 범섬은 군산보다 고근산이 훨씬 가깝지만 예래동을 마주 보고 떠 있다. 섬 호랑이의 시선이 멈추는 지점에 예래동이 있다. 예부터 예래동은 호랑이의 저주를 받아 액운이 그치지 않았단다. 1,000년 전 어느 날 예래동 뒤로 군산이 치솟았고 그 뒤로 마을은 평온을 되찾을 수 있었다. 군산이 사자의 모습으로 태어났기 때문이다. 군산은 사자를 닮은 오름이다. 예래동 어디에서도 마을을 굽어보는 군산이 보이는데, 특히 예래초등학교 근처에선 군산이 사자처럼 보인다. 군산 안에도 사자가 있다. 군산 동쪽 기슭에 숫사자를 빼닮은 바위가 있다. 수풀을 헤집고 튀어나온 바위가 사자 옆얼굴 같고 바위 뒤 무성한 수풀은 갈기 같다. 제법 비슷하다. "사자를 닮은 산이 있고 사자를 닮은 바위가 있어 산 아래 마을이 안녕하다"고 팔순의 마을해설사 강원규 옹은 군산을 오르내리는 동안 여러 번 말했다. 오름마다 전설 하나씩은 내려오지

부처손. 바위절벽에 다닥다닥 붙어 있다.

만, 예래동처럼 오름과 얽힌 전설이 마을 이름에 박힌 경우는 드물다.

서귀포의 무인도들

범섬은 제주의 전설과 역사에 수시로 출연하는 인기스타다. 설문대할망이 고근산에 엉덩이 깔고 물장구 칠 때도 등장하더니, 군산에서는 예래동을 해코지하는 역할로 등장한다. 역사에서도 결정적인 장면에서 나타난다. 고려 공민왕 23년1374년 '목호牧胡의 난' 최후의 격전지가 범섬이었다. 목호의 난은 수산봉 편에서 자세히 다룬다. 아무튼 범섬 공격에 나서기 전 고려군은 지금의 법환포구에 진지를 구축했다. 그 흔적이 아직도 지명으로 군데군데 남아 있다. 이를테면 '군자왓'은 고려군의 주둔지였고 '오다리'는 군사 훈련장이었다. 이렇게 보니 양쪽 끝이 뾰족한 산을 보고 군막軍幕을 연상해 군산이라 이름 지었다는 유래도 아주 허황된 것만으로는 보이지 않는다.

서귀포 앞바다에는 큰 무인도 세 개가 나란히 떠 있다. 서쪽부터 범섬, 문섬, 그리고 섶섬이다. 세 섬 모두 유네스코 생물권보전지역 중에서도 핵심지역으로 지정되어 있다. 문섬은 서귀포항 바로 앞에 있다. 직선거리로 1.3킬로미터밖에 안 떨어져 있어 외돌개와 삼매봉에서도 잘 보인다. 문섬은 모기가 많아서 문섬이다. 모기 문蚊 자를 쓴다. 문섬은 범섬과 함께 천연기념물 제421호로 지정돼 있다. 특히 문섬 바다는 세계적인 연산호 군락지다. 이 바다에 산호 32종이 사는데 12종이 국제법으로 보호하는 종이다. 산호의 다양성이나 화려함, 밀집도 등에서 문섬 바다는 세계 최고 수준이다. 제주는 바다도 월드 클래스다. 그래서 문섬과 '새끼섬'이라 불리는 문섬 앞의 작은 바위섬은 국내 최고의 스쿠버다이빙 포인트다. 해외에서도 찾아오는 스쿠버다이버 덕분에 서귀포항 일대에는 50곳이 넘는 다이빙 업체가 성업 중이다. 한 달을 꼬박 제주에 머무르며 다이빙만 하는 사람도 많다. 문섬 바다는 못 들어가봤지만 새끼섬은 가봤다. 거북손이 지천에 깔려 있었다.

문섬 옆의 섶섬은 화가 이중섭1916~1956년의 섬이다. 섶섬이 가장 잘 보이는 오름은 보목포구의 제지기오름이다. 그러나 서귀포항이 개발되기 전에는 이중섭 생가에서도 섶섬이 내다보였다. 허구한 날 이중섭은 섶섬을 그리며 궁핍했던 피란살이를 버텼다. 이중섭은 1951년 4월부터 그해 12월까지 제주에서 살았다. 현치수라는 주민의 도움으로 부엌 딸린 작은 방 한 칸을 얻어 아내와 아들 둘과 함께 살았다. 서귀포에서의 7개월이 이북 출신인 이중섭이 가족과 더불어 살았던 유일한 기간이었고, 아내와 두 아들을 일본으로 보내기 전 함께 지냈던 마지막 나날이었다.

1.4평 넓이의 단칸방은 늘 문을 열어놓고 있다. 비좁은 부엌을 통해 들어가 보면 단정히 개켜놓은 이부자리 한 채와 이중섭 사진액자 하나만 빈방에 놓여 있다. 단출하다기보다는 휑하다. 이중섭 생가는 아무나 드나들 수 있지만 사유지다. 당시 이중섭에게 방을 빌려준 집주인

의 며느리가 종종 마루에 앉아 계시다. 요즘은 귀가 어두워 말을 붙여도 대꾸를 잘 안 하신다. 혹 만나뵌다면 꼭 인사를 드리길 바란다. 지지리도 가난했던 셋방살이 피란민 가족에게 먹을 걸 챙겨줬던 은인이다. 이중섭의 그림 '섶섬이 보이는 풍경'은 이중섭 생가 옆 이중섭 미술관 옥상에 오르면 옛 시절과 비슷하게 연출된다. 이중섭 미술관에는 이중섭 작품이 몇 점 없다.

여행정보

예래동은 전국 생태체험마을의 모범이다. 예래생태체험관과 체험관 앞의 생태공원은 일부러 시간을 내서 방문할 만하다. 마을해설사 어르신과 예래동 문화유산답사를 할 수 있다. 예래생태마을위원회 064-738-6613.

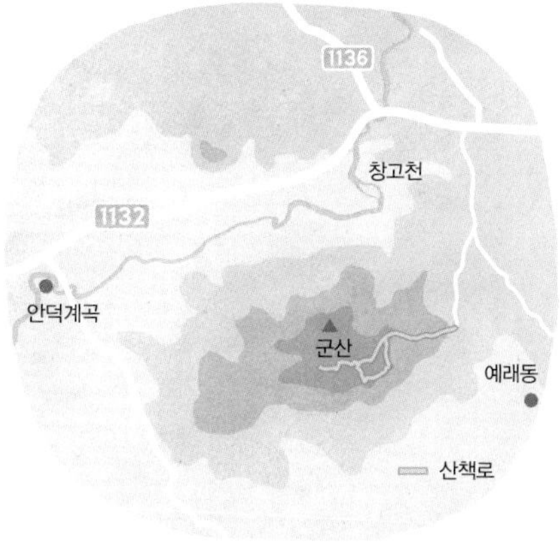

화산학 교과서

수월봉, 당산봉

제주 본섬만 놓고 말하자. 제주에서 제일 먼저 해가 뜨는 곳은 성산일출봉이다. 실제로 성산일출봉은 섬 맨 오른쪽 끝에 걸쳐 있다. 그럼 제주에서 제일 늦게 해가 지는 곳은 어디일까. 제주시 한경면 고산리의 수월봉이다. 수월봉도 성산일출봉처럼 해안에서 비쭉 불거져 있다. 동서남북 방위가 나온 김에 덧붙이면 제주에서 가장 북쪽의 오름은 함덕해변 옆의 서우봉이고, 가장 남쪽의 오름은 가파도 바라보는 송악산이다. 남북 방향과 달리 동서 방향에서는 태양의 이동이 관광자원이 된다. 성산일출봉이 해맞이 명소인 것처럼 수월봉은 해넘이 명소다. 수월봉 너머 바다로 해가 잠기면 섬의 하루도 비로소 저문다. 물에 뜬 달이라는 이름처럼 수월봉水月峰은 어스름한 저녁이 어울리는 오름이다.

고산리는 제주 시내에서 가장 먼 마을이다. 나도 최근에야 알았다. 처음에는 이해가 잘 안 됐다. 지도를 보면 섬 왼쪽 꼭짓점의 고산리보다 섬 동남쪽 끄트머리의 섭지코지나 섬의 맨 남서쪽 끝 송악산이 제일 멀어 보이기 때문이다. 그러나 제주 시내에서 택시나 대리운전을 부르면 고산리 요금이 제일 비싸다. 추가요금을 요구하는 기사도 있다. 제주시와 고산리를 잇는 도로 사정 때문이기도 하겠지만, 제주가 우리가 느끼는 것보다 서쪽으로 더 길다는 뜻이다. 실제 거리는 제주공항을 기준으로 수월봉과 섭지코지가 45킬로미터 정도, 송악산은 43킬로미터 정도 떨어져 있다. 고산리에서는 수월봉이 놓인 자리를 '거북이 대가리'라고 부른다. 제주도를 거북이라고 치면 거북이가 고개를 내민 자리에 수월봉이 서 있다. 지도도 없던 옛날에 하늘에서 내려다보는 시점으로 주변 지형을 이해했다는 사실이 새삼 놀랍다.

수월봉을 가려면 고산2리의 고산육거리를 지나야 한다. 고산육거리 주변이 다 허허벌판이다. 고산리 북쪽에 오도카니 돋은 당산봉만 빼면 죄 지평선을 그린다. '고산평야'로 불리는 지역으로 감자, 마늘, 양파, 무, 대파 따위를 대규모로 경작한다. 고산평야는 예부터 유명한 지슬(감자) 산지였다. 요즘에는 콜라비, 브로콜리 등 서양 작물을 훨씬 더 많이 키운다. 제주에서는 고산평야 일대를 차귀벵듸라고 한다. 차귀는 옛날 이 일대의 지명이고, 벵듸는 너른 들판을 뜻하는 제주 방언이다. 찬찬히 둘러보면 고산평야는 제주의 여느 들녘과 다른 풍경을 자아낸다. 무언가 허전하다. 눈치 채셨는가. 돌담이 없다. 제주 들판을 상징하는 밭담이 고산평야에는 없다. 개간지를 구획한 것처럼 고산평야의 농경지는 돌담 하나 없어도 정갈하게 나뉘어져 있다. 이 비밀의 열쇠를 쥔 주인공이 평야가 끝나는 해안에 돋아난 수월봉이다. 비밀은 차차 공개하기로 한다.

수월봉은 관광명소다. 수많은 관광객이 수월봉 하나 보러 먼 고산리까지 들어온다. 하나 수월봉의 행색은 명성에 한참 못 미친다. 해발고도가 77미터인데 고산평야 일대의 해발고도가 5~6미터이니 70미터 높이의 언덕배기에 불과하다. 실제로 수월봉은 오름이라기보다 해안에 얹힌 언덕에 더 가깝다. 독자적인 화산 분화구의 꼴을 갖추지 못한 채 해안언덕에 비스듬히 누워 있어서다. 주변 풍광을 압도하는 산방산이나 성산일출봉에 비하면 한없이 초라하다. 그나마 꼭대기에 등대처럼 서 있는 고산기상대 덕분에 주변 들판과 대비되는 장면을 연출한다.

혹여 끈 없는 모자를 쓰고 수월봉에 오른 관광객이 있다면 수월봉이 처음이거나 모자를 버리러 왔거나 둘 중 하나다. 수월봉에서 석양만큼 유명한 게 바람이다. 바람 많기로 이름난 제주에서도 수월봉 바람은 알아준다. 오죽하면 제주 관광책자도 수월봉을 '바람의 언덕'이라고 소개할까.

수월봉 옆의 당산봉은 산처럼 생겼다. 소나무가 오름을 두르고 있는 데다 해발고도 148미터에 둘레가 4,674미터로 몸집이 꽤 듬직하다. 당산봉은 이름에서 오름의 성격과 기능이 다 드러난다. 이름에 당堂이 있으니 신당을 모시는 오름이고, 봉峰이 있으니 봉수로 쓰인 군사시설이었다. 당산봉의 신당은 기가 센 당으로 알려져 있다. 제주 목사가 신당 앞에서 말에서 내리지 않자 말이 발을 절었다는 으스스한 설화도 전해온다. 오름 트레킹을 염두에 둔다면 수월봉보다 당산봉이 훨씬 낫다. 정상에 오르면 고산평야 일대는 물론이고 거북이처럼 고개를 내민 수월봉이 훤히 내다보이고, 앞바다의 와도와 차귀도가 손에 잡힐 듯하다. 생이기정 위에서 내려다보는 에메랄드빛 바다도 잊기 힘들다.

제주올레 12코스가 수월봉과 당산봉을 차례로 지나는데, 당산봉 정상에서 생이기정까지 이어진 1.6킬로미터 구간을 '생이기정 바당길'이라고 따로 부른다. 이름을 지어줄 만큼 특별한 길이다. 생은 새, 기정은 절벽, 바당은 바다를 이르므로 새가 사는 절벽의 바닷길이라는 뜻이다. 바다와 맞닿은 당산봉의 서쪽 절벽 일대로 가파른 절벽에 가마우지 서식처가 있다. 가마우지, 괭이갈매기 등 바닷새 소리로 숲길이 늘 흥겹다. 고산리에서는 오뚝하게 솟은 당산봉을 남자산이라 하고, 부드러운 곡선의 수월봉은 여자산이라고 한다. 두 오름의 거리는 약 1킬로미터다. 그러나 두 화산은 전혀 관계가 없다.

당산봉 정상에서 본 수월봉. 바다를 향해 비쭉 불거졌다.

한 시간의 추억

여름밤의 수월봉은 붉은 노을이 아니어도 화려하다. 불 밝힌 한치배가 뜨기 때문이다. 여름은 제주 바다에 한치가 올라오는 계절이고, 제주 바다 중에서도 차귀도 바다가 한치로 유명하다. 당산봉 발아래에 한치 말리는 풍경으로 이름난 포구가 있다. 차귀도 가는 배가 뜨는 자구내포구다. 요즘 자구내포구에서는 한치보다 오징어를 더 많이 말린다. 수요를 감당하지 못해서다. 자구내포구의 오징어는 뭍에서 들여온다. 울릉도 오징어도 뭍에서 들여와 말리고, 영광 굴비도 중국산 조기를 들여와 말린다. 그래도 울릉도 오징어고 영광 굴비다. 한치의 본래 이름은 화살오징어다. 다리가 한 치(3센티미터)밖에 안 돼 한치라고 한다는 주장과 한겨울에도 잡혀 한치라고 한다는 주장이 맞선다. 살이 투명하고, 씹으면 쫄깃쫄깃하다. 자리물회의 강한 맛이 부담스러우면 무난한 맛의 한치물회를 추천한다. 그러나 한치는 생물을 살짝 얼려서 초고추장에 찍어 먹는 게 제일 맛있다.

차귀도는 꼭 들어가봐야 한다. 내가 제일 좋아하는 제주 부속섬이다. 유람선이 자구내포구에서 오전 9시 30분부터 매시 30분 출발한다(어른 1만 6,000원). 한 시간 정도 차귀도에 머무는데 볼레기언덕 등대까지 부지런히 갔다 오면 배 시간이 맞는다. 아쉽지만 어쩔 수 없다. 등대는 고산리 주민이 손수 만든 무인등대다. 주민이 등대를 만들 때 온갖 자재를 지고 언덕을 올랐다. 그때 볼락볼락(헐떡헐떡) 숨을 몰아쉬어서 볼레기언덕이 됐다고 한다. 자구내포구에서 배가 뜨면 당산봉 쪽을 돌아봐야 한다. 생이기정 아래에 바닷물이 넘나드는 동굴 다섯 개가 보인다. 깊이를 알 수 없어 저승굴이라 불린다. 근처 동굴에서 사라진 개가 이 바다동굴에서 나왔다는 믿기 어려운 이야기도 전해온다. 차귀도 가는 뱃길에 섬보다는 암초에 가까운 와도가 있다. 사람이 누워 있는 모습 같아서 와도臥島라고 한다는데, 이안 감독의 영화 '라이프 오브 파이'의 식인섬을 떠올렸을 만큼 비슷하게 생겼다. 가마우지 세상이다. 갯바위가 흰 똥으로 번득거린다.

차귀도는 무인도다. 1978년 거제도에 간첩이 출몰하자 애먼 차귀도 주민도 섬을 비워야 했다. 섬에서 쫓겨나기 전 차귀도 사람들은 물고기를 지게에 지고 다녔다고 한다. 하도 많이 잡혀서 구덕(대바구니) 따위로는 감당이 안 됐단다. 차귀도 바다는 지금도 인기 높은 바다낚시 포인트다.

차귀도遮歸島라는 이름이 어렵다. 제주의 혈을 끊고 돌아가는 중국 풍수사 호종단의 배를 한라산신이 바람을 일으켜 가라앉혔을 때 배가 침몰한 바다가 차귀도 앞바다다. 막을 차遮, 돌아갈 귀歸 자를 쓴다. 차귀도에도 설문대할망의 전설이 전해온다. 설문대할망의 전설이 깃든 장소는 제주가 신화 차원에서 인증하는 명승이라 봐도 무방하다. 설문대할망이 아들 500명을 먹일 죽을 끓이다 솥에 빠져 죽었다. 아들들은 어미가 빠져 죽은 줄도 모르고 죽을 먹었다. 솥에서 어미의 뼈를 발견한 아들들은 죄책감에 시달려 한라산의 바위가 됐다. 영실기암,

즉 오백장군바위 전설의 줄거리다. 그러나 막내아들은 한라산으로 가지 않았단다. 형들을 원망하다 바다로 내려와 바위가 됐는데 그게 차귀도 장군바위다. 서귀포 외돌개보다는 뭉툭한 돌기둥이 장군처럼 늠름하게 서 있다.

차귀도에는 겨우 한 시간 머물렀다. 그래도 잊지 못한다. 바람에 일렁이는 띠 덮인 초원, 붉은 속살 드러낸 기암괴석과 해안절벽, 곱고 투명한 바다 물빛, 바다 건너에서 아른거리는 수월봉 등등 하나하나 다 기억에 박혀 있다. 이 섬에서 꼭 하룻밤 묵고 싶었다. 수월봉에서 내다보는 차귀도의 핏빛 석양 속에 들어가 나도 석양이 되고 싶었다. 그러나 불가능한 일이다. 차귀도는 주변 바다와 함께 천연기념물 제422호로 지정돼 있다.

5분의 1의 상상력

수월봉은 상상력을 자극하는 오름이다. 앞서 고산평야에는 돌담이 없다고 말했다. 수월봉에도 결정적인 무언가가 없다. 용암이 터진 자리, 즉 굼부리가 없다. 그래도 수월봉은 화산이다. 그래서 수월봉은 상상력이 필요한 오름이다. 현재의 수월봉은 본래 모습의 5분의 1 면적만 남은, 거대 화산체의 동쪽 가장자리다. 지금의 수월봉보다 다섯 배 더 큰 수월봉을 그려보시라. 지금은 수월봉이 볼품없어도 옛날에

차귀도. 기암괴석이 해안을 에운다.

는 아니었다.

수월봉은 1만 8,000년 전 바다에서 태어났다. 수성화산이다. 1만 8,000년 전이라는 시간은 가늠이 안 되는 어마어마한 시간이지만, 제주의 역사를 살필 때는 여러 번 마주치는 익숙한 시간이다. 성산일출봉, 송악산 같은 제주의 수성화산이 이맘때 우르르 솟아났다. 수성화산은 제가 태어난 바다 근처에 있어서 바람과 파도에 무방비로 노출된다. 성산일출봉은 속살을 다 드러낸 채 바다로 튀어나와 있고, 송악산은 시방 붕괴 위험을 우려해 탐방로 곳곳이 막혀 있다. 수월봉이 제일 많이 당했다. 굼부리를 포함한 화산체 대부분이 깎여 나갔다. 오늘 이 순간에도 수월봉 해안 단면은 야금야금 파먹히고 있다.

수월봉 용암은 분화하자마자 바닷물과 섞였다. 뜨거운 용암과 차가운 바닷물이 섞이면서 용암은 바닷속에서 굳거나 작은 알갱이가 되어 사방으로 날아갔다. 육지에 내려앉은 화산암 알갱이는 세월이 흘러 고운 흙이 됐다. 고산리에는 애초부터 돌이 귀했다. 돌이 귀해서 담을 쌓지 못했다. 고산평야에 밭담이 없는 이유다.

밭담이 없는 대신에 고산리에는 캐초관이라는 직업이 있었다. 옛날에는 차귀벵듸 어귀에 출입문을 두고 캐초관이 문을 지키게 했다. 밭주인도 캐초관이 허락을 해야 제 밭에 들어갈 수 있었다. 밭담이 없어 제 밭과 남의 밭의 구분이 흐렸던 시절, 캐초관은 농부들의 갈등을 조정하는 역할을 맡았다. 캐초관은 이 넓은 고산평야에 누가 감자를 심었고, 누가 마늘을 심었고, 누가 양파를 심었는지 다 꿰고 있었다. 수

확이 끝나면 차귀벵듸의 농부들이 캐초관에게 곡식을 나눠줬다.

오름은 대부분 바라보는 오름과 오르는 오름으로 구분된다. 그러나 수월봉은 두 경우 모두 해당하지 않는다. 수월봉은 거문오름처럼 내려가야 하는 오름이다. 거문오름이 굼부리 바닥에 비밀을 숨겨놓고 있다면, 수월봉은 해안절벽에 출생의 비밀을 새겨놓고 산다. 수월봉은 뭍에서 바라보면 밋밋한 언덕이지만 해안으로 내려가서 보면 거대한 절벽이다. 이 깎아지른 해안절벽이 수월봉의 지난 세월을 문자 그대로 켜켜이 쟁여놓고 있다. 양파를 반으로 쪼개면 속살 하나하나가 낱낱이 드러나는 것처럼, 해안절벽의 단면이 나이테와 같은 화산의 속살을 적나라하게 드러낸다. 약 70미터 높이의 해안절벽에는 온갖 모양의 화산재층이 켜켜이 포개져 있는데, 이 기기묘묘한 줄무늬의 절벽이 해안을 따라 1.5킬로미터 이어진다. 전 세계 지질학 연구자들에게 교과서와 같은 현장이다.

수월봉 아래에서 자구내포구까지의 해안길을 엉앙길이라고 한다. 엉은 절벽이고 앙은 아래이므로, 엉앙길은 절벽 아래 길이다. 엉앙길에서는 온갖 모양의 지층이 쌓인 해안절벽도 볼 만하지만, 해안에 들어선 다양한 형태의 갯바위도 볼 만하다. 바위가 나무기둥처럼 서 있는 주상절리도 있고, 바위가 네모 모양을 그리며 갈라진 거북등절리도 있다. 해안절벽에는 물기를 머금은 것도 있다. 바닷물이 묻는 것이 아니라 절벽이 샘물을 토해낸다. 눈물이라도 흘리는 것처럼 물기 흥건한 절벽에 애틋한 전설이 전해 내려온다.

옛날 수월이와 녹고 남매가 병든 어머니와 함께 살았다. 어느 날 스님이 어머니 병을 고치려면 약초 백 가지가 필요하다고 알려주었다. 남매는 아흔아홉 가지 약초를 구했지만 마지막 오가피는 구하지 못했다. 남매는 오가피가 있다는 수월봉 절벽으로 갔다. 수월이가 절벽에 매달려 오가피를 캐고, 오빠 녹고가 위에서 손을 잡아주었다. 오가피를 건네는 순간 수월이는 오빠 손을 놓쳐 절벽 아래로 떨어졌다. 녹고는 자리를 떠나지 못하고 17일 동안 눈물을 흘렸다. 그 눈물이 절벽 바위틈으로 흘러 노꼬물이 됐다. 수월봉은 바다에 비치는 달에서 비롯된 이름이기도 하지만, 오누이 수월이와 녹고의 전설에서 비롯한 이름이기도 하다. 제주에서는 수월봉을 노꼬물오름이라고 부른다.

여행정보

수월봉 입구 탐방안내소에 요청하면 해설사가 무료로 안내를 해준다. 064-772-3334. 자구내포구(차귀도포구)에서 차귀도 들어가는 배가 뜬다. 오전 9시 30분부터 매시 30분에 출발한다. 어른 1만 6000원. 064-738-5355.

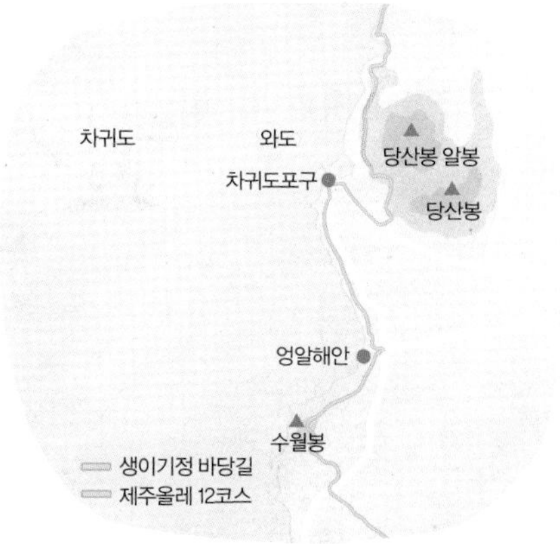

2장

살다

사람 그리고 오름

©안성식

신의 어머니

당오름, 높은오름

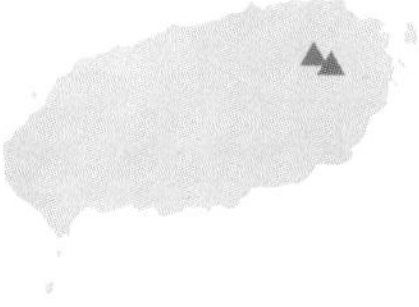

당오름은 하나가 아니다. 제주시 구좌읍 송당리를 비롯해 조천읍 와산리, 한경면 고산리, 서귀포시 안덕면 동광리에도 당오름이 있다. 당악堂岳, 당산堂山, 당산봉堂山峰 등으로 표기되는 오름도 당오름의 다른 이름이다. 김종철 선생의 『오름나그네』에는 당堂과 관련한 오름이 여남은 개나 등장한다. 이렇게 많은 당오름 중에서 송당 당오름은 각별하다. 제주의 역사와 문화에서 오름이 차지하는 의의를 짐작한다면, 다시 말해 오름이 귀신과 사람이 소통하는 영적 공간이라는 의미를 이해한다면 송당 당오름의 가치도 헤아릴 수 있다. 말하자면 송당 당오름은 신의 영역에서 인간의 영역으로 내려온 제주도를 증언하는 오름이다. 이야기는 아주 길다. 사람이 이 박복한 땅에 뿌리 내리기 전의 세상을 불러와야 한다. 제주의 주인이 사람이 아니라는 생각은 제주 여행을 작정할 때 챙겨야 할 마음가짐이다.

제주는 신의 땅이다. 신의 땅이므로 신화의 무대다. 신화나라 제주에는 두 주인공이 있다. 그 첫 인물이 앞에서도 종종 등장했던 설문대할망이다. 제주를 만든 주인공답게 그녀와 얽힌 신화가 제주 전역에서 발견된다. 설문대할망은 몸집이 엄청나게 컸다. 한라산을 베개 삼아 누우면 제주도 북쪽 바다의 관탈도(제주도와 추자도 사이의 무인도)에 발이 닿았다. 설문대할망은 치마폭에 흙을 담아 한라산을 쌓았다. 모두 일곱 번 흙을 파서 옮기니 한라산이 됐는데, 한라산을 쌓다가 흘린 흙이 섬 곳곳의 오름이 됐다.

설문대할망 신화는 해석의 여지가 풍부하다. 우선 제주도는 여신의 영역이다. 그 때문인지 제주는 여자의 섬이다. 할망의 섬이고 해녀의 섬이다. 부침 심한 역사에서도 여자의 역할이 도드라졌고, 실제로도 여자가 남자보다 늘 많았다. 다음으로 상상력의 크기다. 그리스 신화에 등장하는 신도 인간보다 크다. 그렇지만 설문대할망만큼 거대하지는 않다. 자연을 바라보는 제주 사람의 심리가 이 지점에서 드러난다. 막막한 한라산을 올려다보며, 거친 바다와 싸우며, 모진 바람과 맞서며, 돌무더기 땅을 일구며 제주 사람은 자연에 대한 경외심을 키웠다. 그 공포와 경계의 심리적 기제가 설문대할망 같은 상상 속 거인을 만들었다.

또 하나 생각할 거리가 있다. 설문대할망은 늘 바쁘다. 한라산 따위를 뚝딱 만드는 능력의 신이라면 평생을 놀고먹어도 될 터였다. 그러나 설문대할망은 늘 무언가를 한다. 빨래를 하고, 자식들에게 밥을 해먹이고, 바느질을 한다. 한라산을 만든 것도 아수라발발타 주문을 외우거나 지팡이 한 번 휘두른 마법의 결과가 아니다. 맨손으로, 직접 몸을 움직여 산을 쌓았다. 그리스의 신은 심심해서 인간을 만들었고 심심해서 인간 세상을 간섭했다. 패악질도 서슴지 않았다. 하나 우리의 설문대할망은 누가 시키지도 않았는데 해종일 일만 한다. 인간에게 해코지한 적도 없다. 설문대할망이 일으킨 기적은 노동의 산물이다. 제주에서는 한라산을 만든 거대 신도 부지런히 몸을 써야 한다. 설문대할망은 근면과 성실의 신이다.

오름을 닮은 신

신화나라 제주의 다음 주인공도 여성이다. 육지 사람에게는 설문대할망처럼 익숙한 인물이 아니므로 소개가 필요하다. 제주도 지도부터 보자. 제주시에서 성산일출봉으로 갈 때 번영로라 불리는 97번 지방도로를 달리다 보면 대천주유소 사거리가 나온다. 여기서 송당 쪽으로 좌회전을 한 후 1112번 간선도로로 갈아타고 5분 정도 직진하면 우측에 성산 방향으로 뻗은 도로가 있다. 이 도로의 제주시 구좌읍 송당리에서 서귀포시 성산읍 수산리까지 구간을 '금백조로'라고 따로 부른다. 이 금백조로가 제주 동쪽 중산간의 억새밭을 관통하는 환상의 드라이브 코스다. 가을이면 양쪽 길가에서 억새가 은빛 장관을 연출한다. 나의 오름 여행 대부분은 사실 금백조로 주변의 중산간을 싸돌아다니는 일이었다.

'금백조'는 뜻밖에 인명人名이다. 신이므로 신명神名이 맞겠다. 물론 여성이다. 다른 이름도 있다. 백주또. 제주 방언에서 백조, 백주, 또, 마누라 등속의 낱말은 하나같이 신을 가리킨다. 그러니까 금백조로는 여신 백주또의 길이라는 뜻이다. 금백조는 백주또 앞에 금金 자를 붙인 한자식 높임말이다. 백주또는 누구인가.

하늘에서 내려온 백주또는 송당의 소천국이 배필이라는 걸 알고 찾아가 결혼한다. 살림이 여의치 않자 백주또는 남편에게 농사를 지으라고 시킨다. 하루는 소천국이 혼자 밭을 가는데 스님이 나타나 소천국의 점심밥을 다 먹고 도망친다. 소천국은 배가 고파 밭 갈던 소를 잡아먹고 남의 소까지 먹어치운다. 화가 난 백주또는 이혼을 선언하고 하늘로 올라간다.

백주또 신화를 요약했다. 제주 신화를 다룬 책마다 조금씩 내용이 달라 줄거리만 추렸다(백주또가 태어난 장소, 자식 숫자, 남편 이름 등이 다르다). 내용이 다른 이유가 있다. 백주또 신화는 심방이라 불리는 무당의 구전으로 전해온다. 심방이 본굿을 벌이기 전 신의 내력을 읊는 서사무가를 본풀이라 하는데, 본풀이마다 세부사항이 다르다.

백주또 신화에도 생각할 거리가 있다. 백주또도 설문대할망처럼 주도적인 역할을 한다. 특히 여자가 남편을 지명하고 이혼을 선언한 장면은 의미심장하다. '암창게'라는 제주 방언이 있다. 여자가 드는 장가라는 뜻이다. 여자가 주체가 되어 남자를 받아들이는 혼인문화는 제주에서만 발견된다. 무엇보다 백주또는 어렵게 살았다. 먹을 게 떨어져 남편에게 밭일을 시켰다. 소를 잡아먹은 일이 이혼 사유가 된 것도 따지고 보면 남편이 경제력을 상실했기 때문이다. 신도 먹고사는 일이 버거운데 사람은 오죽할까. 제주 신화의 교훈은 어쩌면 제주에서의 삶이 얼마나 절망적인 것인지 알리는 데 있는지 모른다.

아무튼 백주또 내외는 아들 열여덟 명과 딸 스물여덟 명을 두었다. 백주또가 하늘로 올라가자 자식들은 뿔뿔이 흩어졌다. 그리고 각 고을의 당신堂神이 되었다. 자식의 자식들도 당신이 되어 제주에는 신이 1만 8,000위에 이르렀다. 제주에는 당신을 모시는 본향당이 지금도 260여 곳 남아 있다. 그리스 신화에 출연하는 등장인물을 다 합해도 100명이 채 안 된다.

제주 당신을 망라하는 계보가 백주또 단 한 명에서 비롯됐다. 백주또는 제주 신의 어머니다. 백주또를 모시는 신당이 송당에 있다. 신당 260여 곳 중에서 송당에만 있다. 송당 당오름 검은 숲 안쪽이 신당의 자리다. 오름 입구에 서 있는 표지석에 '제주신당지원조 송당본향당濟州神堂之元祖 松堂本鄕堂'이라고 쓰여 있다. 금백조로가 송당에서 시작하는 까닭이다.

당팟(당밭), 당카름(당동네), 당캐(당개), 당골 등 제주 고유의 지명도 당신과 관련이 있는 장소다. 이들을 거느린 마을 대부분에 본향당이 남아 있다. 본향당에서는 지금도 당제를 올린다. 송당 본향당의 경우 음력 1월 13일, 2월 13일, 7월 13일, 10월 13일 당제를 올린다. 송당리 당제는 1986년 제주도 무형문화재로 지정됐고, 송당리 당집은 2005년 민속문화재로 지정됐다. 당제의 제주祭主는 이장이 맡는다. 고정식 송당리 이장의 설명이다.

"당제는 매인심방(신당의 전속 무당)이 진행하고 제주는 이장이 합니다. 마을에서 가장 큰 의례이기 때문입니다. 제가 열리면 대단합니다. 제물 올리는 할망만 250명이 되고 구경꾼까지 합치면 800명이 넘어요. 할망들이 제물 올리는 석단도 자리가 다 정해져 있습니다. 백주또 할망 입으시라고 옷도 올리고, 옥돔도 올리고, 떡이랑 삶은 달걀도 올려요. 네 발 짐승은 절대 안 올립니다. 백주또 할망이랑 소천국 할방이 갈라섰던 이유 아시죠? 소 잡아먹었다고 쫓아냈잖아요."

백주또가 남편을 쫓아낸 이유를 다시 생각한다. 농경사회에서 소만한 재산도 없었다. 송당 본향당 당제에서 소와 돼지를 올리지 않는 전통은 한 번의 예외 없이 지켜졌다. 설문대할망 신화가 제주 사람이 제주도라는 자연환경을 이해하는 방식이라면, 백주또 설화는 제주 사람의 고단한 일상을 설명하는 방식이다. 설문대할망이 한라산에 어울리는 신이면 백주또는 오름을 닮은 신이다.

송당 본향당. 1만 8,000위나 된다는 제주 신의 어머니 백주또 할망을 모시는 신당이다.

송당 당오름은 마을 옆에 붙어 있다. 해발고도가 274미터라고 하지만 마을의 해발고도가 200미터 언저리이니 실제 높이는 70미터 정도다. 말 그대로 동네 야산이다. 마을에서 바라봐도 볼품이 없다. 이 야트막한 동산에 제주 신의 어머니가 산다는 사실이 쉬이 믿기지 않는다. 그러나 오름에 들면 달라진다. 산은 낮고 작지만 숲이 깊다. 삼나무, 소나무, 밤나무, 쥐똥나무 등 온갖 나무로 숲이 꽉 차 있다. 원시림처럼 빽빽하다. 애초부터 소는커녕 사람도 들락거리지 않았다는 증거다. 신의 영역이니 어쩔 수 없었을 터다.

본향당은 오름 북서쪽 기슭에 있었다. 본향당 들머리 동백나무 가지에 걸린 소지燒紙가 보였다. 소지는 제사가 끝나면 사르는 법인데, 마을에서 '소원나무'를 지정해 소지를 매달아놓는다고 했다. 무속신앙을 전통문화체험으로 활용하는 모습이 좋아 보였다. 나도 소소한 소원을 적어 걸었다.

명성을 생각하면 본향당은 작았다. 현무암으로 만든 작은 당집이 네 개 층으로 이뤄진 석단 위에 덩그러니 놓였을 따름이었다. 당집 안에 백주또를 모신 위패가 있다고 했다. 석단에는 제물로 올린 음식이 남아 있었고, 동백나무 드리운 돌담이 당집을 두르고 있었다. 당집 오른편에 선 늙은 팽나무에 눈길이 머물렀다. 제주에서는 팽나무가 신목神木 노릇을 한다. 본향당을 모시는 마을이면 으레 팽나무 한두 그루 버티고 서 있다. 제주에서는 팽나무를 폭낭이라고 한다. 신목도 볼품없었다. 키도 작고 어려 보였다. 가지 끝도 날카로이 베어져 있었다.

여기엔 복잡한 사정이 얽혀 있다. 우선 이형상1653~1733년이라는 인물을 알아야 한다. 이형상은 제주 역사를 살피다 보면 수시로 마주치는 이름이다. 이 책의 단골 출연자이기도 하다. 이형상은 1702년 제주 목사로 부임해 1년 남짓 근무했는데, 재임기간 동안 제주 구석구석을 순찰한 기록을 그림과 함께 남겼다. 18세기 초반 제주 모습을 가장 정확히 묘사했다는『탐라순력도』다. 이형상 말고도 목사 여러 명이 순력을 기록으로 남겼지만 이형상의『탐라순력도』만큼 가치를 인정받지는 못한다. 이를테면 이형상은 오름을 보고 "한라산은 한가운데 우뚝 솟아 있고 오름이 별처럼 여기저기 벌리어 있으니, 온 섬을 들어 이름을 붙인다면 연잎 위 이슬 구슬의 형국"(『남환박물』)이라고 묘사할 줄 알았다.

그러나 그는 교조주의자였다. 유학자의 눈에는 섬 곳곳에 널린 신당과 사찰이 불온하게 비쳤다. 예부터 제주에는 '당 오백 절 오백'이라는 말이 있었다. 신당과 사찰이 500개씩 있었다고 할 만큼 기복신앙이 퍼져 있었다. 이 엄격한 성리학자는 무당과 승려가 판치는 참상을 참을 수 없었다. 이형상은 재임기간 동안 신당 129개소를 불태웠고 1,000명에 가까운 심방을 강제로 귀농시켰다. 그에게 제주의 토속신앙은 허튼 미신이나 좇는 어리석은 백성의 일탈행위일 따름이었다. 고난의 역사는 되풀이됐다. 일제강점기와 1960년대에도 미신행위 금지령이 내려졌다. 송당 본향당이라고 훼철毁撤의 역사를 피할 순 없었다. 제주 신의

높은오름 정상에서 내려다본 당오름. 당오름 오른편에 송당마을이 붙어 있다.

어머니를 모신 신당이니 외려 제일 먼저 당했을지 모른다.

당오름 허리를 두른 두 시간 코스의 둘레길을 걸었다. 신의 숲을 옆구리에 끼고 깊은 숲길이 이어졌다. 정상은 엄두도 못 냈다. 길도 없었거니와 철책이 가로막았다. 도리 없이 당오름 옆의 높은오름을 올랐다. 송당에서 1.5킬로미터 떨어진 곳에 이름만큼 높은 높은오름이 있었다. 높은오름의 해발고도는 405미터다. 제주 동부 중산간에서 해발고도가 400미터가 넘는 오름은 높은오름뿐이다. 높은오름 입구 공동묘지 옆으로 하늘을 향해 긴 탐방로가 나 있었다. 한 걸음 한 걸음 오를 때마다 발아래 중산간이 넓어졌다.

마침내 능선에 다다랐다. 능선에 올라서자 강한 바람이 사방에서 몰아쳤다. 일대에서 가장 높은 허허벌판 위에 올라섰으니 어찌할 도리가 없었다. 대신에 시야는 확 트였다. 남서쪽으로 한라산이 장쾌한 모습을 드러냈고, 북쪽으로 송당마을과 당오름이 내려다보였다. 당오름 정수리는 차라리 시커멓다. 산이 깊으면 검은 법이라고 했다.

당오름과 송당마을은 생각보다 훨씬 가까이 있었다. 옆에 붙어 있는 것이 아니라 원래부터 하나인 것 같았다. 그래, 신의 영역과 사람의 영역을 구분하는 것은 애초부터 무의미한 일일지 몰랐다. 신의 어머니를 모신 신당이 이 작고 낮은 오름에 자리한 까닭이 희미하게나마 짐작됐다. 중산간의 수많은 오름이 이 낮은 오름을 호위하고 있었다. 송당 마을에만 오름이 열여덟 개가 있다고 했다. 안돌오름, 밭돌오름, 돝오름, 다랑쉬오름, 손자봉, 동검은이오름, 체오름, 둔지봉, 아부오름, 거슨세미오름 등 섬 동쪽 중산간의 높고 크고 건장한 봉우리들이 멀리서 또는 가까이서 낮게 엎드린 당오름을, 아니 이 섬의 어미 신을 겹겹이 지키고 서 있었다.

여행정보

송당마을은 화산토에서 키운 농작물로 이름이 높다. 더덕과 메밀가루가 특히 유명하다. 최근에는 송당마을 주민들이 제주관광공사와 함께 마을법인 '송당상회'를 꾸렸다. 푸드트럭으로 제주 곳곳을 누비며 송당마을의 특산품을 판매한다.

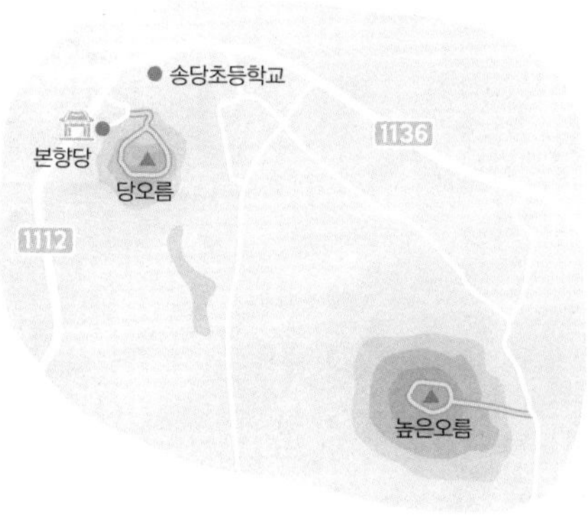

오백 년 도읍지를 지키다

영주산, 남산봉

여행기자로서 성읍민속마을은 탐탁찮은 관광지다. 마을의 내력을 몰라서가 아니다. 이 소중한 문화유산이 싸구려 패키지 관광의 온상으로 변질됐기 때문이다. 가이드의 쇼핑 강요와 저질 식사로 요약되는 제주도 패키지 관광상품 대부분이 성읍민속마을을 주요 여정으로 앞세운다. 민속마을 투어의 끝은 늘 쇼핑이다. 요즘에는 신경통에 좋다는 말뼈 환약을 판단다.

이 번다한 꼴이 싫어 나는 성읍을 피해 다녔다. 성읍을 다시 들른 건 오로지 오름 때문이었다. 성읍은 앞뒤로 오름 두 개를 거느리고 있다. 영주산과 남산봉. 두 오름은 많이 다른 오름이지만, 두 오름 모두 성읍을 빼고는 설명하기 어렵다. 거리만의 문제는 아니다. 두 오름은 스스로 성읍의 신화와 역사를 이룬다. 영주산과 남산봉을 알려면 먼저 성읍민속마을을 알아야 한다. 다시 말하지만 성읍은 여행사의 상술과 무관하게 유서 깊은 문화유산이다.

조선 왕조는 제주 행정구역을 제주목, 대정현, 정의현의 3개 읍 체제로 정비했다. 이 중에서 정의현旌義縣의 현청 도시가 성읍이었다. 원래는 지금의 성산읍 고성리에 현청을 설치했는데태종 16년, 1416년, 왜구가 출몰하는 지역과 가깝다는 이유로 현청을 지금의 성읍으로 옮겼다세종 5년, 1423년. 성읍은 군현제가 폐지되는 1914년까지 500년 가까이 제주도 동남쪽 지역의 거점도시였다.

전 세계의 고도古都는 사실 성읍이었다. 도시를 에두르는 성을 쌓아 주민과 영토를 지켰다. 그러나 성읍마을처럼 이름이 성 마을로 굳어진 도시는 없다. 제주에서 성읍의 위상은 각별했다(고성리에도 옛 현청의 흔적이 남아 있다. 대신에 고성리古城里는 과거형이다). 성읍은 축성 닷새 만에 완공됐다. 제주도 전역에서 인력을 동원했다고 하는데, 그만큼 긴박한 사정이 있었던 것인지 그만큼 노역이 혹독했던 것인지는 전해오지 않는다. 성벽은 둘레가 약 1.2킬로미터로, 북쪽을 제외한 세 방향에 문이 있었다. 동쪽에 민가가 들어서는 바람에 지금은 남문과 서문만 남았다. 성 안에는 성읍을 남북으로 가로지르는 중앙도로가 건설됐고, 도로 양옆으로 관청과 민가가 들어섰다. 행정도시의 전형적인 도심 배치다. 『탐라순력도』에 의하면 성읍의 민가는 1,436호였다. 2016년 현재

새를 엮어 지붕을 인 제주의 초가. 성읍민속마을은 여전한 삶의 터전이다.

성읍 안에는 가옥 148채가 있다. 이 중에서 전통가옥 다섯 채가 중요민속자료로 지정됐다. 중요민속자료로 지정된 전통가옥은 최소 100년의 역사를 헤아린다.

성읍은 1987년 국가지정 민속마을이 됐다. 면적 79만 제곱미터에 이르는 성 안 마을이 법의 보호를 받는다. 법의 보호를 받는다는 것은, 민속마을 안에서는 제 집이래도 마음대로 할 수 없다는 뜻이다. 전국의 여느 민속마을처럼 성읍민속마을에도 주민이 거주하는데 민속마을 주민은 낡은 제 집을 어찌하지 못한 채 수시로 들이닥치는 관광객 눈치를 살펴야 한다. 성읍민속마을 주민에게 돌아오는 보상은 1년에 한 번 초가지붕을 바꿀 때 나오는 경비가 전부다. 2016년 현재 성읍민속마을의 주민 수는 45가구 114명이다.

성 밖 마을과 달리 성 안 마을은 아직 옛 정취를 간직하고 있다. 마을 어귀에 버티고 선 1,000년 묵은 느티나무와 600년 묵은 팽나무 세 그루가 마을의 오랜 내력을 대변한다. 네 고목 모두 천연기념물 제161호로 지정돼 있다. 성읍의 수호목인 만큼 여러 전설이 전해 내려온다. 이를테면 나무들에서 가장 먼저 순이 돋은 쪽의 마을에 풍년이 들고 나무 가운데에서 순이 나면 온 마을이 풍년을 맞았다고 한다. 팽나무 속에 괸 물로 성읍 사람들이 눈병을 고쳤다는 이야기도 있다.

성 안 마을에서 전통문화체험 프로그램이 운영된다(패키지 상품은 참여하지 않는다). 민속마을 주민 중에서 선발된 장인이 오메기 술, 쉰다리, 꿩엿 등을 만드는데 송심자 장인과 쉰다리 만들기 체험을 해본 적이 있다. 쉰다리에도 제주의 고달픈 삶이 배어 있다. 쌀밥은 구경도 못하던 시절, 보리밥이라고 흔한 것은 아니었다. 여름날 아침에 해놓은 보리밭은 밭에서 돌아온 저녁이면 쉬기 일쑤였다. 보리쌀 한 톨도 버릴 수 없어 아낙들은 쉰밥을 찬물에 씻고 또 씻은 다음 발효시켰다. 하룻밤을 재운 뒤 건더기를 건져내고 사카린을 섞으면, 쉰 보리밥은 막걸리 같기도 하고 요구르트 같기도 한 시큼털털하면서도 달짝지근한 쉰다리로 변신했다. 쉰다리는 제주의 여름 별미가 아니라 여름이어서 어쩔 수 없이 먹었던 음식이다.

제주의 중산간 마을은 4·3사건 당시 대부분 불타버렸다. 4·3사건이 발발하자 미군정은 해안에서 5킬로미터 이상 떨어진 내륙마을을 모두 불태우라고 명령했다. 해발고도 125미터에 자리한 성읍은 해안에서 8킬로미터 안쪽으로 들어온 중산간 마을이다. 그런데도 성읍은 살아남았다. 성읍의 문화적 가치와 역사적 의의를 고려한 결과는 물론 아니었다. 그 시절에도 성읍은 제주도 동남쪽 지역의 중심도시였다. 성읍 안에 경찰지서가 있었고, 경찰지서를 중심으로 군경토벌대가 주둔했다.

한라산을 물려받다

영주산은 성읍의 진산鎭山이다. 마을을 지켜주는 산이라는 뜻이다. 성읍이 특별한 고을인 것처럼 마을을 수호하는 영주산도 특별한 산이다. 이름부터 범상치 않다. 영주산瀛洲山. 한라산의 옛 이름이다. 중국 설화에서 신선이 사는 세 개의 산, 즉 삼신산三神山이 나오는데 봉래산, 방장산, 영주산이다. 이들 삼신산이 지금의 금강산, 지리산, 한라산을 가리킨다. 지리산을 더 이상 방장산이라 부르지 않듯이 지금은 한라산도 영주산으로 불리지 않는다. 그 이름을 성읍의 진산이 물려받았다.

영주산에 정말 신선이 살았을까. 중국 설화를 다시 보자. 설화에 따르면 삼신산에는 신선 말고도 불사약이 있었다. 사람이 먹으면 불로장생한다는 신비의 영약이다. 금강산은 녹용, 지리산은 인삼, 한라산은 영지버섯이 삼신산을 대표하는 불사약이었다. 이 풀이에 따라 영주산의 내력을 설명하기도 한다. 영지버섯이 많아서 영지산이었는데, 훗날 영주산으로 바뀌었다는 주장이다. 한라산과 구분 짓기 위해 영주산을 '소小영주산'이라고 적은 기록도 전해온다. 신선이 살았든, 영지버섯이 많았든 제주에서 한라산의 이름을 대물림한 오름은 성읍의 영주산 하나뿐이다.

영주산의 해발고도는 326미터이고 비고는 176미터다. 드넓은 들판에 홀로 우뚝 서 있어 더욱 돋보인다. 제주 동쪽 중산간에는 크고 작은 오름이 수없이 돋아 있는데 영주산 주변에만 큰 오름이 없다. 영주산은 어느 방향에서 봐도 묵직하고 중후하다. 그러고 보니 산방산과 성산일출봉에서도 거친 남성미가 풍긴다. 영주산은 보기에 좋은 오름이다. 하나 이왕이면 올라야 하는 오름이다. 신선을 만나기는커녕 영지버섯 하나 못 찾아내도 영주산은 뚜벅뚜벅 올라야 하는 오름이다. 정상에 올라서야만 영주산의 의의를 헤아릴 수 있어서다. 더욱이 영주산에는 오르는 재미가 있다. 오름치고는 높은 편이지만, 경사가 모질지 않아 여유를 부릴 수도 있다. 봄이면 비탈진 초원에 솜방망이, 제비꽃, 미나리아재비, 구슬붕이 같은 들꽃이 만발한다.

오름이 들풀로 덮여 있다는 건, 오름 자락에 소를 풀어놓는다는 뜻이다. 나무 우거진 숲에서는 소를 기를 수 없다. 초원 여기저기에서 소똥 무더기가 눈에 띄었다. 반가웠다. 10년 전만 해도 오름에는 소똥이 흔했다. 요즘에는 거의 보이지 않는다. 오름을 찾는 외지인의 발길이 잦아져서다. 영주산 자락에 소똥이 흔하다는 건 아직 영주산에 인적이 뜸하다는 증거다. 지금은 관광객이 줄 서서 오르는 용눈이오름도

10년 전에는 소똥밭이었다. 비탈을 오르고 나면 능선마루를 따라 나무계단이 이어진다. 나무 한 그루가 없어 사방이 뻥 뚫려 있다. 끝까지 다 오르면 하늘과 맞닿을 것 같다. 계단에 올라서면 내리쬐는 뙤약볕을 피할 길이 없다. 사방에서 불어오는 바람에도 무방비로 노출된다. 그렇게 자연에 내동댕이쳐지는 기분이 마냥 즐겁다.

한 걸음씩 계단을 오를 때마다 한 뼘씩 넓어지는 들판이 궁금해 수없이 뒤를 돌아봤다. 그러나 정상 전망에는 어림도 없다. 동남쪽의 성산일출봉과 우도는 물론이고 한라산의 북서쪽 자락까지 장쾌한 조망이 펼쳐졌다. 옛날 성읍이 관할하던 영토가 그대로 한눈에 담기는 듯했다. 발아래로 성읍민속마을이 엎드려 있었다. 정상에서 비로소 알았다. 영주산은 성읍을 보듬지 않는다. 영주산이 동쪽으로 살짝 돌아앉아 있어, 오름 오른쪽 아래에 성읍이 놓여 있다. 성읍에서 올려다볼 때는 영주산의 옆모습인 줄 몰랐다. 영주산은 옆모습도 우람하다. 500년 도읍지의 진산치고는 풍수지리에 맞지 않는 형세인데 주위를 돌아보고서 고개를 끄덕였다. 남쪽을 바라보고 들어앉은 성읍은 정면에 남산봉을 거느린다. 성읍의 서쪽은 모자봉(306미터)과 따라비오름(342미터)이 지키고, 동쪽은 섬에서 가장 긴 하천인 천미천이 흐른다. 그리고 북쪽에는 든든한 영주산이 버티고 서 있다. 이 정도면 어느 명당 부럽지 않은 지세였다.

남산과 남산봉

제주에도 남산이 있다. 서울에 있고 경주에도 있는, 그러니까 역사 깊은 도시마다 거느린 남산이 제주에도 있다. 고도마다 남산이 있다는 것은 남산이 단순한 지명이 아니라는 뜻이다. 도시를 건설할 때 군사적 또는 풍수적 이유로 도시 남쪽 정면의 산을 남산으로 삼았다. 섬에서 남산을 거느린 도시는 딱 하나 있다. 물론 성읍이다.

풍수지리로 풀이하면 성읍의 주산主山은 영주산이다. 조선이 한양을 수도로 삼으면서 북악산(342미터)을 주산으로 삼은 것과 같은 이치다. 한양이나 성읍이나 남산의 위치와 역할은 같다. 성읍 동헌 일관헌日觀軒에서 남문 너머로 야트막한 산이 바로 내다보인다. 이 산이 남산봉이다. 남산봉은 성읍이 조성되면서 이름과 역할이 부여된 오름이다. 남산봉 이전의 이름은 전해오지 않는다.

남산봉南山峰 이름을 다시 보자. 남산에 봉우리 봉峰 자를 또 썼다. 오름 중에는 봉으로 끝나는 이름이 유난히 많다. 성산일출봉을 비롯해 수월봉, 지미봉, 사라봉, 서우봉 등 소위 봉 자 돌림 오름이 섬 전역에 흩어져 있다. 봉 자는 오름의 역할을 가리킨다. 옛날 봉수烽燧를 세웠던 오름에 봉 자를 넣었다. 제주에는 모두 스물다섯 개의 봉수가 있었다. 남산봉 정상 부근에도 봉수대가 있다. 보전 상태도 양호하고 규모도 상당하다. 봉수대를 둘러싸고 둑을 쌓았으며, 봉수대와 둑 사이에 고랑을 팠다. 둑 안쪽의 봉수대는 높이 2미터 지름 32미터의 봉우리

영주산 위에서 내려다본 제주의 동남쪽. 멀리 성산일출봉이 희미하게 보인다.

모양이다. 지금은 수풀이 우거져 봉수대 원형이 드러나지 않는다. 오름에 나무가 너무 많아 정상에 올라서도 전망이 확보되지 않는다. 성읍도 안 보인다.

봉수대는 원래 해안으로부터 멀어야 3킬로미터 안쪽에 설치한다. 그러나 남산봉 봉수는 남쪽 해안으로부터 6킬로미터 떨어져 있다. 대신 성읍과는 800미터, 일관헌과는 1.1킬로미터 거리밖에 안 된다. 남산봉 봉수는 다른 봉수대로부터 신호를 받아 성읍에 마지막으로 연락하는 역할을 담당했다. 남산봉에서 동쪽으로 3.9킬로미터 거리에 독자봉(159미터)이 있고, 남쪽으로 4.5킬로미터 거리에 달산봉(136미터)이 있다. 두 오름 모두 봉 자 돌림이다.

남산봉 봉수에서는 세 명이 조를 이뤄 근무했다고 한다. 한 명은 망을 보고, 다른 한 명은 불을 피우고, 또 다른 한 명은 말을 타고 성읍으로 달려갔다고 한다. 구한말 그들이 전한 소식은 아마도 불길한 것이 태반이었으리라. 연기를 내뿜으며 바람처럼 빨리 달리는 기괴한 꼴의 배를 보고 우리 선조는 이양선異樣船, 즉 다르게 생긴 배라고 이름을 지었다. 멀리서 전해오는 소식은, 그때나 지금이나 달갑지 못한 것이 더 많은 듯하다. 바다 건너의 세상은 언제나 우리보다 크고 강했다.

남산봉은 야산이다. 성읍이 해발 125미터에 자리하고, 남산봉이 해발 179미터이니까 50미터 정도 높이에 불과하다. 오름을 다 돌고 나오는 데도 한 시간이면 충분하다. 남산봉은 바라보는 오름이다. 성읍에서 바라볼 때만 존재를 인정받는 오름이다.

여행정보

성읍민속마을에서 체험 공방을 운영한다. 마을이 지정한 장인이 전통음식, 전통혼례, 오메기 술, 천연염색 등 체험 프로그램을 진행한다. 체험비 1만 원. 성읍민속마을보존회 064-787-1179.

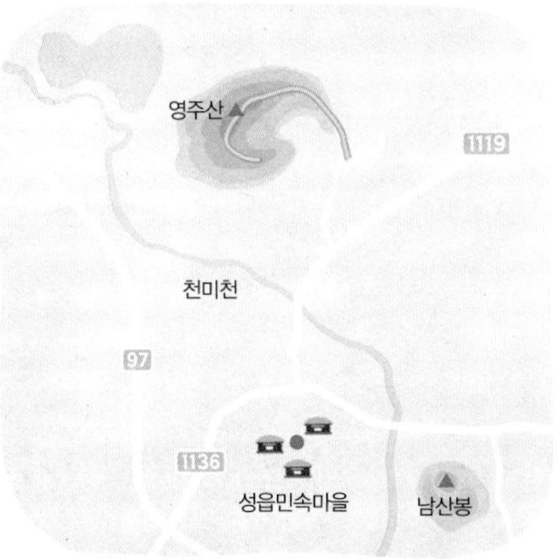

우도를 여행하는 방법에 대하여

우도봉

섬은 섬사람의 것이지만, 섬 이름은 섬사람의 것이 아니다. 뭍사람의 것이다. 섬을 부르는 이름에는 대부분 섬 바깥의 시선이 반영돼 있다. 예컨대 전남 신안의 흑산도는 섬이 까매서 흑산도黑山島가 됐다. 섬에 사는 사람은 동백나무 울창한 산이 바다에서 검게 보인다는 사실을 몰랐다. 아니 알았어도 관심이 없었다.

우도牛島도 마찬가지다. 이름을 풀면 소섬인데, 말이나 염소를 키웠다는 기록은 있지만 소를 풀었다는 기록은 없다. 조선 숙종 24년1698년 조정에 바칠 말 200여 필을 우도에 처음 방목했을 때도 소는 가파도에 풀어놓았다. 남북으로 길게 누운 섬이 우도라 불리는 까닭도 뭍의 시선이 작용한 결과다. 제주 동쪽 해안에 서서 바라보면 섬이 소가 누워 있는 것처럼 비친다. 특히 지미봉(166미터) 정상에서 바라보면 영락없다. 섬 남쪽의 불룩한 언덕이 고개를 든 쇠머리가 되고, 북쪽으로 길게 이어지는 들녘이 드러누운 소의 등줄기를 이룬다. 쇠머리 자리에 있는 오름이어서 쇠머리오름이다. 지금은 우도봉으로 통일됐지만, 옛 자료를 뒤져보면 우두봉牛頭峰이라는 표기가 더 많다. 우도봉의 해발고도는 132미터다. 바다에서 바로 솟아 있어 비고도 비슷하다.

우도는 제주도에 딸린 62개 섬 중에서 가장 큰 섬이다. 제주시 구좌읍 종달리 해안에서 불과 2.8킬로미터 떨어져 있다. 그러나 우도는 오랜 세월 사람이 없는 섬이었다. 종종 사람이 들어와 염소를 기르기도 했고 우도봉 굼부리에 널린 닥나무를 캐가기도 했다지만, 헌종 8년1842년에 이르러서야 사람이 거주하기 시작했다. 불과 170여 년 전 일이다. 우도 앞바다가 제주 바다에서 유속이 빠르고 험하기로 손꼽히는 바다여서 건너가는 일도 쉽지 않았지만, 우도는 사실 왜구의 소굴이었다. 우도봉 동남쪽 해안절벽에 딸린 동굴이 왜구의 근거지였다. 후미진 해안절벽에 동굴이 있어 일본 배가 며칠씩 정박해 있어도 몰랐다고 한다. 섬의 동남쪽을 관할했던 정의현청을 성산읍 고성리에 두었다가 7년 만에 성읍으로 옮긴 것도 우도까지 진출한 왜구 때문이었다. 오랫동안 우도는 제주에서 소외된 지역이었다.

헬기에서 본 우도. 오른쪽 우도봉 자락만 빼면 섬 전체가 펑퍼짐하다.
설문대할망이 빨래판으로 썼다는 전설이 아주 뜬금없어 보이지는 않는다.

외딴 섬에 전설이 깃드는 것은 당연한 이치다. 우도에는 설문대할망의 전설 두 개가 깃들여 있다. 하루는 설문대할망이 급하게 오줌이 마려웠다. 한 발은 성산읍 오조리의 식산봉(40미터)에 걸치고, 다른 한 발은 성산일출봉(182미터)에 놓고 오줌을 눴다. 오줌 줄기가 워낙 세 제주도 동쪽 끄트머리 땅이 떨어져 나가 우도가 됐다. 황당무계하지만 사실과 맞아떨어지는 대목도 있다. 우도와 성산일출봉은 옛날에 한 몸이었다고 하고, 오줌 줄기에 팬 바다는 물살이 거칠어 이후 배가 난파하는 일이 많았다. 또 하나의 전설은 우도의 생김새와 관련이 있다. 설문대할망은 빨래를 할 때 한라산을 깔고 앉아 한 발은 관탈도에 디디고 다른 한 발을 지귀도(제주 남쪽 보목항 앞의 무인도)에 두었다. 그때 빨래판을 삼은 섬이 우도였다. 제주에서는 펑퍼짐한 섬을 보고도 빨래판을 상상한다. 일상의 중심이 노동이라는 뜻으로 읽힌다.

해녀 섬

우도는 면적이 5.9제곱킬로미터이고 둘레가 17킬로미터다. 쉬엄쉬엄 네 시간쯤 걸으면 섬을 한 바퀴 다 돌 수 있다. 우도봉 언저리만 경사가 있을 뿐 나머지 지역은 평탄하다. 떠 있는 평야. 누군가의 말처럼 우도는 파란 바다에 푸른 땅으로 떠 있다. 설문대할망의 빨래판보다는 목가적인 비유다. 바다 건너 성산은 서귀포시에 속하지만, 우도는 제주시 영역이다. 제주시 우도면으로 독자적인 행정체제를 갖췄다. 인구는 2016년 기준 1,780명이다. 제주의 읍, 면 중에서 인구가 가장 적다.

우도도 화산섬이다. 우도봉이 화산의 흔적이다. 해안은 구멍이 숭숭 뚫린 현무암 천지이고, 밭에는 화산재가 깔려 있다. 우도봉 아래는 깎아지르는 해안절벽이다. 농작물이 자라기 어려운 환경이어서 우도 사람이 고민 끝에 심은 것이 모래에 심어도 쑥쑥 큰다는 땅콩이다. 현재 우도 농경지의 80퍼센트가 밭담 둘러친 땅콩밭이다. 우도를 대표하는 주전부리 땅콩 아이스크림은 우도의 거친 땅에서 비롯됐다.

우도의 산밭은 척박해도 바당밭은 풍요롭다. 바당밭. 제주는 밭이 없어서 밭이 많다. 산에도 밭이 있고, 바다에도 밭이 있다. 우도 바다는 제주에서도 알아주는 기름진 밭이다. 특히 소라가 많다. 우도 소라는 알도 굵다. 소라는 4월부터 9월까지 수확을 금지한다. 우도 소라축제가 해마다 10월에 열리는 까닭이다. 소라 채취는 물론 해녀의 몫이다. 우도 해녀는 제주에서도 억척스럽기로 유명하다. 우도 해녀는 1932년 1월 세화오일장에서 발발한 해녀항쟁에서 주도적인 역할을 했다. 해녀항쟁은 제주에서 발발한 가장 격렬한 반일시위였다. 일제가 1930년대 들어 해녀조합을 장악하자 이에 반발한 해녀 1,000여 명이 세화장날에 맞춰 항의집회를 열었다. 제주도사의 차량을 가로막는 충돌도 있었고, 우도에서는 시위 주동자를 잡으러 온 배를 에워싸며 무력시위를 벌였다. 해녀항쟁에는 연인원 1만 7,000여 명이 참가했다.

왜 하필 세화오일장이었을까. 해녀는 제주 전 해안에 있지만 동쪽 해안을 따라 집중돼 있다. 2016년 기준 제주도 해녀는 모두 4,377명이다. 행정구역으로 보면 구좌읍이 867명으로 가장 많고 성산읍이 541명으로 뒤를 잇는다. 섬 동쪽 해안지역 그러니까 구좌읍, 성산읍, 우도면의 해녀는 모두 1,720명으로 섬 전체 해녀의 39.2퍼센트를 차지한다. 세화리가 구좌읍에 속한다. 일제의 수탈은 온 섬에서 자행되었지만 집단적으로 반발한 세력은 해녀밖에 없다. 해녀의 작업방식이 집단으로 이루어지기 때문이다. 해녀는 잘 뭉치기도 할뿐더러 위계질서가 엄격하다. 해녀의 일상은 지미봉 편에서 더 상세히 다룬다. 2016년 기준 우도의 해녀 수는 352명이다. 우도 주민의 5분의 1 정도가 해녀다. 가위 해녀 섬이라 할 수 있다. 해녀항쟁에 참가했던 우도 해녀 강관순의 '해녀의 노래'가 오늘까지 전해온다.

"우리는 제주도의 가이업는(가여운) 해녀들 비천한 살림살이 세상이 아라(안다) 추운 날 더운 날 비가 오는 날에도 저 바다에 물결에 시달리던 몸 아침 일찍 집을 떠나 밤이 되면 돌아와 어린아이 젖 주면서 저녁밥을 진다(짓는다) 하루 종일 해봤으나 버는 것이 기막혀 살자 하니 한숨으로 잠 못 이룬다."

나의 우도 여행법

솔직히 나는 우도 여행을 권하지 않는다. 우도가 싫어서가 아니다.

우도를 염려해서다. 현재 우도의 관광행정은 공백상태에 있다. 극심한 교통난과 쓰레기난, 불법과 편법이 판치는 상술…. 1년에 관광객 200만여 명이 이 좁은 섬에 들어오는데 주민에게 돌아가는 혜택은 미미하다. 우도에서도 개발의 이익은 알지 못하는 곳으로 사라진다. 제주도청이 이제야 렌터카 출입을 막겠다고 나섰는데, 렌터카 통제가 해결책일 수는 없다. 그 많은 불법 스쿠터 대여점과 싸구려 패키지 상품은 어떻게 할 것인지 숙제는 여전히 산더미처럼 쌓여 있다. 여행기자로서 나는 이 나라의 관광정책을 믿지 않는다. 현재의 관광정책은 여행업자의 이해에서 자유롭지 못하다. 무슨 문제가 생기면 업계 관계자의 의견을 듣는데 그것부터가 잘못이다. 관광산업에서 가장 중요한 관계자는 여행업자가 아니다. 국민이다. 이 원칙만 지켰어도 관광한국의 오늘이 이 꼴은 아니었을 것이다.

그러나 우도다. 섬 속의 섬 우도다. 나는 우도 여행을 말리는 편이지만 굳이 우도에 들어가겠다면 여행자의 일정을 확인한다. 그리고 다음과 같은 우도 여행법을 일러준다. 성산여객선터미널에서 막배를 타고 들어가라. 아무리 일러도 오후 네 시 이전에는 들어가지 말라. 그리고 꼭 우도에서 잠을 자라. 그리고 이튿날 서둘러 우도를 나가라. 늦어도 정오 이전에는 나가라. 무슨 말인지 눈치 채셨을 터다. 최대한 사람을 피하라는 뜻이다. 막배가 뜬 다음에야 우도는 우도로 돌아온다. 시방 판매되는 여행상품은 기껏해야 반나절 우도에서 머문다. 우도 숙박상품은 거의 없다. 어스름 깔리는 시각이면 서쪽 해변에 주저앉아 한라산 너머로 지는 해를 기다리시라. 그 장면만으로도 우도는 당신의 가슴에 깊이 새겨진다. 해가 떨어지고 나면 동쪽 하고수동해변으로 나가 어화漁火를 감상할 일이다. 여름이면 한치 배, 겨울이면 갈치 배가 칠흑 같은 수평선을 따라 불을 밝힌다. 우도는 밤에 더 곱다.

앞서 적은 섬 서쪽 해변이 홍조단괴 해빈이다. 이름이 어렵다. 옛날에는 산호사해수욕장이라 불렀다. 산호가 부서진 모래사장이라는 뜻이다. 그러나 이 눈부시게 하얀 해안에 깔린 건 산호도 아니고 모래도 아니다. 홍조식물이 다른 돌과 엉겨 붙어 굳은 작은 돌멩이다. 그게 홍조단괴다. 뒤늦게 사실을 알고 이름을 고쳤다. 해빈의 길이는 약 300미터이고 너비는 약 15미터다. 세계적으로도 드문 해안으로 천연기념물 제438호로 지정돼 있다. 눈이 시리도록 하얀 이 해변이 한낮에는 아침 출근길 지하철 2호선 신도림역으로 변신한다.

섬 동쪽 끝에도 가봐야 할 곳이 있다. 비양도다. 제주에는 비양도가 두 개 있다. 섬 서쪽 끝 한림항 앞에 하나가 있고 동쪽 끝 우도 옆에 하나가 더 있다. 한림 앞바다의 비양도가 우리가 아는 비양도이고, 우도에 딸린 비양도는 우도를 들어가본 사람만 아는 비경이다. 서쪽의 비양도와 동쪽의 비양도는 가운데 글자의 한자가 다르다. 서쪽 비양도는 날 양揚 자를 쓰고 동쪽의 비양도는 볕 양陽 자를 쓴다. 두 비양도 모두 날 비飛 자를 쓴다. 그러나 하늘을 나는 주체가 다르다. 서쪽의 비양도는 섬이 하늘에서 날아왔다는 전설에서 비롯됐고, 동쪽의 비양도는 수평선에서 올라오는 아침 해가 날아오르는 것 같다고 해서 붙은

우도에 딸린 섬 비양도. 물이 빠지면 비양도에서 등대섬에 걸어서 들어간다.

이름이다. 제주도를 학으로 상상했을 때 양쪽 날개가 되는 자리에 비양도가 있다. 두 개의 비양도가 제주의 날개를 이루는 셈이다. 비양도는 우도와 다리로 연결돼 있다. 그래도 섬이다. 섬(제주도) 속의 섬(우도) 속의 섬(비양도)이다. 그 비양도에 또 섬이 딸려 있다. 물이 빠지면 걸어서 들어갈 수 있는 등대섬이다. 다른 이름은 없고 그냥 등대섬이다. 여기에서 우도봉을 보면 앞발 괴고 엎드린 소의 왼쪽 뺨이 드러난다.

우도봉 남동쪽 해안절벽에 동안경굴東岸鯨窟이라는 동굴이 숨어 있다. 동쪽 절벽에 있는 고래 굴이라는 뜻이다. 바로 이 동굴이 왜구의 근거지로 쓰였다. 우도에서는 '콧구멍'이라 부른다. 우도봉 바로 아래에 뚫린 구멍이어서 소 콧구멍을 연상한 듯하다. 동굴 안에 들어가면 정

헬기에서 내려다본 우도 해안. 구획을 지은 푸른 밭 대부분이 땅콩밭이다.

©신동연

말 고래가 숨어 살 정도로 널찍한 공간이 나온다는데, 썰물 때만 들어갈 수 있다. 우도에서는 이 동굴을 신성하게 여긴다. 여름에는 고깃배가 동굴에 들어가는 걸 금한다. 7~8월 동굴에 들어가면 큰 비바람이 인다고 한다. 동안경굴 앞에 검은 해변이라는 뜻의 검멀레가 있다. 스쿠터 여행자가 가장 많이 찾는 장소이자, 물경 5,000원이나 하는 땅콩 아이스크림 체인점이 몰린 번화가다.

이제 우도봉에 오를 차례다. 검멀레 오른쪽으로 우도봉 오르는 길이 있다. 해안절벽을 따라 놓인 탐방로가 정상 우도등대까지 이어진다. 우도등대는 1906년 3월 처음 불을 밝혔다. 지금 우도의 밤바다를 밝히는 등대는 2003년 새로 세운 등대다. 국내 최초의 등대공원으로 깔끔하게 단장돼 있다. 등대에 올라서야 비로소 우도가 보인다. 우도는 바다에 떠 있는 거대한 오름이다. 등대 아래 움푹 팬 굼부리는 푸른 초원이고, 초원에 풀어놓은 말이 산담 사이를 어슬렁거린다. 해안을 따라 알록달록한 지붕을 얹은 민가가 옹기종기 모여 있고, 오른쪽 끝에는 비양도 등대섬의 노란 등대가 비죽 솟아 있다. 왼쪽으로는 바다 건너 제주 성산 땅이다. 바다로 달려가는 기세의 성산일출봉과 반듯한 삼각형 꼴의 지미봉이 먼저 눈에 들어온다. 지미봉 너머로는 한라산 자락의 거대한 윤곽이 설핏 그려진다. 여기에 올라서면 결심이 흔들린다. 다시는 우도에 들어오지 않겠다던, 한낮의 다짐이 허물어진다.

여행정보

우도에는 선착장이 두 곳 있다. 천진항과 하우목동항이다. 천진항에는 성산항에서 출발한 여객선 4대가 들어오고, 하우목동항에는 성산항에서 출발한 배 2대와 종달항에서 출발한 배 1대가 들어온다. 오전 7시부터 오후 6시까지 쉬지 않고 배가 들락거린다. 성산항에서 뱃길로 15분 거리다. 성산항~하우목동항 1인 왕복요금 5,500원.

세상이 나를 등졌을 때

바굼지오름

오름은 곡선의 산이다. 오름이 그리는 라인은 볼록하고 오목한 곡선이다. 오름을 바라보고 누이의 가슴을 연상하는 건 시인의 예민한 감수성 따위가 없어도 가능한, 말하자면 흔하고 빤한 감상이다. 그러나 예외는 있게 마련이다. 오름 중에는 육지의 산처럼 직선으로 이루어진 것도 있다. 바굼지오름이 그러하다.

바굼지오름은 이름도 생김새도 오름 같지 않은 오름이다. 이름처럼 모양도 별난 이 오름은 제주도 남서쪽 끄트머리 들판에 오도카니 서 있다. 날카로이 솟은 바굼지오름을 보고 누구는 설악산을 떠올리고, 누구는 월출산을 연상한다. 누이 가슴 같은 몽글몽글한 곡선이 바굼지오름에는 없다. 거칠고 날 선 직선이 유순하고 완만한 곡선을 대신한다. 이 두서없고 거침없는 직선은 우리가 아는 오름의 라인이 아니다. 그러나 바굼지오름은 엄연한 오름이다. 다시 말해 화산이다. 제주에서 가장 오래된 화산이다. 지질학자는 바굼지오름을 약 140만 년 전에 형성된 수성화산이라고 설명한다.

바굼지오름의 특이한 생김새는 140만 년 세월과 관련이 있다. 오랜 시간 바닷바람에 깎이고 패다 보니 지금처럼 험악한 꼴이 됐다. 그럴만도 하다. 바굼지오름이 내다보는 바다가 대정 모슬포 바다다. 모슬포를 제주에서는 못살포라 불렀다. 모래바람이 하도 심해 '사람이 못 살 곳'이라는 뜻이었다. 못살포 모진 바람을 바굼지오름은 140만 년이나 받아냈다. 살 파먹히고 뼈 드러내며, 그렇게 외롭고 독하게 긴 세월을 버텼다.

바굼지오름은 동서로 길게 누운 오름이다. 약 2킬로미터 길이에 이른다. 해발고도는 158미터이고 비고는 100미터를 웃돈다. 100미터 높이의 산이라지만 전혀 낮아 보이지 않는다. 양쪽 끝의 봉우리가 뾰족 솟아 있거니와 경사가 가팔라 오름을 둘러싼 허허벌판과 직각의 대비를 이룬다. 바굼지오름의 기이한 모양에서 기이한 이름도 나왔다. 북쪽에서 바굼지오름을 바라본 제주 사람은 날개를 편 박쥐를 연상했다. 양끝의 봉우리가 박쥐 날개처럼 뾰족하기 때문이다. 옛날에 제주에서는 박쥐를 바구미라고 불렀다. 다른 풀이도 있다. 바굼지오름을 한자로 단산簞山이라고 표기하는데 단 자의 뜻이 바구니다. 옛날 온 강산이 바다에 잠겼을 때 바굼지오름 꼭대기만 잠기지 않았는데 그 모양이 바구니처럼 보였다는 전설이 내려온다. 박쥐든 바구니든, 바굼지오름의 괴이쩍은 생김새를 형용하는 기능은 같다.

바굼지오름의 행정구역은 서귀포시 안덕면 사계리다. 안덕면과 대정읍이 바굼지오름 정상에서 갈린다. 오름 면적의 70퍼센트 이상은 안덕에 속하지만, 오름의 북서쪽 기슭은 대정 땅이다. 오름을 에운 들판에 마늘, 브로콜리, 무, 배추 따위가 촘촘히 심어져 있다. 모슬봉 아래 벌판이어서 '알뜨르'라 불리는 이 들녘은 제주에서도 마늘 산지로 이름이 높다. 최근에는 고부가가치 작물 브로콜리를 더 많이 심는다.

나는 오름을 두 종류로 구분한다. 오르는 오름과 바라보는 오름. 무릇 산은 올라야 제맛이라지만 오름의 경우는 꼭 그렇지 않다. 바굼지오름이야말로 바라보는 오름이다. 바굼지오름은 전망도 빼어나다. 동쪽으로 우람한 덩치의 산방산이 버티고 있고 남쪽으로 멀리 송악산이 내다보인다. 서쪽으로 고개를 돌리면 모슬포 앞바다로 해가 떨어지고 북쪽으로 시선을 돌리면 한라산을 닮은 수월봉이 눈을 맞춘다. 오르는 길도 어렵지 않다. 오름 서쪽 자락 입구에서 서쪽 봉우리 정상까지 20분이면 올라간다. 내려갈 때는 북쪽으로 이어진 탐방로를 이용한다. 동쪽 봉우리는 험하고 가팔라 탐방로가 없다. 암벽등반을 하는 사람이 종종 절벽에 매달린다고 한다.

헬기에서 내려다본 바굼지오름. 능선이 날카롭다.

그러나 바굼지오름은 바라봐야 한다. 가능하면 멀찌감치 떨어져서, 이왕이면 해 질 녘 북쪽 벌판에 서서 봐야 한다. 길게 도열한 무와 배추, 유채와 감자 뒤에서 강고히 서 있는 돌산을 응시해야 한다. 길게 서 있는 모습이 벽처럼 먹먹하다. 저 벽 뒤에 전혀 다른 세상이 숨어 있을 것 같다. 지금으로부터 150년쯤 전에도 이 자리에 서서 저 벽을 무연히 바라본, 아니 저 벽 뒤의 세상을 하염없이 동경한 사람이 있었다. 추사 김정희. 바굼지오름 뒤편 탱자나무 울타리 두른 초가에서 1840년부터 1848년까지 8년 3개월을 귀양살이했던 죄인의 이름이다.

추사라는 이방인

바굼지오름 북쪽 들판 너머에 추사 유배지가 있고 남쪽 기슭 아래에 대정향교가 있다. 추사는 유배시절 향교에 나가 후학을 가르쳤다. 추사가 향교를 오갈 때마다 바굼지오름을 지났다. 바굼지오름과 금산(64미터)을 가르는, 지금은 자동차가 다니는 야트막한 고개를 무시로 넘었다. 추사는 대정향교에서 위안을 얻었다. 자신이 알던 세계, 자신이 속했던 세상을 향교가 받들고 있어서다. 제주에서 추사는 죄인이었지만 향교 안에서는 아니었다.

지금도 대정향교에는 추사의 흔적이 남아 있다. 추사는 동재東齋, 유생이 책을 읽는 집의 현판 글씨를 써주었다. 의문당疑問堂. 의심나는 것은 묻는 집이라는 뜻이다(현판 원본은 제주 추사관에 있다). 향교 왼편의 '세미물'이라는 샘도 추사를 추억하는 장소다. 추사가 이 샘물을 받아다 차를 끓였다고 한다. 추사 유배지와 대정향교는 십 리 길이다. 대정향교 대성전 뜰 한쪽 구석에 늙은 곰솔 한 그루와 늙은 팽나무 한 그루가 비스듬히 서 있다. 이 곰솔이 세한도의 그 곰솔을 빼닮았다.

국보 제180호 세한도에는 모두 네 그루의 나무가 그려져 있다. 잣나무 한 그루와 곰솔 세 그루다. 세한도 발문에서 추사는 "날이 차가워진 뒤에야 소나무 잣나무가 시들지 않는다는 것을 안다"고 적었다. 곰솔과 소나무는 다른 나무이지만, 유학자는 구분하지 않았다. 그러고 보니 잣나무도 따뜻한 제주에서는 살지 않는다. 창고처럼 생긴 집도

청나라풍이다(제주 추사관이 세한도의 집을 본떠 건축됐다. 승효상의 작품이다). 세한도는 추사의 외롭고 억울한 심사를 표현한 작품으로 알려져 있다. 그러나 세한도에 제주는 없다. 제주의 현실은 담겨 있지 않다. 세한도는 추사가 제자 이상적1804~1865년에게 준 선물이었다. 스승이 귀양살이 하는 동안에 중국에서 열심히 책을 구해준 감사의 표시였다.

유배지에서 추사의 삶은 남루했다. 음식을 잘 먹지 못했고 자주 아팠다. 아내에게 편지를 쓸 때 추사는 척박한 땅에 내팽개쳐진 병약한 노인일 따름이었다. "민어를 연하고 무름한 것으로 가려 사서 보내게 하십시오. 내려온 것은 살이 썩어 먹을 길이 없습니다. 겨자는 맛난 것이 있을 것이니 넉넉히 얻어 보내십시오. 어란도 거기서 먹을 만한 것을 구하여 보내십시오." 추사는 아내에게 모두 마흔 통의 편지를 부쳤고 편지마다 먹을 것을 보내라고 요구했다. 유홍준 선생은 이 대목에서 추사의 인간적 면모를 말했지만(『김정희』, 202~205쪽), 글쎄다. 내가 편지에서 찾아낸 추사의 인간적 면모는 구차하고 비루한 것이었다.

추사는 위리안치圍籬安置 형을 받았다. 가시나무 울타리를 친 유배처에 가두는 형을 이른다(현재 말끔하게 복원해놓은 추사 유배지도 탱자나무 울타리를 두르고 있다). 형벌대로라면 추사는 가시나무 담을 쌓은 누옥에서 연금軟禁 상태로 지내야 했다. 그러나 추사는 갇혀서만 살지 않았다. 앞서 적었듯이 향교를 수시로 드나들었고 멀리 제주읍성까지 여행을 갔다 오기도 했다. 면회객의 방문도 줄을 이었다. 추사의 오랜 벗이었던 초의선사는 추사 때문에 여섯 달을 제주에서 머물렀고, 추사의 양자는 꼬박 1년을 곁에서 머무르며 아비를 봉양했다. 서울에서의 일상과 비교할 수는 없지만, 제주에서도 추사는 사람 만나고 선물 받고 여기저기 돌아다니며 나름의 일상을 살았다.

추사는 쉰다섯 살에 제주에 들어와서 예순세 살에 나갔다. 늙은 나이에, 자신의 잘못 때문이 아니라 선친의 잘못이 뒤늦게 문제가 돼 제주까지 끌려 내려왔다. 그 분한 심정을 십분 이해한다. 하나 내가 목격한 추사의 귀양살이는, 추사가 성취한 예술적 업적과 관계없이 존경할 만한 것이 못 됐다. 나는 추사의 유배생활에서 제주에 대한 일말의 공감은커녕 연민도 발견하지 못했다. 제주에서 머물렀던 8년 3개월 동안 추사는 철저한 이방인이었다. 1849년 12월 6일 추사가 유배에서 풀려나던 날 제주시 화북포구 해신당에서 그는 제를 올리고 제문을 두 편 지었다. 무당이 굿판을 벌이는 해신당에서 유학자가 제문을 지어 올린 것은 이적행위다. 그러나 그런 걸 가릴 처지가 아니었다. 한시라도 빨리 제주를 벗어나야 했다. 제문은 구구절절 애절하다.

"십 년을 귀양살이하여 몸과 머리털이 깨끗하지 못하여 신명 앞에 나아가지 못하고 삼가 고기와 술을 갖추어 정성을 다해 바다의 신 묘당에 빌며 고합니다. … 빛나는 왕의 영험한 뜻은 신 또한 거역 못하리니 상서로운 바람, 일엽편주에 천 리 파란이 잠잠하여 다오."

일상은 본래 추레한 것이라지만, 추사의 예술이 아니라 삶까지 떠받드는 건 동의하기 힘들다. 더욱이 제주도가 앞장서 추사를 기리는 건 아무래도 거슬린다. 추사체는 제주 유배생활 중에 완성된 것으로 전해진다. 그게 제주와 무슨 상관인지 모르겠다. 추사체에 모슬포의 모래 바람이, 바굼지오름의 날 선 직선이 있다면 혹 모를까. 추사를 깎아내리려는 건 아니다.

온 나라 죄인의 유형지

원악도遠惡島라는 낱말이 있다. 국어사전은 '서울에서 멀리 떨어져 살기가 어려운 섬'이라고 정의한다. 그러나 사전이 담아내지 못한 뜻이 있다. 원악도는 한때 제주도를 일컫는 말이었다. 최악의 유배지로서 제주를 이를 때 원악도라고 불렀다. 제주가 서울에서 제일 먼 섬이므로 제주 유배형은 사형 다음으로 무거운 처벌이었다. 제주로 유배를 내려오는 죄목은 대부분 역모였다. 하여 제주 유배인은 대부분 정치범이었다. 한때 제주에서는 성공이라는 단어가 금기어였다고 한다. 유배지에서 성공은 역모를 뜻할 수 있어서였다. 제주에서 성공을 대체한 단어는 작산作山이었다. 지금 작산은 다 큰 어른을 가리킨다.

조선시대 제주는 온 나라 죄인의 유형지였다. "가장 괴로운 것은 조밥이요, 가장 두려운 것은 뱀과 지네이며, 가장 슬픈 것은 파도소리라." 왕조의 핏줄이었으나 제주에 유배됐던 이건1614~1662년이 『제주풍토기』에서 남긴 말이다. 추사처럼 왕족도 밥 타령을 했다.

조선 왕조 500년 동안 제주에 유배된 인물은 230명이 넘는다. 간옹

대정향교 대성전 마당의 곰솔과 팽나무.
세한도의 모델이 된 나무라는 설이 있으나 확실하지는 않다.

이익1579~1624년은 광해군에 반대했다가 제주에서 위리안치 형을 받았고, 이익을 제주로 내쫓았던 광해군1575~1641년도 인조반정으로 물러난 뒤 제주에서 위리안치 형을 받았다. 광해군은 엄격히 통제된 삶을 살다 제주살이 3년 만에 죽었다. 노론의 영수였던 우암 송시열1607~1689년은 제주 유배를 마치고 서울로 압송되던 중 정읍에서 사약을 받고 죽었다. 송시열은 여든세 살에 제주로 유배 왔다. 쉰다섯 살의 추사는 견줄 바가 못 됐다. 일흔네 살에 의병을 일으켰던 면암 최익현1833~1906년도, 갑신정변을 주도했던 박영효1861~1939년도 제주에서 귀양살이를 했다.

제주시 조천포구 언덕배기에 반듯하게 올린 정자가 있다. 연북정戀北亭이다. 북을 연모하는 정자라, 이름에 새긴 뜻이 애틋하다. 제주 시내에는 망경루望京樓가 있다. 연북정과 망경루에서 '북'과 '경'은 하나의 존재를 가리킨다. 왕이다. 왕을 연모하고 왕을 열망하는 장소가 연북정이고 망경루다. 누가 제주 바다를 바라보며 이토록 왕을 찾았을까. 제주로 유배 온 정치범이었다. 그들은 왕이 다시 불러주기만을 학수고대했다. 하여 그들의 제주생활은 능동적이지도, 적극적이지도 않았다. 추사라고 다르지 않았다. 그래서 나는 정호승 시인이 연북정을 보고 지은 시가 솔직히 불편하다. "기다림 없는 사랑이 어디 있느냐"(「연북정」 부분)는 마지막 시구에서 나는 지식인의 나약한, 어쩌면 무책임한 감상을 읽는다.

여행정보

제주 추사관에 가면 추사의 유배생활에 관한 더 많은 정보를 얻을 수 있다. 입장료 어른 500원. 매주 월요일 휴무.

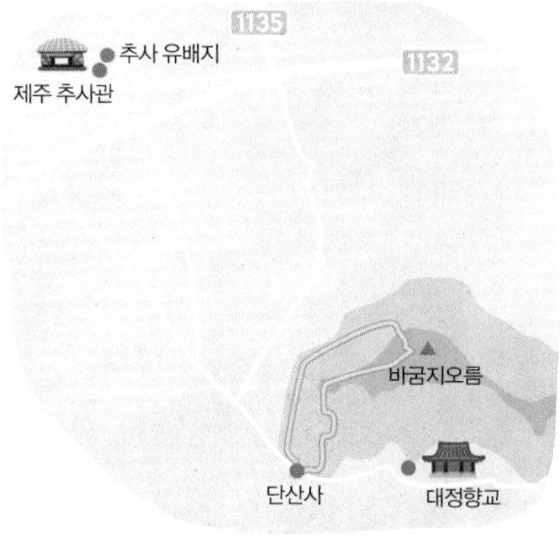

파도는 설움에 겨워 운다

송악산, 섯알오름

무심코 쓰는 천혜天惠라는 단어의 뜻을 아시는지. 하늘이 내리신 은혜라는 뜻이다. 천혜의 관광자원이면 하늘의 뜻을 새겨야 할 만큼 특별한 자연유산이라는 말이다. 제주 스스로가 천혜의 자연이지만, 제주에서도 송악산은 오래전부터 하늘의 은혜와 함께 소개되던 관광자원이다. 신혼부부부터 수학여행 내려온 학생들, 배낭 메고 걷는 올레꾼, 중국인 관광객까지 송악산은 제주 여행자에게 늘 우선순위로 꼽히는 여행지였다. 다 하늘의 은혜였다.

하나 송악산만큼 흉터 깊은 오름도 없다. 하나같이 사람이 낸 상처 자국이어서 더 가슴이 아프다. 오름을 여행하는 건 제주의 흉터를 어루만지는 일인 걸 잘 알고 있다. 그래서 더 마음을 다잡고 나선 길이었다. 그러나 두 눈으로 비극을 확인하는 일은 매번 버겁고 가혹했다. 그 시련 다 받아냈던 송악산도 이제는 늙고 지쳐 스러지고 있었다.

송악산이 걸터앉은 대정은 제주에서 거친 풍토로 악명이 자자한 땅이다. 대정은 바람도 모질고 땅도 모질고 바다도 모질다. 모래바람 때문에 사람 살 데가 못 된다는 모슬포가 송악산 왼쪽 옆구리에 있다. 대정 들녘은 제주의 어느 땅보다 크고 거친 돌이 많다. 이 척박한 땅에서 마늘이 자란다. 제주 마늘의 70퍼센트가 대정 마늘이다. 모슬포 앞바다는 제주의 어느 바다보다 물살이 빠르고 거친 바다다. 이 험한 바다에서 자리돔이 헤엄친다. 모슬포는 바다가 드세 자리돔도 드세다. 모슬포 자리돔은 크고 뼈가 억세 물회로 먹으면 가시가 찌른다. 그래서 주로 구워 먹는다.

모슬포 바다 하면 방어를 빠뜨릴 수 없다. 모슬포에서는 10월부터 이듬해 3월까지 방어를 잡는다. 여름 방어는 살에 기름이 없어 맛이 떨어진다. 맛이 가장 좋을 때는 1~2월이다. 무게가 3킬로그램이 넘는 대방어도 한겨울에 올라온다. 그러나 모슬포 방어축제는 10~11월에 열린다. 아직 철이 이른데 방어축제를 여는 이유를 모슬포 수협에 물어본 적이 있다. 돌아온 답변이 어처구니가 없었다. "제철에는 축제를 안 해도 잘 팔리니까 제철이 아닐 때 축제를 해야지요." 모슬포 방어축제는 제주를 대표하는 특산물 축제다. 축제가 열리는 사나흘 동안 20만 명이 다녀간다. 그러고 보니 추자도 참조기축제도 얼마 전까지 한 여름에 열렸다. 그때도 "조기 철이 아닌데 어떻게 축제를 여느냐" 물었더니 "지난 겨울 잡아서 냉동한 조기를 판다"고 심드렁한 표정으로 대답했다. 우리나라의 특산물 축제가 이런 식이다. 모슬포에 가면 방어를 드시라. 대신 한겨울에 드시라.

풍토가 사람을 낳는 것인지, 대정은 사람도 거칠다. '대정 몽생이'라는 말이 있다. 몽생이는 망아지라는 뜻이다. 대정 사람이 망아지처럼 천방지축이라는 뜻으로, 비하할 때 쓰는 표현이다. 바람도 모질고 땅도 모질고 바다도 모질어서 사람도 모진 것인지는 잘 모르겠다. 다만 대정 땅이 겪은 기구한 사연을 돌아보면 팔자라는 걸 떠올릴 수밖에 없다.

물결 우는 오름

송악산은 서귀포시 대정읍 상모리에 있다. 제주도의 서남쪽 모퉁이를 이룬다. 지도를 펼치면 마라도 바다를 향해 비쭉 튀어나온 코지(곶)가 보인다. 그 코지가 송악산이다. 송악산은 바다에서 분화한 뒤 뭍에서 다시 한 번 분화한 이중화산이다. 송악산 자락이 해안언덕에 넓게 펼쳐진 까닭이다. 뱃사람들은 송악산을 부남코지라고 부른다.

송악산松岳山은 익숙한 이름이지만 어울리는 이름은 아니다. 이름처럼 소나무가 많지는 않다. 원래 이름은 따로 있었다. 절울이오름이다. '절'이 물결을 가리키므로, 물결 우는 오름이라는 의미다. 파도가 송악산 아랫도리 절벽과 부딪쳐 울리는 소리에서 따왔다고 한다. 오름과 파도는 어울리는 쌍이 아니지만 송악산은 예외다. 오름 남쪽 아랫도리가 그대로 해안절벽을 이룬다. 앞바다 가파도에서 바라보면 송악산은 거대한 절벽처럼 서 있다. 물결 우는 오름이라. 아마도 오름 중에서 가장 시적인 이름이 아닐까 싶다. 이 해안절벽에 밴 역사를 알고 나면 '절울이'라는 이름이 가슴에 못처럼 와서 박힌다.

송악산 해안절벽은 바다와 직각을 이루지만 봉긋 솟은 굼부리 주변은 넓고 완만한 초원 언덕을 이룬다. 초원에 크고 작은 알오름이 오돌토돌해 옛날에는 송악산을 '아흔아홉 봉'이라고 불렀단다. 봉우리가 아흔아홉 개라는 뜻일 터인데, 봉우리라고 부르기에는 알오름이 낮고 작다. 예로부터 초원 언덕에는 말을 풀어놓았다. 지금은 초원에 풀어놓은 말을 배경으로 중국인 관광객이 사진을 찍는다.

송악산 정상에 오르면 이국적인 광경이 펼쳐진다. 둘레 400미터 깊이 69미터의 거대한 굼부리가 옥빛 바다를 배경으로 아가리를 쩍 벌리고 있다. 풀 한 포기 없이 거친 돌만 있어 원시화산의 모습이 고스란하다. 굼부리 안은 붉은 자갈로 가득하다. 화산암 자갈 알갱이, 송이다. 송악산은 해발고도 104미터의 낮은 오름이다. 그러나 바다와 바투 붙어 있어 정상에서 느끼는 높이와 높이에서 비롯한 시야가 여느 오름을 압도한다. 안타깝게도 이 절경은 한동안 마주할 수 없다. 2015년 8월부터 2020년 7월까지 송악산 굼부리 탐방로와 정상으로 난 탐방로 모두가 폐쇄됐다. 안전사고 위험 때문이다. 제주올레 10코스도

지금은 이 앵글이 어렵겠다.
송악산 탐방로가 폐쇄되기 전 송악산에서 내려다본 아침 바다다.

송악산을 통과하는 일부 구간을 조정했다.

송악산은 오늘도 무너져내리고 있다. 해안절벽 곳곳이 허물어지고 있는데 남쪽 해안절벽의 피해가 가장 심하다. 송악산 아랫자락에는 일본군이 파놓은 진지동굴 열다섯 개가 있다. 쪽빛 바다와 붉은 절벽이 만나는 지점에 자리한 해안동굴은, 동굴의 정체와 무관하게 오래전부터 송악산을 대표하는 관광명소 노릇을 했다. 수많은 신혼부부가 이 동굴들에 들어가 기념사진을 찍었고 온갖 드라마와 영화에도 숱하게 등장했다. 한류 드라마 '대장금'에서 장금이가 산모의 아기를 받아낸 곳도 이 동굴 중 하나였다. 지금은 엄두도 못 내는 일이 되고 말았다. 해안 어귀에서부터 진입이 통제됐다. 해안절벽 일부가 이미 무너졌고 동굴 네댓 개는 입구가 막혔다. 산사태 현장처럼 송악산은 군데군데 위태하고 흉물스럽다. 앞으로 얼마나 더 많은 구간이 폐쇄될지 알 수 없다. 오늘도 송악산은 스러지고 있다.

블랙 투어리즘

1945년 패망 직전의 일본은 제주를 일본 본토 사수를 위한 최후의 보루로 삼는 '결決7호' 작전을 수립했다. 당시 제주에 주둔한 일본군은 7만 명이 넘었다. 제주 인구가 25만 명을 헤아리는 시절이었다. 일본은 제주 전역에 군사시설을 설치했다. 그 흔적이 아직도 섬 여기저기에 흉

알뜨르 비행장의 일제 전투기 격납고.

터처럼 새겨져 있다. 일제가 판 진지동굴만 80여 곳 700여 개에 달한다. 그 진지동굴 대부분이 오름에서 발견된다. 성산일출봉, 바굼지오름, 군산, 서우봉 같은 해안 오름은 물론이고 거문오름의 굼부리 바닥이나 백록담 아래 어승생악 정상처럼 접근이 어려운 오지에도 동굴을 팠다. 제주 오름은 우리나라에서 가장 많은 일제의 군사잔재를 보유한 근대문화유산이다. 어색한 호칭이지만 틀린 호칭은 아니다.

송악산은 오름 중에서 가장 많은 일제 군사시설이 남아 있는 역사 현장이다. 송악산 능선과 해안에서 발견된 진지동굴만 60개가 넘는다. 원래부터 있었던 동굴을 개조한 것이 아니다. 일본군이, 아니 동원된 제주 사람이 목숨과 바꿔가며 뚫은 동굴이다. 해안동굴 열다섯 개는 일본군 자살특공대 가이텐의 전초기지였다. 가이텐은 인간 어뢰라는 뜻이다. 사람이 어뢰에 탑승해 목표물을 타격하는 자살 무기다. 가미카제神風가 자살 비행기면 가이텐은 자살 어뢰다. 성산일출봉 아래에도 똑같은 용도의 동굴이 있다. 미국이 원자폭탄을 투하하는 바람에 제주의 가이텐은 출정하지 못했다. 송악산 해안동굴을 제주에서는 일오동굴이라 부른다. 동굴이 열다섯 개여서 일오(15)다.

송악산 북쪽 자락에도 알오름이 있다. 알오름도 화산이다. 그러나 큰 화산활동의 영향으로 분화한 것이어서 독립 화산체로 인정받지 못한다. 이름도 알오름으로 통칭된다. 제주에서 오름 숫자를 정확히 파악하지 못하는 이유 중 하나가 알오름 때문이다. 알오름까지 합치면 오름이 600개가 넘는다는 주장도 있다. 송악산 자락에만 알오름 아흔아홉 개가 있다고 하니 근거 없는 추측만은 아니다. 송악산 북쪽 자락의 알오름에는 여느 알오름과 달리 이름이 있다. 동쪽 오름은 동알오름, 서쪽 오름은 섯알오름이다. 이 중에서 섯알오름은 여느 오름 못지않은 관광명소다. 해발고도 41미터 비고 21미터에 불과한 언덕이지만, 섯알오름는 국내 블랙 투어리즘의 성지와 같은 장소다. 블랙 투어리즘Black Tourism은 비극의 역사현장을 돌아보는 여행이다. 섯알오름처럼 역사의 상처를 간직한 오름도 없다. 셋알오름이라고도 한다.

섯알오름은 한쪽이 크게 패여 있다. 하늘에서 보면 한 입 베어 문 사과처럼 생겼다. 물론 일제의 짓이다. 일본군은 섯알오름에 대공포 진지와 진지동굴을 건설했다. 대공포 진지는 모두 다섯 기를 설치했고,

섯알오름 아래에는 제주에서 가장 큰 진지동굴을 팠다. 섯알오름 진지동굴은 전투사령실, 탄약고, 연료고, 통신실 등 주요 군사시설을 갖춘 대형 지하기지였다. 대형 출입구가 여섯 개나 된다. 일본은 전쟁에서 패배하자 섯알오름 군사기지를 폭파했다. 그때 섯알오름의 일부가 잘려 나갔다. 그래도 지하기지는 건재하다. 섯알오름 정상의 대공포 진지 중 하나도 원형 그대로 남아 있다.

일본군이 섯알오름에 대형 지하기지를 구축한 이유는 전투기 비행장 때문이었다. 일본군은 태평양전쟁 당시 제주에 비행장 두 곳을 설치했다. 하나가 제주시 용담동의 정뜨르 비행장이고, 다른 하나가 섯알오름 북쪽 들녘의 알뜨르 비행장이다. 정뜨르 비행장 터에 지금 제주공항이 들어서 있다. 알뜨르는 알 아래, 그러니까 모슬봉 아래 들녘을 가리킨다. 일본군은 면적 2.64제곱킬로미터 비행장에 병력 2,500여 명과 전투기 스물다섯 대를 배치했다. 비행장을 짓기 위해 마을 여섯 개를 없앴다. 격납고는 모두 38기를 지었는데, 현재 19기가 보존돼 있다. 하나가 폭 약 20미터 높이 약 3미터 길이 약 10미터에 이른다. 이 격납고에 아까톰보赤とんぼ 비행기를 숨겼다. 아까톰보는 고추잠자리라는 뜻으로, 가미카제 훈련기다. 마늘을 비롯해 감자, 고구마, 배추 따위가 물결치는 드넓은 채소밭에 드문드문 격납고가 박혀 있는 풍경은 낯설고 기이하다. 이 평화로운 들판이 폭탄 실은 전투기의 활주로였다는 사실이 믿기지 않는다. 실제로 일본군 전투기 600기가 이 활주로에서 날아올라 중국 난징南京을 폭격했다. 일본군이 철수한 뒤에도 알뜨

르는 비행장으로 활용됐다. 한국전쟁이 일어나자 육군은 모슬포 일대에 제1훈련소를 설치했고, 국군이 비행장을 사용했다. 제주 농민은 국방부 소유의 알뜨르 평야를 임대해 농사를 짓고 있다.

대정 땅이 겪은 시련은 아직 남았다. 한국전쟁 당시 양민학살의 현장이 섯알오름 북쪽 자락에 있다. '섯알오름 예비검속 희생자 추모비'라고 쓰인 검은색 비석 뒤로 웅덩이 두 개가 나란히 있다. 이 웅덩이가 참혹한 역사의 현장이다. 1950년 8월 20일 국군은 제주도민 210명을 예비검속이란 이름으로 검거했다. 불순불자를 색출한다는 명목으로 불법 검거한 것이다. 계엄군은 양민 210명을 법적절차 없이 한밤중에 총살했고, 한 명씩 웅덩이에 던졌다. 일부 시신은 유족이 바로 수습했으나 시신 대부분은 그대로 버려졌다. 계엄군이 웅덩이 일대를 출입금지지역으로 지정해 막아버렸기 때문이다. 그로부터 7년의 세월이 흘렀다. 유족의 끈질긴 탄원에 정부가 출입금지지역을 해제했다. 이제라도 시신을 수습하려고 했으나 할 수가 없었다. 살은 썩어 문드러졌고 뼈는 엉켜 있었다. 누가 누구인지 분간할 수 없었다. 유족들은 궁리 끝에 방법을 찾아냈다. 누구의 유골인지 알 수 없으므로 가리지 않기로 했다. 대신 칠성판 위에 두개골 하나와 등뼈 하나씩 놓고 대충 짝을 맞췄다. 한 벌의 유골이 갖춰지면 하나의 무덤을 만들었다. 그렇게 하나씩 뼈를 맞춰 모두 132기의 무덤을 조성했다. 그 공동묘지가 백조일손묘百祖一孫墓다. 조상은 백 명, 그러나 자손은 하나인 무덤. 조상은 다르지만 한날한시에 같이 죽었으니 모두 한 자손이라는 뜻이다. 지금 생각해도 피눈물이 난다.

아름다운 풍경에는 슬픔이 배어 있다고 했던가. 일제의 만행을 목격했을 때는 화가 치밀었고, 웅덩이만 덩그러니 남은 양민학살의 현장에서는 몸서리를 쳤고, 세상에 하나밖에 없는 무덤 앞에서는 눈물이 뚝뚝 떨어졌다. 이 모든 슬픔을 품은 송악산 자락이 무너지고 있다. 파도만이 설움에 겨워 오늘도 운다.

여행정보

송악산은 가을 오름이다. 굼부리를 덮은 억새가 누운 햇살을 받아 금빛으로 번쩍인다. 유명한 모슬포 방어축제도 가을에 열린다. 모슬포 수협이 해마다 11월 중순 최남단 방어축제를 연다. 방어 맨손잡기체험(참가비 1만원), 어시장 선상 경매(참가비 없음) 등 체험 프로그램도 운영한다.

순이삼촌

서우봉

서우봉은 제주시 조천읍 함덕리에 있는 오름이다. 바다로 불거진 완만한 해안언덕이 그대로 서우봉을 이룬다. 해발고도 113미터 비고 106미터. 해발고도와 비고의 차이가 7미터라는 것은 해수면에서 7미터 높이에서 오름이 시작한다는 뜻이다. 서우봉 발치의 바다가 함덕해수욕장이다. 물이 얕고 잔잔해 나도 내 아이들과 뛰어드는 바다다. 물빛 곱고 주변 풍광이 수려해 제주에서 손꼽는 해수욕장이다. 함덕해수욕장의 백사장은 길이 900미터 너비 120미터다. 평균 수심 1.2미터인 함덕 바다는 물결이 유난히 잔잔하다. 경사도가 5도에 불과해 밀려오는 파도가 순하고 느리다. 제주도 관광당국은 함덕 바다가 사철 내내 카약을 즐길 수 있는 국내 유일의 바다라고 강조한다. 틀린 말은 아니다. 함덕 바다는 아름다운 바다이고 놀기에 좋은 바다다.

서우봉은 조망이 빼어난 오름이다. 정상에 오르면 제주 북쪽 바다와 한라산 정상이 훤히 내다보인다. 제주올레 19코스가 함덕 쪽에서 서우봉을 올라 북촌으로 내려온다. 정상에서 동쪽으로 북촌포구가 엎드려 있고 포구 앞바다에 다려도가 떠 있다. 다려도는 무인도다. 겨울이면 원앙 수천 마리가 내려앉는 도래지로, 북촌리 해녀들의 바당밭이다. 요즘에는 낚시꾼도 즐겨 찾는다. 서우봉 정상은 시야에서 거치적거리는 것이 없어 일출도 좋고 일몰도 좋다. 특히 해 질 녘 내려다보이는 황금빛 바다는 일몰 곱기로 유명한 남태평양의 여느 휴양지 못지않다. 제주 시내에서 14킬로미터밖에 안 떨어졌고, 일주도로라 불리는 1132번 지방도로하고 붙어 있어 접근성도 좋다.

서우봉犀牛峰은 이름이 어렵다. '봉'부터 보자. 이름에 봉이 있으니 봉수를 설치했을 터다. 망오름이라 불리는 북쪽 봉우리 정상에 봉수대가 있었다. 서우는 해석이 분분하다. 서우는 물소다. 물소가 바다에서 기어올라오는 꼴이어서 물소봉이 됐다는 것인데, 근거는 없다. 물소처럼 생겼는지도 모르겠다. 서우봉이 서산西山이라는 풀이도 있다. 제주 사람은 아직도 서우봉을 서모라 부른다. 모가 뫼山에서 비롯했으므로 서모는 서산이라는 뜻이다. 다만 이 해석에는 기준이 애매하다. 제주

시내에서 서우봉은 동쪽에 있기 때문이다.

서우봉과 함덕 바다는 명실공히 최적의 입지조건을 갖춘 관광명소다. 이렇게만 알고 가는 것도 요령이다. 여행의 매력은 어쩌면 적절한 거리 두기에 있을 수 있어서다. 휴양지로서 괌이나 오키나와는 파란 하늘과 더 파란 바다의 이미지로만 소비된다. 태평양전쟁 당시 수많은 젊은이가 하늘보다 더 파란 이 바다에 묻힌 사연을 우리는 굳이 알려고 들지 않는다. 2016년 한 해만 1,600만 명이 제주도에 들어왔다. 이들의 마음도 비슷했을 것이다. 제주 사람의 일상이 여행자에게 그럴듯한 풍경으로 소비될 때만 관광이라는 계약관계가 성립한다.

그러나 밥벌이로서의 여행은 달랐다. 여행이 밥벌이가 되면서 나와 여행지 사이의 거리는 무너지고 말았다. 언젠가부터 나의 여행은 우울했다. 이 땅에 새긴 생의 내력을 알고서부터 나는 우리네 산하를 마냥 감탄만 할 수 없었다. 풍경을 응시하는 시선은 불편했고, 땅을 디디는 걸음은 비틀거렸다. 삼천리 금수강산은 더 이상 아름답지 않았다. 이 산에 얽히고 저 바다에 밴 우리네 삶은 기구하고 가혹한 것이었다.

이제 나는 4·3사건을 말해야 한다. 한 시대를 공포에 빠뜨렸던 광기를, 아니 아직도 끝나지 않은 악몽을 증언해야 한다. 그 끔찍한 기억을 하필이면 가장 예쁜 바다를 거느린 오름에서 끄집어내야 한다. 세상은 상처로 기억된다.

4·3사건은 말을 꺼내기도 조심스럽다. 2000년 제주4·3특별법이 제정되었고 2003년 노무현 대통령이 4·3사건 희생자가 폭도가 아니라 양민이라고 공식 인정했지만, 요즘도 제주 사람은 4·3 이야기만 나오면 입을 다문다. 대충 얼버무리는 것이 아니라 아예 정색을 하고 돌아앉는다. 급소를 찔린 것처럼 화들짝 놀란 표정을 짓거나, 낯빛이 잿빛으로 변하며 딱딱하게 굳는다. 2018년이면 그 일이 있은 지 70년이 된다. 아직도 70년 전 상처에서는 고름이 흘러나온다.

제주는 공동체의식이 유별난 지역이다. "마을 내에 매놈(완전한 남)이 없다"고 할 만큼 지연은 혈연과 복잡하게 맞물려 있다. 선거철마다 등장하는 "이당 저당보다 궨당이 최고"라는 우스개는 제주 특유의 끼리 문화 '궨당'의 실재적 영향력을 증명한다. 제주 사람이 잘 뭉치는 건 애오라지 생존을 위해서였다. 험한 바다와 모진 바람, 거친 땅에서 살아남으려면 모이고 뭉치고 합해야 했다. 제주에서는 동네 어른이면 다 삼촌이다. 철수 형님도 삼촌이고, 순이 누나도 삼촌이다. 그래야 살 수 있었다. 그 떼려야 뗄 수 없는 사이를 4·3사건이 갈라놓았다.

군경토벌대는 애먼 양민을 한통속이라며 죽였다. 틀린 말은 아니었다. 제주 사람은 긴 세월 더불어 살며, 이래저래 피가 섞인 한통속이었다. 제주 사람은 한통속이어서 죽었다. 몇몇은 한통속을 팔아 제 목숨을 구걸했다. 평생의 한은 몇 마디 위로로 씻기지 않는 법이어서 평생

서우봉은 전망이 빼어난 오름이다. 물결 잔잔한 함덕 바다 뒤로 한라산이 보인다.

을 풀지 못한 한은 대를 물려서 내려온다. 폭도로 몰렸던 집의 아이는 숨을 죽이고 살았고, 토벌대로 찍힌 집의 아이는 따돌림 당하며 살았고, 살아남은 집의 아이는 살아남은 죄로 웅크리고 살았다. 하여 제주 사람은 손님을 선뜻 반기지 못한다. 제주 사람은, 오로지 낯설어서 여행자를 꺼린다. 제주도는 한동안 친절할 수 없다.

1948년 4월 3일은 남로당 제주도당 소속 무장대가 경찰지서 열두 곳을 기습공격한 날이다. 남로당의 테러를 축하하기 위해 이날을 4·3 사건의 기념일로 삼은 것은 물론 아니다. 남한 정부가 이 참혹한 역사를 빨갱이 집단의 무력도발로 인식하기 때문이다. 그 일이 있기 1년 전에도, 그 일이 있고 1년 뒤에도 4·3은 있었다. 4·3은 장장 27개월에 걸친 피눈물의 나날이었고, 광기의 시대였다. 경찰지서를 습격한 무장대는 약 350명이었다. 이들을 토벌하기 위해 투입된 경찰, 군대, 서북청년단은 5,000명이 넘었다. 그리고 2만 명이 넘는 제주 사람이 죽었다.

모든 역사적 사건은 우연적 상황과 필연적 전개과정을 거친다. 1947년 3·1절 기념식이 제주시 관덕정 광장에서 열렸다. 행사를 주도한 세력이 제주도 인민위원회의 후신 민주주의민족전선 제주도 위원회였다. 미군정의 시대였으므로 민주주의민족전선 제주도 위원회는 당시 제주 사회를 대표하는 사실상의 정부였다. 핵심 간부 대부분은 항일운동가 출신이었고 항일운동가 대부분은 소위 좌익이었다. 3·1절 기념식이 끝난 뒤 시위가 이어졌다. 시위 중에 경찰의 발포로 제주도민 6명이 사망하는 사건이 발생했다. 이에 발끈한 제주 사람들이 대대적인 총파업에 나섰다. 파업에 참여한 단체가 166개였고 파업 참가자는 4만 1,211명에 이르렀다. 당시 제주의 거의 모든 기업이 파업에 참여했고 공무원도 상당수 동참했다. 개중에는 경찰도 있었다.

미군정도 가만히 있지 않았다. 주동자 검거작전을 전개해 이듬해 4·3사건이 발발하기 전까지 2,500여 명을 붙잡았다. 미군정의 검거작전에 유격대가 반격에 나선 날이 1948년 4월 3일이었다. 이어 5월 10일 남한 정부의 단독선거가 진행됐다. 그러나 제주에서만 선거가 무효 처리됐다. 투표율 미달이었다. 선거결과에 분개한 미군정은 강도 높은 진압작전을 개시했다. 이후 토벌대와 유격대 간의 충돌이 빈번했다. 그래도 그때까지는 섬 전체가 눈물바다가 될 줄은 아무도 몰랐다.

작전 소까이

1948년 10월 17일 9연대장 송요찬은 "해안으로부터 5킬로미터 이상 떨어진 지역을 출입하는 자는 폭도로 간주해 무조건 사살한다"는 내용의 포고문을 발표했다. 이른바 중산간 지역 소개령이었다. 소개령은 물론 미군정이 승인한 작전이었다. 당시 미군정은 제주를 레드 아일랜드Red Island라고 명명했다. 빨갱이 섬이었다.

포고문 발표에 이은 계엄령 선포(11월 17일)로 제주는 본격적인 광기의 시대에 접어들었다. 섬의 모든 중산간 마을을 초토화하는 막무가내 군사작전으로 수많은 무고한 생명이 사라졌다. 토벌대의 계산은 간단했다. 백살일비百殺一匪. 백 명을 죽이면 빨갱이 한 명은 죽을 것이고, 만 명을 죽이면 빨갱이 백 명은 죽을 것이다. 당시 유격대는 200~300명으로 추산됐다. 그 셈법에 따라 토벌대는 제주 사람을 학살했다. 실제로도 현재 4·3사건 피해자 수는 2만~3만 명을 헤아린다. 막상 제주 사람은 소개疏開를 잘 몰랐다. 대신 '소까이'는 알았다. 군경토벌대의 간부 대부분이 일본군 출신이었으므로 작전은 소까이로 더 자주 불렸다. 소까이는 제주 사람에게 죽음을 부르는 주문이었다. 소까이로 사라진 중산간 마을은 130여 개로 알려져 있다. 제주4·3연구소가 조사한 잃어버린 마을 현황에는 77개로 나타난다.

참혹한 사실은 더 남아 있다. 우리는 여태 4·3사건 사망자 수를 알지 못한다. 중산간에서 얼마나 많은 사람이 죽었는지도 모를뿐더러 포로 사망자 수도 제대로 집계하지 못한다. 포로 대부분은 중산간 마을 근처에서 숨어 살다가 붙잡힌 양민이었다. 제주 시내의 포로수용소는 이내 넘쳐났고, 일부 포로는 육지의 형무소로 옮겨졌다. 그러나 거기에서 끝이 아니었다. 뒤이어 한국전쟁이 발발했다. 이승만 정부는 육지 형무소에 갇혀 있던 '제주도 빨갱이들'이 두려웠다. 그래서 죽였다. 제주4·3희생자유족회가 대전, 대구 등 뭍에서 4·3추모행사를 여는 이유가 이 때문이다. 이를테면 대구시 달성군 가창면 가창골 저수지에는 한국전쟁 당시 학살된 만여 명이 수장돼 있다. 이들 중에서 최소 499명이 4·3사건으로 끌려온 제주 사람이라고 한다.

4·3사건은 1949년 6월 7일 유격대 사령관 이덕구가 사살되면서 일단락됐다. 27개월을 몰아친 광풍 끝에 제주 인구 10분의 1이 살해당했다. 살육은 온 섬에서 자행됐다. 제주 시내 관덕정과 제주항 주변에서도, 성산일출봉 아랫자락에서도, 다랑쉬오름 기슭에서도, 표선해수욕장 모래밭에서도, 정방폭포 위에서도, 지금은 제주공항 활주로가 닦인 정뜨르에서도 학살이 벌어졌다. 한국전쟁 중에도 참상은 이어졌다. 백조일손묘를 낳은 섯알오름 예비검속 사건이 대표적이다. 한라산 자락에도 상흔이 남아 있다. 이승만 정부는 유격대 잔당 토벌을 목적

으로 섬 곳곳에 주둔소를 설치했다. 1952년 제주에는 모두 32개의 주둔소가 있었다. 한라산 둘레길의 동백길 코스, 시오름 가는 길에서 풀숲 사이의 허물어진 돌담 무더기가 시오름 주둔소다. 시오름 주둔소는 무장공비 토벌을 위해 창설된 100전투경찰사령부의 주요 거점이었다. 절물자연휴양림 옆에는 35만 9,380제곱미터 면적의 4·3평화공원이 조성돼 있다. 말하자면 거대한 공동묘지다. 2008년 조성된 공원에는 4·3 희생자 1만 4,231명의 위패가 모셔져 있고, 396기의 4·3 피해자 유해가 봉안돼 있다. 4·3사건은 의외로 우리와 가까이 있다. 이 섬 어디에도 4·3사건의 흉터는 남아 있다. 다만 모두 입을 다물 뿐이다.

순이삼촌

4·3사건으로 제주는 통곡의 섬이 됐다. 그러나 한 마을은 무서워 울지도 못했다. 제주시 조천면 북촌리. 서우봉 옆 마을이다. 북촌리가 겪었던 일은 떼죽음이고 대량학살이다. 달리 설명할 방법을 나는 알지 못한다. 참사가 일어난 해가 육십갑자로 무자년戊子年이어서 북촌리에서는 그때 그 일을 '무자년 난리'라고 이른다.

물빛 고운 함덕해수욕장 일대는 4·3사건 당시 군부대 주둔지였다. 1949년 1월 17일(음력 1948년 12월 19일) 북촌리 어귀에서 군인 두 명이 유격대의 습격을 받아 숨졌다. 함덕에 주둔하던 2연대 3대대 병력은

해 질 녘의 함덕 바다. 이 아름다운 바다에 제주에서 가장 슬픈 이야기가 어려 있다.
아름다워 슬픈 것인가. 슬퍼서 아름다운 것인가.

즉시 북촌리 주민 모두를 북촌초등학교에 집결시켰다. 그리고 마을에 불을 질렀다. 민가 300여 채가 불탔다. 군인들은 북촌리 주민 중에서 군경 가족을 분리한 뒤 나머지 주민들을 죽였다. 남자, 여자, 노인, 아기 가리지 않았다. 20명씩 묶어 인근 옴팡밭(움푹 팬 밭)으로 끌고가 죽여버렸다. 학살은 대대장이 중지 명령을 내린 이튿날 해 질 녘까지 이어졌다. 문자 그대로 아비규환의 지옥이었다. 4·3피해조사보고서는 그날 하루 북촌리 주민 340명이 죽었으며 마을의 총 피해자 수는 479명이라고 정리했다. 그날 이후 북촌리에는 남자가 사라졌다. 북촌리는 하룻밤 만에 무남촌無男村이 됐다. 남자가 없는 마을, 살아남은 여자들은 굳게 입을 다물었다. 북촌리 사람들이 내내 참았던 울음을 터뜨리는 날이 제삿날이었다. 북촌리는 지금도 음력 12월 18일이 돌아오면 집집마다 제사를 지낸다.

"그 시간이면 이 집 저 집에서 그 청승맞은 곡성이 터지고 거기에 맞춰 개 짖는 소리가 밤하늘로 치솟아 오르곤 했다. 한날한시에 이 집 저 집 제사가 시작되곤 했다. … 음력 섣달 열여드렛날, 낮에는 이곳저곳에서 추렴 돼지가 멱구슬나무에 목매달려 죽는 소리에 온 마을이 시끌짝했고 5백 위도 넘는 귀신들이 밥 먹으러 강신하는 한밤중이면 슬픈 곡성이 터졌다."(현기영, 「순이삼촌」 부분)

제주 출신 작가 현기영은 1978년 9월 《창작과비평》 가을호에 중편소설 「순이삼촌」을 발표했다. 「순이삼촌」은 한국문학사에서 4·3사건을 최초로 증언한 기념비적 작품이다. 「순이삼촌」의 소재가 북촌리 학살

사건이다. 군사정권의 서슬이 퍼렇던 유신시대 말기, 현기영은 문제가 될 줄 알면서도 북촌리 학살사건을 말했고 정보기관에 끌려가 호된 고문을 당했다. 「순이삼촌」은 자식 둘이 묻힌 옴팡밭에서 인골과 탄피를 골라내며 30년을 과부로 살다 그 옴팡밭에서 독약을 먹고 자살한 순이삼촌에 관한 이야기다. 그 밤 순이삼촌은 용케 살아남았던 것이다. 하나 그녀는 죄책감에 시달리며 평생을 살았고 끝내 생의 인연을 놓았다. 「순이삼촌」에 따르면 4·3은 30년 전의 해묵은 죽음이 오늘의 죽음으로 이어지는, 끝나지 않는 슬픔이다.

서우봉을 경계로 나란한 함덕리와 북촌리는 사이가 좋은 편이 아니다. 요즘에는 뜸하다지만 함덕 바다에는 예부터 시체가 많이 떠올랐다. 함덕리와 북촌리 주민은 시체 치우는 일과 멸치어장 이권이 얽혀 분쟁이 잦았다. 4·3사건 당시 함덕리는 큰 피해를 안 입었지만, 북촌리는 하룻밤 만에 마을이 사라졌다. 함덕리에는 군인이 주둔했고, 북촌리에서는 군인이 총을 쐈다. 함덕은 지금 번잡하고 요란한 피서지가 됐고, 북촌은 여전히 고즈넉한 갯마을이다.

4·3사건 당시 서우봉 절벽까지 끌려가 죽은 사람도 많았다. 그들의 시신은 함덕 바다에 던져졌다. 유격대 사령관 이덕구의 부인도 서우봉에서 죽은 뒤 바다에 던져졌다. 토벌대를 피해 북촌리 앞바다의 무인도 다려도에 숨은 사람도 있었다. 북촌리 옴팡밭은 그 일이 있은 뒤 이상하게 농사가 잘됐다. 그러나 알 굵은 고구마가 올라오면 밭주인은 고개를 들지 못했다. '송장거름' 먹고 자란 고구마라고 마을사람들이

북촌포구의 갯바위. 서우봉 너머 함덕 바다와 달리 인적이 드물다.

수군거렸다. 너븐숭이 4·3기념관 앞 공터에 지금도 애기무덤이 있다. 너븐숭이는 야트막한 언덕을 가리킨다. 제주도 풍습은 아기가 죽으면 까마귀가 영혼을 갖고 간다고 하여 정식 무덤을 쓰지 않는다.

이 책은 여행에 관한 책이다. 그러나 영화가 기억하고 소설이 증언하는 역사마저 외면하는 여행은 굳이 권할 생각이 없다. 나는 나의 아이들과 다시 함덕 바다에서 놀 것이고, 아이들 손을 잡고 서우봉을 오를 것이다. 그리고 아이들이 이해하지 못하는, 사실은 나도 이해할 수 없는 슬픈 역사에 대하여 말할 것이다. 제주 사람의 일상을, 일상이 짊어진 무게의 풍경을 응시하는 것을 나는 여행이라고 믿는다.

여행정보

북촌에는 너븐숭이 4·3기념관이 있다. 북촌리 사건의 전모를 알 수 있다. 제주4·3평화공원은 제주시 봉개동 거친오름 옆에 있다. 4·3 희생자 1만 4,231명의 위패를 모시고 있다.

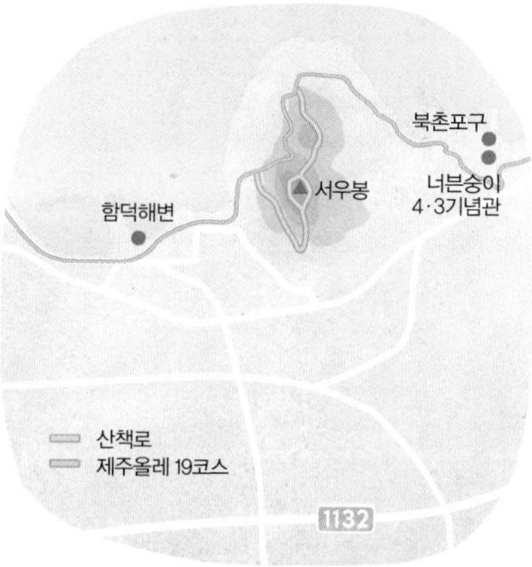

©신동연

3장

들다

숲 그리고 오름

태초에 거문오름이 있었다

거문오름

제주도는 국내 유일의 유네스코 세계자연유산이다. 제주도 면적의 약 10퍼센트에 해당하는 지역이 유네스코 세계자연유산으로 지정돼 있다. 한라산 기슭 해발 800미터 이상의 천연보호구역과 성산일출봉 일대, 그리고 거문오름 용암동굴계. 이렇게 세 곳이 유네스코가 인정한 세계자연유산이다.

독자 제위는 이 대목에서 의문을 품어야 마땅하다. 한라산과 성산일출봉은 워낙 명성이 자자하니 유네스코도 인정할 수밖에 없었겠다.

그러나 거문오름은 낯선 이름이다. 제주도에 오름이 368개나 있는데 거문오름만 특별히 간택된 사정이 궁금해야 한다. 거문오름이 단독으로 지정된 것은 아니다. 거문오름 뒤에 용암동굴계가 딸려 나온다. 두 개를 묶었으니 한패라는 뜻일 터다. 거문오름과 용암동굴은 무슨 사이이길래 한통속으로 엮였을까. 동굴이면 동굴이지 동굴계系는 또 무엇일까. 의문은 꼬리에 꼬리를 문다.

이름부터 다시 보자. 2007년 유네스코에 등재된 제주도 세계자연유산의 정확한 명칭은 다음과 같다. 제주 화산섬과 용암동굴Jeju Volcanic Island and Lava Tubes. 이 이름에 세계자연유산 제주도를 설명하는 정보가 다 들어 있다. 제주 화산섬은 제주의 경관적 가치와 지질학적 가치를 증명하는 한라산 자락과 성산일출봉 일대를 의미하고, 용암동굴은 거문오름과 용암동굴계를 가리킨다. 세계자연유산 제주도를 구성하는 두 개의 요소 중에서 거문오름이 당당히 하나를 차지한다. 그만큼 거문오름이 각별하다는 뜻일 터다.

하나 제주에서 거문오름의 위상은 각별하지 못했다. 거문오름은 제주 동부 중산간을 메운 수다한 오름 가운데 하나일 따름이었다. 조천읍 선흘리의 거문오름은 구좌읍 송당리와 경계를 이루는데 조천과 구좌 일대에만 70개 언저리의 오름이 몰려 있다(320개 오름을 다룬 『오름나그네』는 조천과 구좌의 오름을 68개 소개한다). 거문오름의 해발고도는 456미터이고 비고는 112미터다. 면적이 80만 제곱미터로 몸집도 상당하다. 그러나 거문오름 주변에는 산굼부리(437미터)나 우진제비오름(410미터) 같은 덩치 큰 오름이 수두룩하다. 거문오름은 성산일출봉이나 산방산처럼 지역에서 맹주 대접을 받지도 못했고, 송당 당오름이나 성읍 영주산처럼 마을과 끈끈한 연을 맺지도 못했다. 유네스코가 이름을 불러주기 전까지 거문오름은 두드러진 오름이 아니었다.

월드 베스트

거듭 말하지만 거문오름은 별 볼 일 없는 오름이었다. 적어도 땅 위에서는 그랬다. 그런데 땅속에서는 아니었다. 제주 사람도 땅속 사정은 몰랐던 것이고, 전문가 양반들도 거문오름이 뱃속에 감춘 사연은 눈치 채지 못했던 것이다.

거문오름의 비밀을 알려면 10만~30만 년 전으로 시계를 되돌려야 한다. 거문오름에서 화산활동이 재발한 시점이다. 약 250만 년 전 제주도가 생성되면서 거문오름도 솟아났지만, 거문오름과 같은 소화산체는 생성된 뒤에도 수시로 크고 작은 분화를 일으켰다. 10만~30만 년 전의 분화는 폭발이 크지 않았다. 대신 분출한 용암은 많았다. 거문오름에서 꾸역꾸역 흘러나온 용암이 제주도 북쪽 중산간을 지나 동북쪽 해안을 통해 바다로 흘러나갔고, 거문오름에서 구좌읍 월정리 해안까지 약 14킬로미터에 이르는 지역에 용암이 지나간 자리를 따라 다양한 화산지형이 형성됐다. 이때 생겨난 화산지형이 거문오름 북쪽의 선흘

©권혁재

거문오름 정상에서 내려다본 중산간.
삼나무 우거진 검푸른 숲에서 신비로운 기운마저 느껴진다. 거문오름은 사진 바깥에 있다.

곶자왈과 벵뒤굴, 대림굴, 만장굴, 김녕사굴, 용천동굴, 당처물동굴 등 20여 개 용암동굴이다. 그러니까 거문오름은 선흘곶자왈과 용암동굴 20여 개를 낳은 어미이자 자궁이었다.

다시 세계자연유산의 이름을 보자. 거문오름과 용암동굴계다. 거문오름으로 인해 생성된 용암동굴들이란 뜻이다. 20여 개 용암동굴 중에서 앞서 나열한 여섯 개 동굴 즉 벵뒤굴, 대림굴, 만장굴, 김녕사굴, 용천동굴, 당처물동굴이 거문오름과 나란히 세계자연유산에 올랐다. 하나같이 예쁘고 귀한, 다시 말해 경관적 가치와 지질학적 가치를 동시에 지닌 동굴들이다. 유네스코가 동굴의 가치를 인정한 덕분에 동굴을 낳은 거문오름도 새삼 가치를 인정받은 것이다. 말하자면 자식 덕을 톡톡히 본 셈이다.

여기서 독자 제위는 다시 의문을 품어야 한다. 이들 용암동굴이 얼마나 대단하길래 동굴을 낳은 오름까지 유네스코가 깍듯이 예우했을까. 여섯 개 동굴 중에서도 백미로 꼽히는 용천동굴 이야기를 하자. 용천동굴의 발견은 한 편의 드라마처럼 극적이었다.

2005년 5월 11일 구좌읍 월정리에서 전신주 교체작업 도중에 땅이 꺼지는 사고가 발생했다. 뚫린 구멍 아래에는 미지의 세계가 숨어 있었다. 전체 길이 3.4킬로미터 최대 폭 14미터 최대 높이 20미터의 거대한 동굴지대가 발견됐다. 제주에는 저마다 비경을 자랑하는 용암동굴이 120개가 넘는다지만, 새로 찾아낸 동굴은 문자 그대로 독보적인 비경을 품고 있었다. 해안에서 3킬로미터밖에 안 떨어진 지역에 형성된 용암동굴이어서 용암동굴과 석회암동굴의 특성을 동시에 띤 것이었다. 세계 최대 규모의 '유사pseudo 석회동굴'인 용천동굴은 이렇게 어느 날 불쑥 세상 밖으로 나왔다.

유네스코 세계자연유산 현장심사를 맡은 세계자연보전연맹이 제주도의 지질학적 가치에서 가장 주목한 대상이 용암동굴이었고, 용암동굴 중에서도 용천동굴의 가치를 가장 높이 평가했다. 지질학적 가치는 물론이고 인간의 손을 안 탄 '처녀동굴'이기 때문이었다. 동굴 안에서 8세기 유물이 발견됐다지만 용천동굴은 최소 10만 년 전 모습을 고스란히 간직하고 있었다. 말하자면 용천동굴은 태고의 신비 그 자체였다. 세계자연보전연맹은 심사보고서에서 제주의 용암동굴을 "전 세계 용암동굴 중에서도 가장 인상적이며 중요도가 높다"고 소개했다. "세계 어떤 용암동굴도 단연 압도한다" "실사단에게조차 엄청난 시각적 충격과 감동의 파장을 일으켰다" 등의 극찬도 늘어놓았다. 삼천리 금수강산이라지만, 외국의 공공기관이 '월드 베스트'라고 공인하는 자연유산은 내 기억에 없다. 우리나라에 세계 유일의 명소는 몇 개 있지만(이를테면 판문점) 세계가 '최고'라고 꼽은 자연유산은 없다. 그러니까 제주도는 용천동굴이 우연히 발견된 덕분에, 아니 거문오름이 용암동굴들을 해산한 덕분에 세계자연유산에 등극할 수 있었다. 거문오름은 2005년 1월 6일 천연기념물이 됐다. 같은 해 5월 11일 용천동굴이 발견됐고, 같은 달 25일 천연기념물로 가假지정됐다. 반면에 한라산은 1966년 천연기념물이 됐고, 1976년 제주도 기념물로 지정됐던 성산일출봉은 2000년 천연기념물이 됐다. 하나 이들은 모두 한날한시에 세계자연유산이 됐다.

거문오름과 용암동굴계의 면적은 약 22제곱킬로미터에 이른다. 이 가운데 일반인에게 개방된 곳은 거문오름과 만장굴뿐이다. 개방됐다고 해도 마음대로 다닐 수 있는 건 아니다. 제주도 신혼여행의 필수코스였던 만장굴도 전체 길이 약 13킬로미터 중 1킬로미터 정도만 개방돼 있다. 만장굴이 세계에서 제일 긴 용암동굴이라는 사실도 제주도의 자연유산을 조사하러 들어온 세계자연보전연맹 덕분에 알려졌다. 이렇게 우리는 제주도를 모르고 살았다.

2011년 제주도청의 허락을 받아 용천동굴에 들어갔다. 국내 신문 최초의 용천동굴 탐방이었다. 출입구는 정말 전신주 사이에 있었다. 중산간 밭에 늘어선 전신주들 사이에 하수구 맨홀처럼 생긴 시멘트 구조물이 덩그러니 놓여 있었다. 용천동굴 입구였다. 뚜껑을 여니 칠흑 같은 어둠이었다. 헤드랜턴이 장착된 헬멧을 쓰고 사다리를 내려갔다. 용천동굴은 기괴하고 신기하고 웅장했다. 뭐랄까, 전혀 다른 세상이었다. 토끼를 따라 굴에 들어간 앨리스가 생각났다. 깜깜한 사위에 랜턴을 비치니 국수처럼 길고 가는 종유석이 나란히 매달려 있었다. 불빛을 받아 종유석이 반짝반짝 빛났다. 커튼처럼 드리운 커튼석, 석주라고 불리는 돌기둥도 반짝거렸다. 모두 석회동굴 지형이다. 용암동굴 안에서 자라는(정말 자란다) 석회동굴 지형. 이 장면만으로도 용천동굴은 특별한 동굴이었다.

용천동굴의 내부 모습. 국수처럼 길고 가는 종유석이 매달려 있다.

한참을 들어갔더니 길이 막혔다. 벽인 줄 알았는데 호수였다. 용천동굴이라는 이름이 이 호수에서 비롯됐다. 호수가 비상하는 용처럼 생겼다는데, 너무 깜깜해 깊이는커녕 끝도 가늠할 수 없었다. 동굴탐험에 동행한 제주도청 공무원이 물을 찍어 먹어보라고 했다. 살짝 짠맛이 돌았다. 800미터 길이의 이 호수는 염수호였다. 바다와 이어져 있는 것인지, 바닷물이 들어와 갇힌 것인지는 아직 모른다고 했다. 호수에 크기가 5센티미터가 안 되는 작은 물고기도 산다고 했다. 눈 먼 고기라고 했다. 그래, 이렇게 어두운 지하세계에서 시력 같은 건 쓸모가 없었겠다. 하루가 버거운 경쟁사회에서 자존심 따위는 내다버려야 하는 것과 같은 이치일 터였다. 지상으로 올라오자 온몸이 땀으로 흥건했다. 동굴 안이 더운 것은 아니었다. 종유석 하나라도 다칠까 잔뜩 긴장을 한 탓이었다. 무서웠던 건 절대 아니다.

내려가는 오름

거문오름 여행법은 여느 오름 여행법과 다르다. 뭣도 모르고 마구잡이로 돌아다니기만 했다가는 실망하기 십상이다. 실제로 거문오름을 갔다 와서 투덜대는 사람을 여럿 봤다. 장담하는데, 거문오름을 만만한 산으로 여겨서 발생한 시행착오다. 오름도 산이어서 정상에서 내려다보는 맛에 오른다. 하나 오름이라고 다 같은 오름이 아니다. 정상에 올라서야 하는 오름도 있지만 바닥을 훑어야 하는 오름도 있다. 거문오름은 굼부리 안으로 들어갈 수 있는 몇 안 되는 오름이며, 굼부리 안에 들어야 가치를 알 수 있는 유일한 오름이다. 거문오름은 오르는 오름이 아니다. 내려가야 하는 오름이다.

거문오름은 아무 때나 들어갈 수 없다. 이틀 전에는 예약을 해야 하며 자연유산해설사와 동행해야 한다. 하루 탐방인원도 450명으로 제한돼 있다. 세계유산다운 조치다. 처음에는 하루 300명만 입장을 허락했는데 2013년부터 450명으로 늘렸다. 탐방로도 정해져 있다. 정상만

갔다 오는 정상 코스(약 1.8킬로미터, 1시간 소요), 굼부리 안쪽을 도는 분화구 코스(약 5.5킬로미터, 2시간 30분 소요), 능선에서 시작해 굼부리 안쪽을 둘러본 뒤 능선을 도는 전체 코스(태극길 코스, 약 10킬로미터, 3시간 30분 소요) 등 세 개 코스만 운영된다. 추천 코스는 당연히 전체 코스다. 시간과 체력이 안 된다면 분화구 코스만이라도 다녀와야 한다.

거문오름 굼부리는 깊고도 깊은 숲이다. 이 하나의 숲 안에 아열대, 난대, 온대기후의 식물이 뒤엉켜 산다. 현재 파악된 거문오름의 식물 종은 모두 319종이다. 구슬잣밤나무, 산딸나무, 때죽나무, 붉가시나무, 상산나무, 자귀나무, 머귀나무, 붓순나무, 참식나무 등 뭍에서는 보기 힘든 난대기후의 나무들이 빽빽한 숲을 이루고 있다. 이름도 외우기 힘든 나무에 이름 모를 이끼가 덮여 있고 이름 모를 덩굴이 감겨 있다. 거문오름 굼부리의 숲은, 우리나라는 물론이고 전 세계의 어느 숲과 견줘도 손색이 없는 원시림이다. 거문오름에 들면 숲이 왜 경외의 대상이어야 하는지 실감할 수 있다.

탐방로가 끝나갈 지점에 수직동굴이 있었다. 세계자연유산센터 직원의 안내로 탐방로에서 벗어나 수직동굴 입구까지 내려갔다. 동굴의 왕국 제주에서도 수직동굴은 드물다. 랜턴을 비췄지만 끝이 보이지 않았다. 깊이가 35미터라고 했다. 이 동굴에서 분출한 용암이 일대를 뜨겁게 적셨다. 선흘곶자왈을 만들었고, 20여 개의 용암동굴을 만들었고, 끝내는 세계자연유산을 만들었다. 말 그대로 일대 화산지대의 자궁이었다. 굼부리 바닥은 고사리와 이끼 세상이었다. 함부로 발을 디

거문오름 굼부리 바닥의 이끼 세상. 원시림의 한 극단을 보여준다.

디기가 어려울 만큼 고사리 천지였다. 고사리라고 적었지만 정확히는 양치식물이다. 고사리와 고비는 다른 식물이며, 고사리도 종류가 많다는 걸 이번에 배웠다. 고사리는 태고의 모습을 간직하고 사는 고대 식물이다. 이네들은 거문오름의 역사를 기억하고 있는 듯했다. 아시는가. 고사리도 자세히 보면 예쁘다.

여행정보

거문오름 탐방예약은 제주세계자연유산센터 홈페이지에서 할 수 있다. 전화도 가능하다. 064-710-8981. 하루 탐방인원 최대 450명. 탐방은 오전 9시부터 오후 1시까지 하루 아홉 차례 진행된다. 해설사가 동행한다. 화요일 휴무. 탐방비 어른 2,000원, 어린이 1,000원. 거문오름 입구에 있는 제주세계자연유산센터도 들를 만하다. 제주의 역사를 4D 영상으로 제작한 20분짜리 영화가 제법 볼 만하다. 입장료 어른 3,000원, 어린이 2,000원.

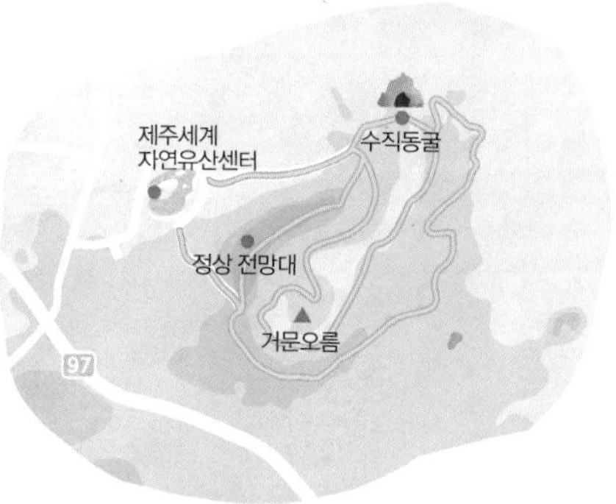

금지된 숲

사려니오름, 물찻오름

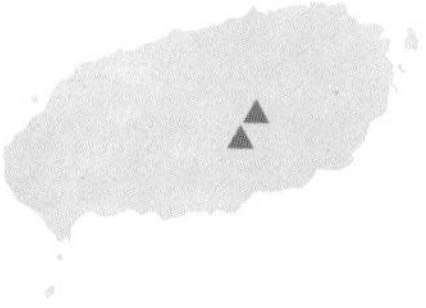

제주에는 이름만큼 아름다운 숲길이 있다. 사려니숲길. 앙증맞은 어감의 '사려니'에 이어 내가 제일 좋아하는 말 '숲'과 '길'이 차례로 놓여 있다. 사려니숲길은 나만 좋아하는 길이 아니다. 이미 걸은 사람도, 아직 걷지 않은 사람도 좋아하는 길이다. 사려니숲길은 이름도 예쁘고 길도 예쁘고 이야기도 예쁜 길이다. 하여 사려니숲길은 하고 싶은 이야기가 많은 길이다.

사려니숲길을 아는 사람은 많지만 이름에 담긴 뜻을 아는 사람은 많지 않다. 사려니숲길은 사려니오름 가는 길이다. 사려니라는 이름도 오름에서 빌려왔다. 이 그윽한 숲길 맨 끝에서 사려니오름이 당신을 기다리고 있다. 그러나 아무 때나 마주할 수는 없다. 평소에는 오름 가는 길이 막혀 있다. 1년에 딱 한 번만 비밀의 길이 열린다. 우리가 아는 사려니숲길은 사려니오름 가는 길의 일부 구간에 불과하다.

사려니라는 이름을 다시 보자. 사려니라는 낱말도 다른 제주 방언처럼 어원이 분명하지 않다. 솔아니가 사려니로 변했으리라 추측할 따름이다. 솔아니는 '숲 안'이라는 뜻이다. 단순히 숲의 안쪽 방향을 이르는 의미가 아니라 숲 안쪽에 있어서 함부로 접근하지 못한다는 의미가 포개져 있다. 한라산 깊은 숲에서도 안쪽 숲이니 인간이 범하지 못하는 땅, 나아가 경계 너머의 세상을 가리킨다. 제주도 안내 책자에서 사려니숲길을 '신성한 숲길'이라고 소개하는 까닭이다.

사려니숲길

사려니숲길은 길을 걷기 전에 숲을 먼저 봐야 한다. 사려니숲길의 주인공은 길이 아니라 숲이다. 먼저 지도를 보자. 한라산 북동쪽 기슭에 1131번 지방도로(5·16도로)와 1112번 지방도로(비자림로)가 만나는 지점이 있다. 이 지점을 왼쪽 위 모서리로 삼자. 이어 1112번 지방도로와 1118번 지방도로(남조로)가 만나는 교래 사거리를 오른쪽 위 모서리로 점찍자. 1131번 지방도로와 1118번 지방도로가 1112번 지방도로와 교차한 뒤 북에서 남으로 나란히 내려오다가 해안과 평행을 그리며 누운

1119번 지방도로(서성로)와 다시 교차한다. 이렇게 네 개 도로가 만나는 지점을 선으로 잇자. 세로로 긴 사각형이 만들어진다. 이 네 도로가 구획한 한라산 동쪽 산림지대가 사려니숲이다. 전체 면적은 약 75제곱킬로미터이며, 이 중에서 산림청이 관리하는 국유림은 약 12제곱킬로미터에 이른다. 사려니숲의 해발고도는 450~700미터다.

이번에는 눈을 감고 지도를 상상하자. 머릿속에서 네 개 도로를 지우고 한라산 자락 동쪽을 그리자. 한라산국립공원과 사려니숲을 가르는 1131번 지방도로에 한라산 성판악 매표소가 있고, 1112번 지방도로 바로 위쪽에 절물자연휴양림이 있다. 선을 지우고 점만 찍으니 모두 한라산 자락으로 보인다. 그렇다. 인간이 임의로 경계를 긋고 구역을 쪼개서 그렇지, 모두 한라산 꼭대기에서 흘러내린 산자락이다. 하여 사려니숲에 들 때는 한라산의 너른 품을 염두에 둬야 한다. 사려니숲에는 한라산 자연생태계가 고스란하다. 사려니숲은 한라산과 함께 유네스코가 지정한 생물권보전지역에 속한다.

제주도청에 따르면 사려니숲에는 245종의 야생 동식물이 살고 있다. 졸참나무, 서어나무, 산딸나무, 때죽나무, 참꽃나무, 쥐똥나무 등 자생종 나무가 가득하고 인간이 일부러 심은 삼나무와 편백나무가 빽빽이 서 있다. 나무 아래는 천남성, 꿩의밥, 둥글레, 새우난, 좀비비추 같은 식물과 석송, 뱀톱, 고비, 가는홍지네고사리 같은 양치식물 세상이다. 하여 사려니숲은 하늘부터 땅까지 죄 초록이다. 오소리, 제주족제비, 쇠살모사, 제주도롱뇽, 팔색조, 큰오색딱따구리 같은 야생동물도 많

초록이 번지는 세상을 아시는가. 사려니숲길은 비 내릴 때 더욱 좋다.

다. 제주 사람은 뱀이 하도 많아서 잘 들지 않았다고 한다. 사려니숲은 의외로 소란스럽다. 온갖 새가 온종일 지저귄다.

숲을 봤으니 이제 길을 걸을 차례다. 숲이 커서 길도 길다. 사려니숲길 입구는 사려니숲 북쪽 비자림로에 있다. 행정구역으로 제주시 봉개동이다. 여기에서 시작한 숲길이 월든 삼거리까지 이어진다. 입구에서 약 7킬로미터 지점이다. 삼거리에서 왼쪽으로 방향을 틀어 붉은오름 입구를 지나면 남조로 출구가 나온다. 비자림로 입구에서 남조로 출구까지 이어진 'ㄴ' 자 숲길이 우리가 아는 사려니숲길이다. 전체 길이는 10.3킬로미터에 이른다. 서너 시간이면 넉넉하다.

월든 삼거리는 『월든Walden』에서 빌려왔다. 19세기 미국의 생태주의 철학자 헨리 데이비드 소로1817~1862년가 1845년 7월 4일부터 1847년 9월 6일까지 2년 2개월 동안 미국 동부 월든이라는 산골 호숫가에 오두막을 짓고 홀로 산 체험을 기록한 책이다. 전 세계 생태주의자의 교과서라 불리는 고전이지만, 한라산 자락의 숲길에 붙일 필요가 있었을까 싶다. 나 같았으면 '사려니 삼거리'라고 지었을 것 같다. 불러보니 각운도 살고 어감도 좋다.

앞서 적었듯이 사려니숲길은 사려니오름 가는 길이다. 월든 삼거리에서 남쪽으로 난 길 맨 끝에 사려니오름이 있다. 삼거리에서 남쪽으로 이어진 삼나무 길을 하염없이 내려가다 보면 오른편 숲에서 사려니오름이 나타난다. 평소에는 월든 삼거리 근방에서 남쪽 길을 막아놓았다. 월든 삼거리에서 사려니오름까지는 약 10킬로미터 거리다. 사려니오름까지 내려오면 행정구역이 서귀포시 남원읍 한남리로 바뀐다. 비자림로 입구에서 사려니오름까지의 거리는 약 18킬로미터다. 못해도 여섯 시간은 각오해야 한다.

사려니숲길을 일부 구간이라도 개방한 건 오래된 일이 아니다. 2009년 7월 제주도청이 사려니숲길의 북동쪽 구간을 열었다. 제주도 언론과 시민단체가 개방을 주도했다. 사려니숲길은 개방되자마자 명소로 거듭났다. 여행자 입장에서 보면 제주도에 그윽하고 편안한 숲길이 별안간 출현한 셈이었다. 사려니숲길은 한라산 기슭에 얹혀 있는 데도 길이 잘 닦여 있다. 자동차가 지나다녀도 될 만큼 널찍하고 평탄하다. 그럴 수밖에. 사려니숲길은 애초부터 자동차를 위해 낸 길이었다. 사려니숲길은 원래 표고버섯 채취와 운반을 위해 조성한 임도였다. 지금도 숲 여기저기에서 표고버섯을 재배하고 있다. 그러니까 사려니숲길은 고단한 노동의 길이었다. 사려니숲길은 현재 한라산 둘레길의 한 코스로 편입돼 있다. 한라산 둘레길을 이루는 여섯 개 코스 중 하나다. 그렇다고 달라진 건 없다. 산림청이 한라산 둘레길을 운영하니 사려니숲길도 집어넣었을 뿐이다.

사려니숲길 안에는 또 하나의 길이 있다. 지나치기 쉬운데 알아둘 만한 길이다. 길을 걷다 보면 널찍한 바위지대를 건너야 할 때가 있다. 이 바위들이 천미천 물길이다. 평소에는 물이 없는 건천이어서 물길로 보이지 않는다. 그러나 천미천은 제주에서 가장 긴 하천이다. 전체 길이가 25.7킬로미터이고 유역 면적은 126.14제곱킬로미터나 된다. 천미천과 몸을 섞는 하천만 예순 개가 넘는다. 한라산 동북쪽 기슭 해발 고도 1,100미터 지대 돌오름 근방이 발원지로 알려져 있다. 한라산 고원에서 비롯한 물줄기가 비틀비틀 동쪽 중산간을 헤매다 남쪽으로 몸을 틀어 한참을 내려와 바다에 합쳐진다. 천미천의 영향을 받는 오름이 마흔 개가 넘는다 하니 천미천은 오름의 젖줄이다. 참, 강江과 내川의 차이를 아시는지. 비가 안 와서 마르면 내고, 비가 안 와도 마르지 않으면 강이다. 그래서 제주에는 강이 없다.

비자림로 입구로 들어서자마자 강한 인상을 받는다. 길바닥이 빨개서다. 초록으로 물든 세상에 붉은 길 한 줄이 길게 나 있다. 길바닥에 깔린 붉은 자갈은 화산석 알갱이, 즉 송이다. 오름은 송이로 이루어졌다고 할 수 있는데, 사려니숲길의 송이는 일부러 깔아놓은 것이다. 걷기에 좋으라고 귀한 송이를 바닥에 깔아놓았다. 효과는 만점이다. 시각적 효과는 물론이고 송이를 밟을 때마다 나는 사락사락 소리가 기분이 좋다. 더욱이 사려니숲길은 송이 덕분에 특별한 트레일이 됐다. 아무리 비가 내려도 길이 질척거리지 않는다. 숲길의 초록은 비를 맞으면 더욱 푸르다. 비바람에 흔들리는 초록 세상을 조우한 적 있으신가. 초록이 번지고 스미어 더 큰 초록을 이루는 장관을 목격한 적 있으신가. 비가 내리면, 만사 젖혀두고 사려니숲길을 걸을 일이다.

제주도청은 사려니숲길 북동쪽 구간을 개방하면서도 내심 미련이 남았다. 나머지 구간도 다 열어젖히고 싶었다. 그러나 월든 삼거리 아래쪽 숲길, 그러니까 사려니오름 주변은 산림청이 관리하는 국유림이다. 산림청의 임무가 나라 숲 지키는 일이다. 제주도청은 산림청을 설득해 1년에 한 번만 국유림 숲길을 여는 데 성공했다. 이왕이면 축제를 열어 비밀의 숲 개방을 축하하자고 했다. 그 축제 이름이 사려니숲 에코힐링축제다. 사려니숲길을 개방한 2009년부터 해마다 5, 6월이면 축제가 열린다.

보름 안팎의 축제기간 동안 사려니숲의 비경이 일제히 공개된다. 우선 물찻오름이 개방된다. 평소에는 오름 입구까지만 갈 수 있었다. 물찻오름은 깊은 숲이고 가파른 산이다. 표고는 717미터이고 비고는 167미터다. 물찻오름이 유명한 건, 이름에서 알 수 있듯이 화구호火口湖를 품고 있어서다. 의외로 오름에는 화구호가 많지 않다. 물이 괴더라도 금세 빠져나가서다. 물장오리, 물영아리, 사라오름 등이 이름난 화구호 오름인데 물찻오름의 화구호가 가장 물이 흥건하다. 아니 연신 넘실거린다고 한다. 인용형 어미를 쓴 이유가 있다. 1년을 기다려 물찻오름을 올랐으나 기대했던 풍경은 없었다. 능선을 따라 1킬로미터 길이의 탐방로만 돌 수 있었을 뿐 굼부리로 내려가는 길은 막혀 있었다. 전망대에서 만난 직원이 "나무들 사이로 물이 보이지요? 저게 산정호수입니다"

라며 굼부리 아래를 가리키긴 했다. 그러나 안개인지 구름인지에 가려 제대로 보이지 않았다. 허탈하고 황망했다. 억수 같은 비를 뚫고 정상까지 올라왔는데 배신감마저 들었다. 깊이를 가늠할 수 없는 호수에는 붕어가 산다고 했다. 오름 아래 표고버섯밭 사람들이 옛날에 몇 마리 풀어놓은 것이 지금은 호수를 가득 메운다고 했다. 물찻오름에서 붕어 낚시하며 놀았다는 제주 사람도 여럿 만났고 물찻오름 산정호수를 묘사한 오름 여행기도 여러 편 읽었는데, 다 지난날의 무용담인 듯싶다.

물찻오름과 더불어 성판악 가는 길도 열린다. 물찻오름 입구에서 오른쪽으로 난 3.8킬로미터 길이의 숲길이 성판악 가는 길이다. 성판악은 한라산 등산로 다섯 개 중에서 유일한 서쪽 입구다. 성판악 코스는 백록담을 조망할 수 있는 유일한 등산로이기도 하다. 다시 이정표를 본다. 성판악이 십 리 길도 안 된다. 몰랐다. 우리는 어느새 한라산 자락 안에 들어와 있었다.

사려니숲길을 걷기 전까지 내가 가장 감명을 받은 숲은 일본의 유네스코 세계문화유산인 야쿠시마屋久島의 삼나무 숲이었다. 미야자키 하야오 감독의 애니메이션 '원령공주'의 무대가 됐다는 계곡 숲은 차라리 비현실적이었다. 철 지난 수사이지만, 문자 그대로 '별유천지 비인간別有天地非人間'이었다. 당나라 시인 이백701~762년은 복사꽃 따라 별천지에 들었다는데, 나는 삼나무 늘어선 길을 따라 다른 세상으로 들어갔다. 월든 삼거리에서 사려니오름까지 폐쇄구간을 걸으면서 나는 야쿠시마의 삼나무 숲을 떠올렸다. 높이 20미터가 훌쩍 넘는 삼나무와 편백나무

콩짜개난. 멸종위기 야생식물 2급 보호종이지만 사려니숲에서는 흔하다.

아래를 걸으면서, 거목들을 칭칭 감은 덩굴과 빼곡히 덮은 이끼를 들여다보면서 처음에는 '이국적'이라는 단어를 떠올렸다. 그러나 야쿠시마의 숲처럼 사려니숲도 현실적이지 않았다. 우리네와 무관한 저만치의 딴 세상이었다. 1년에 한 번만 개방하는 건 정말 잘한 일이었다.

오름 대부분은 삼나무와 편백나무 숲이다. 1960년대 산림녹화사업 때 심은 것이다. 그렇게만 알고 있었는데, 1930년대 일제강점기에도 녹화사업이 있었단다. 사려니숲길 비밀의 숲에 자라는 거목 2,000여 그루는 말하자면 일제의 잔재였다. 일제가 조성한 인공림 중에서 가장 크고 가장 보전이 잘된 숲이었다. 그러니까 사려니숲길 안쪽 숲은 국내에서 가장 오래된, 하여 국내에서 가장 큰 삼나무와 편백나무의 숲이었다. '울창하다'는 원래 '울울창창鬱鬱蒼蒼하다'의 줄임말이다. 사려니 숲길 비밀의 숲은 '울울울울창창창창했다'.

마침내 사려니오름 어귀에 다다랐다. 사려니오름의 해발고도는 523미터다. 비고는 98미터로, 정상까지 오르는 데 30분 정도 걸렸다. 의외로 가팔랐다. 정상까지 오르는 길은 깊고 우거지고 복잡한 천연림이었다. 이 나무 저 나무가 엉켜 있는 데다 거미줄 때문에 곤욕을 치렀다. 오랜만에 경험하는 인적 없는 숲이었다. 노루도 여러 번 마주쳤다. 노루는 사람을 보고도 도망치지 않았다. 야생동물이 사람을 무서워하지 않는 건 아직 사람이 해코지를 안 했다는 뜻이다. 그러고 보니 야쿠시마의 노루도 도망가지 않았다.

오름 기행 바이블로 통하는 『오름나그네』가 소홀히 다룬 오름이 몇 개 있다. 대표적인 오름이 거문오름과 사려니오름이다. 김종철 선생도 거문오름의 진면목은 알지 못한 채 눈을 감았으니 이해할 수 있다. 『오름나그네』는 1995년 1월 출간됐고 선생은 책이 나오고 20일 뒤 숨졌다. 그러나 사려니오름은 조금 서운했다. 선생은 사려니숲 남쪽의 오름 세 개를 한꺼번에 소개하면서 사려니오름을 끼워 넣었다. 설명도 서너 문장이 전부였다. 어쩌면 선생이 옳았을지 모른다. 사려니숲길의 주인은 오름도 아니고 길도 아니어서다. 숲이어서다.

전망대에 오르니 발아래가 온통 초록 세상이었다. 한라산 자락을 타고 초록이 번져나갔다. 사방을 둘러보니 초록 한가운데 서 있었다. 초록으로부터 포위당한 꼴이었다. 날이 맑으면 서귀포 앞바다도 보인다는데, 시야가 흐려 바다까지는 내다보지 못했다. 오름 정상에서 아래까지 삼나무 숲 사이로 데크로드 계단이 이어졌다. 까마득해서 물어보니 계단이 약 700개 있다고 했다. 한 100개쯤 내려오니 왼쪽 숲에 '칠형제 삼나무'라는 작은 간판이 서 있었다. 커다란 삼나무 한 그루가 바닥에 누워 있고, 누운 나무줄기 위로 작은 삼나무 일곱 그루가 쭉쭉 뻗어 있었다. 어미젖을 빠느라 아등바등하는 새끼돼지들 같았다. 700개 계단을 다 내려오니 사려니숲 남쪽의 탐방안내소가 나타났다. 긴 여정이었다. 아침부터 저녁까지 꼬박 한나절이 걸렸다. 힘든 줄은 몰랐다. 숲이어서였다. 사려니숲길이어서였다.

여행정보

사려니숲 에코힐링축제 기간에 순환버스를 운행한다. 사려니숲 남쪽 어귀인 남원 쓰레기매립장과 남조로에 있는 붉은오름 입구, 비자림로 입구에서 셔틀버스가 20분에 한 대씩 정차한다(주말 기준). 사려니숲길탐방안내소 064-900-8800. 사려니오름 남쪽 제주시험림탐방안내소에서 사려니오름만 다녀오는 탐방 프로그램도 있다. 하루 300명만 가능하다. 산림청(forest.go.kr) 홈페이지 '제주산림과학연구시험림(사려니오름) 탐방 예약' 메뉴에서 예약해야 한다. 매주 월, 화요일 예약 불가. 국립산림과학원 난대아열대산림연구소 064-730-7220.

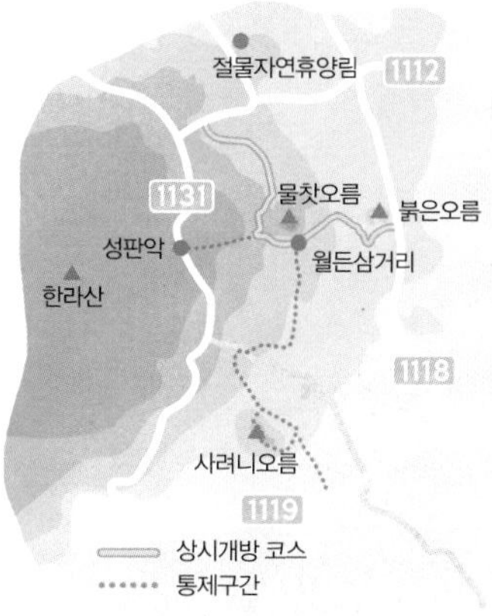

붉은오름은 푸르다

붉은오름

숲에 대한 케케묵은 논란을 안다. 숲은 그대로의 숲이 진짜 숲이라는 주장과 망가진 숲은 억지로라도 되돌려야 한다는 주장이 맞선다는 걸 잘 안다. 숲은 망가지더라도 시간이 흐르면 언젠가는 숲으로 되돌아온다. 곶자왈이 그러했다. 무분별한 벌목으로 망가졌던 천연림은 나무가 원료로서 경쟁력을 잃은 지 한 세대 만에 본래 모습을 회복했다.

반대하는 입장도 숲을 아끼는 마음은 같다. 다만 숲 자체의 복원 속도를 기다리지 못할 뿐이다. 그들은 이왕이면 인간이 보기에 좋은 숲,

인간에게 조금 더 이득을 주는 자연을 기대한다. 해안을 따라 나무를 심는 건 나무를 위해서가 아니다. 나무를 앞세워 바닷바람을 막으려는 이기주의의 결과다. 제주의 삼나무 숲과 편백나무 숲 대부분도 해풍으로부터 감귤나무를 지키려는 방풍림防風林에서 시작됐다. 그렇다고 마냥 욕할 수 있을까. 식목일은 진정 인간만을 위한 허례허식일까.

붉은오름에서 동쪽으로 20킬로미터쯤 나아가면 비자림이 있다. 제주시 구좌읍 평대리의 비자림은 제주에서 가장 유명한 숲이다. 그러나 비자림은 천연림이 아니다. 인간이 관리하고 통제하는 숲이다. 천연기념물 제374호로 지정된 비자림에는 수령 500~800년을 자랑하는 비자나무 2,878주가 살고 있다. 비자나무 숫자를 다시 보시라. 2,878주. 한 그루 한 그루가 관리대상이라는 뜻이다. 조선시대 비자나무 열매는 진상품이었다. 오늘의 비자림은 유모차 밀고 들어가는 무장애 자연휴양림이다. 세계 최대의 비자림 군락지는 예나 지금이나 인간의 필요에 의해 보호되고 있다.

휴양림이라는 제도는 자연을 대하는 오래된 갈등의 산물이다. 보전의 가치와 개발의 가치가 충돌하고 화해한 끝에 다다른 전향적인 결말이다. 물론 자연을 자원으로서 인식하는 태도는 달라지지 않았다고 반박할 수 있다. 휴양림休養林은 이름부터 인간의 도구라는 정체를 증명한다. '휴식을 취하고 보양하는 숲'에서 주체는 인간이다. 이때 숲은 인간의 욕구와 수요에 종사하는 객체다. 극단적인 생태운동가들이 바로 이 대목에서 학을 뗀다. 인간은 자연의 주인일 수 없기 때문이다. 물론 내 생각도 같다. 휴양림은, 말하자면 숲을 소재로 한 거대한 테마파크다. 그래도 나는 휴양림을 옹호한다. 휴양림이라도 있어서 그나마 인간의 욕심을 거를 수 있었다고 애써 자위한다. 비 내리는 봄날 붉은오름을 혼자 오르면서 나는 이 케케묵은 논쟁을 다시 생각했다.

초록 세상을 걷다

제주에는 여러 개의 붉은오름이 있다. 여기에서 말하는 붉은오름은 제주시 표선면 가시리의 붉은오름이다. 행정구역은 표선에 속하지만, 제주시 조천읍 교래리와 경계를 이룬다. 제주에서 붉은오름 하면 제주시 애월읍 광령리의 붉은오름이 더 유서가 깊다. 한라산 서쪽 자락 해발고도 1,061미터의 붉은오름에서 삼별초군이 여몽연합군과 최후의 항전을 벌이다 전멸했다는 이야기가 전해온다. 표선의 붉은오름은 해발고도가 569미터이고 비고는 약 120미터에 이른다. 표선의 붉은오름도 규모는 애월의 붉은오름 못지않다.

그러나 표선의 붉은오름은 여태 주연보다는 조연에 가까웠다. 애월의 붉은오름에 밀렸다기보다는 사려니숲길의 명성에 눌렸다. 붉은오름을 방문한 적 없어도 이름이 익숙하다는 생각이 든다면, 당신은 사려니숲길을 걸었거나 사려니숲길을 사랑하는 사람이다. 사려니숲길 출구가 붉은오름 아래에 있다. 그러나 당신이 사려니숲길에서 쌓았던 추억은 붉은오름과는 딱히 관계가 없다. 붉은오름은 사려니숲 안에 있지만 숲길에서 진입할 수 없다. 붉은오름 입구와 사려니숲길 출구 모두 1118번 지방도로(남조로)와 이어진다. 그러나 붉은오름 입구가 약 800미터 북쪽에 있다. 그래서 붉은오름은 익숙하지만 낯설다.

요즘에는 사정이 달라지고 있다. 2012년 11월 서귀포시청이 붉은오름자연휴양림을 개장했다. 붉은오름에서 북쪽으로 약 9킬로미터 거리에 절물자연휴양림이 있다. 서귀포시청은 절물자연휴양림을 본떠 붉은오름 숲에 자연휴양림을 조성했다. 붉은오름자연휴양림의 면적은 190만 제곱킬로미터로, 절물자연휴양림의 7분의 1 수준이다. 그러나 숲이 주는 정취는 뒤지지 않는다. 붉은오름도 사려니숲의 오름이다. 사려니숲의 오름이니 한라산 자락의 오름이다.

지도를 떠올려보자. 붉은오름에서 서쪽으로 직선을 그리자. 바로 왼쪽에 물찻오름과 말찻오름이 있다. 여기에서 서쪽으로 직선을 더 그으면 한라산 서쪽 등산로 성판악이 나온다. 붉은오름에서 겨우 6킬로미터 떨어져 있다. 다시 직선을 연장하면 성널오름이 나오고 성널오름을 지나면 사라오름이 나온다. 사라오름 다음이 한라산 정상이다. 붉은오름에서 한라산 정상까지는 약 13킬로미터 거리다. 한라산에서 동쪽으로 사라오름–성널오름–성판악–물찻오름–붉은오름까지 직선으로 이어지는 능선마루가 제주도를 남과 북으로 가르는 경계선이다. 한라산과의 관계로 보면 절물오름보다 붉은오름이 한참 윗길이다.

붉은오름 일대는 조선시대에 산장山場이라 불렸다. 산에 있는 목장이

비 내리는 날의 붉은오름자연휴양림. 데크로드가 삼나무 숲을 가로지른다.

라는 뜻이다. 『탐라순력도』에 산장구마山場驅馬라는 이름으로 등장한다. 산장구마는 말을 몰아 취합하는 공식행사로, 숙종 28년1702년 가을에 열린 행사의 경우 6,500여 명이 참여하고 말 2,300여 마리가 동원됐다. 『탐라순력도』는 물찻오름을 물좌勿左오름으로, 말찻오름을 마좌馬左오름으로 표기했다. 물찻오름은 굼부리에 물이 괸 못이 있어서 붙은 이름이고, 말찻오름은 말 방목장에서 비롯된 이름이다. 지금은 우거진 숲이지만, 300년 전에는 광활한 고원평야였다는 뜻이다.

붉은오름은 입구에서 정상까지 약 30분 걸린다. 정상에서 굼부리 능선을 따라 원형 탐방로가 나 있다. 돌아 나오면 한 시간쯤 걸린다. 입구까지 다시 30분이 걸리니 다 합치면 두 시간 코스가 된다. 정상 전망대에 올라서면 나란히 이어진 물찻오름(717미터)과 말찻오름(653미터)이 시야를 막는다. 발아래 초록 세상은 사려니숲이다. 붉은오름이라는 이름은 말 그대로 붉은색 오름이라는 뜻이다. 화산쇄설물 스코리아, 즉 송이가 많아 붉은색이 두드러진 오름에는 붉은오름이라는 이름이 붙었다. 제주의 붉은오름들은 한때 난개발의 온상이 되곤 했다. 송이의 원적외선 방사율이 89퍼센트이고 항균성이 99퍼센트나 된다는 연구결과가 알려지면서 건축 재료로 높은 값에 팔려나갔기 때문이다. 송이가 귀하다는 사실이 알려지자 요즘에는 단속이 엄격해졌다. 보존자원으로 분류돼 제주도 바깥으로 갖고 나갈 수 없다. 오늘의 붉은오름은 붉지 않다. 눈이 시리도록 푸르다. 삼나무 도열한 휴양림과 달리 온갖 종류의 나무가 얽히고설킨 밀림이다. 탐방로의 야자수 매트를 들춰 봐야 붉은오름의 맨얼굴을 볼 수 있다.

제주 나무 사전

붉은오름은 아직 덜 알려진 오름이다. 사려니숲 안에 숨어 있어서이기도 하지만 휴양림도 조성된 지 얼마 안 됐다. 대신에 호젓한 여행을 만끽할 수 있다. 이왕이면 제주 나무 탐방이 제격이다. 붉은오름에 휴양림 시설을 들이면서 서귀포시청이 갖은 공을 들였다. 단언하건대 붉은오름만큼 나무에 이름표를 많이 붙인 오름도 없다.

붉은오름에 들면 부쩍 유식해진다. 여태의 오름 여행에서 만났던 나무들 가운데 인상적이었던 몇 그루를 여기에서 소개한다. 붉은오름을 비롯해 거문오름, 사려니오름, 절물오름, 시오름, 어승생악 등 천연의 숲이 간직한 토종 나무이자 제주 사람이 의지하고 살았던 동반자다. 나무의 세계도 끝이 없다.

제주 나무 순례 첫 순서는 참꽃나무이어야 한다. 처음에는 진달래인 줄 알았다. 그러나 취재에 동행한 제주 사람들이 "참꽃이야말로 제주 꽃"이라며 반색하는 모습을 보고 다시 돌아봤다. 진달래도 참꽃이라고 하는데 뭐가 다를까 살폈더니 진달래보다 송이가 작고 소담스러웠다. 진달래의 종류이기는 하다. 다만 한라산 자락에서만 서식한다.

봄날의 숲에서 가장 눈에 띄는 나무는 참식나무였다. 식나무라는 작은 나무와 비교해 진짜 식나무라는 뜻이라는데, 제주에서는 신낭 또는 식낭이라고 한다. 봄날의 참식나무는 단연 돋보인다. 잎의 절반이 노란색이어서다. 한 나무에 노란색 잎과 연두색 잎이 같이 있다. 노란색은 작년에 난 헌 잎이고, 연두색 잎은 올해 난 새 잎이다. 연두색 잎이 녹색으로 짙어지면 노란색 잎이 떨어진다. 언뜻 보면 노란 꽃이 핀 것 같지만, 참식나무는 가을에 꽃을 피운다. 참식나무도 남쪽 지방에서만 산다.

서어나무는 곶자왈의 터줏대감이다. 삼나무와 편백나무를 심기 전에 곶자왈을 군림한 주인공이었다. 줄기가 거무튀튀하면서도 반들반

들한 나무가 서어나무다. 서어나무는 식물학에서 생태계의 상태를 파악하는 중요한 지표다. 생태계가 극도로 안정된 숲, 즉 극상림에서만 서어나무가 서식한다. 당신이 서어나무 우거진 숲에 들었다면 가장 건강한 숲에 들었다는 뜻이다. 서어나무는 제주에서 활용도가 아주 높은 나무이기도 하다. 육지에서는 표고버섯을 소나무 밑동에서 키우지만 제주에서는 서어나무 밑동에서 키운다. 원래는 흔치 않은 장면인데, 사려니숲길 비밀의 숲 구간과 한라산 둘레길의 동백길 코스에서는 흔하디흔한 장면이다.

서어나무가 곶자왈의 터줏대감이면 종가시나무는 곶자왈의 이미지를 완성하는 나무다. 가지가 공작 꼬리 모양으로 넓게 펼쳐져 있다. 여러 그루의 나무가 엉켜 있는 것처럼 보이지만 실은 한 그루다. 곶자왈에서는 나무가 깊이 뿌리를 내리지 못해 줄기가 여러 갈래로 마구 뻗어 나와 겨우 중심을 잡는다. 가시나무 종류는 재질이 단단해 집을 짓거나 배를 만들 때 쓰였다. 자리돔을 잡을 때 띄웠던 뗏목 테우는 한라산 자락의 구상나무로 만들었다.

때죽나무도 참 많이 봤다. 꽃이 기억에 남는다. 작고 앙증맞은 종 모양의 하얀 꽃이 나무를 온통 뒤덮는다. 종낭 또는 족낭이라는 제주 이름도 꽃 모양에서 따왔다. 때죽나무 가지를 엮어서 빗물을 받아 모으면 신기하게도 물이 상하지 않았다고 한다. 때죽나무는 쓰임새도 다양했다. 열매와 잎에 마취 성분이 있어서 물고기를 잡을 때 써먹었다. 열매나 잎을 찧어서 바닷물에 풀어놓으면 기절한 물고기가 둥둥 떠올랐

때죽나무 꽃잎. 봄비 내리는 날 우수수 떨어져 길바닥에 피어 있었다.

단다.

바닷가 오름 아래에서는 신목神木 대우를 받는 곰솔을 마주했다. 제주시 애월읍 수산리 수산봉 아래의 곰솔은 천연기념물 제441호로 지정된 귀하신 몸이었다. 소나무와 구별하기가 쉽지 않은데, 흔히 곰솔은 남성적이고 소나무는 여성적이라고 한다. 곰솔의 껍질이 더 검고 잎사귀가 억세다. 짠물 들락거리는 해안 모래밭에서도 잘 자라 해송海松이라 불리기도 한다. 붉은오름 오른쪽 기슭에 의외로 많이 있다.

조선시대부터 비자림을 엄격하게 관리한 이유는 비자나무 열매의 신통한 효능 때문이었다. 옛날에는 "비자 열매를 해치면 관습벌른다"

고 했단다. 관官에 잡혀간다는 뜻이다. 비자 열매는 구워 먹지도, 볶아 먹지도, 발로 밟지도 말라는 경고도 있었다. 전해오는 이야기를 믿으면 비자 열매는 만병통치약이자 신비의 기름이다. 강장제로도 좋고 시력에도 좋고 기침에도 좋은데 탈모에도 효과가 있으며, 일제가 태평양 전쟁 때 비자 열매에서 짠 기름으로 비행기를 띄웠다고도 한다. 믿거나 말거나 식인데, 대단한 열매가 맞긴 맞나 보다.

덧나무는 제주에서 약나무로 통한다. 삼나무, 서어나무 등에 비하면 작은 나무로 숲에서 가장 빨리 잎을 피운다. 팔다리가 부러지면 덧나무를 태워서 발라 접골목接骨木으로 불린다. 산딸나무는 가을에 딸기처럼 새빨간 열매가 열려 산딸나무가 됐고, 꾸지뽕 열매는 석 달간 꿀에 쟁여서 먹으면 300년을 산다는 이야기가 전해온다. 청미래덩굴은 봄에 새순이 나면 삶아서 먹었고, 참빗살은 지팡이와 바구니의 재료로 썼다. 탕지라 부르는 탱자나무는 제주 농민에게 고마운 나무다. 감귤나무를 접붙일 때 탕지를 썼다. 따뜻한 남쪽 바닷가에서 가장 자주 만난 나무는 볼레낭이라 불리는 보리수나무였다.

그래도 제주 나무 하면 폭낭, 팽나무다. 쓰임새가 다양한 편은 아니지만, 신당에서 신목 노릇을 하는 폭낭의 권위는 세상의 어떤 나무도 넘보지 못한다. 폭낭은 한자리에 서 있는 것만으로도 인간을 지켜주는 나무다. 성읍민속마을 어귀에 천연기념물 제161호로 지정된 폭낭 세 그루가 위풍도 당당하게 서 있다.

여행정보

붉은오름자연휴양림 입장료 어른 1,000원, 주차료 2,000원(중형 기준). 숲속의집은 매월 1일 오전 9시 홈페이지(redorum.seogwipo.go.kr)에서 다음달 예약을 접수받는다.

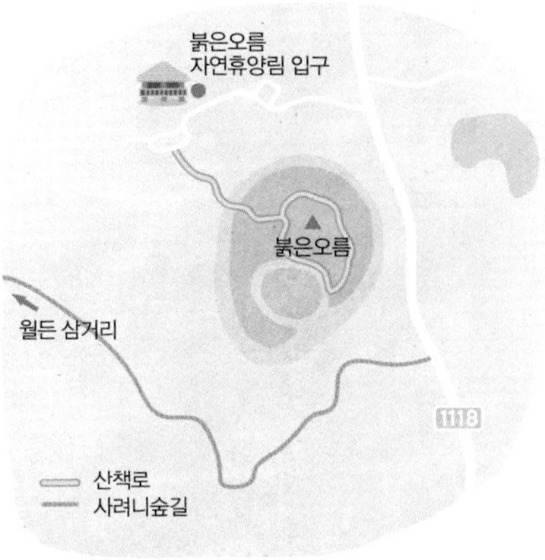

낮은 여행

절물오름

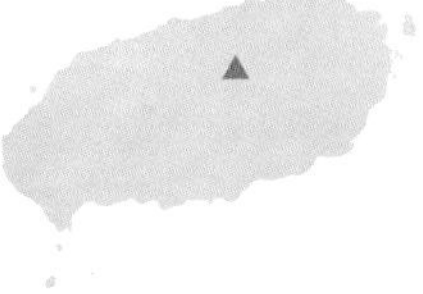

"이 정취 있는 호젓한 길이 장차 휴양림으로 개발되는 날, 넓혀지고 계단이 놓이고 지나치게 손질이 가해져서 멋대가리 없는 신작로로 변하지 않을까 염려스럽다."

걱정이 태산이다. 숲을 걱정하는 진심이 뚝뚝 묻어난다. 이 근심과 염려의 대상이 절물오름이었다. 그러니까 세상에 절물오름은 있고 절물자연휴양림은 없던 시절, 스스로 오름 나그네라 불렀던 제주 사내는 절물오름을 에운 숲에 휴양림이 들어선다는 소식이 영 마뜩잖았다. 김종철 선생이 돌아간 이태 뒤 절물자연휴양림이 개장했다. 다행히도 선생의 걱정과 달리 절물오름 오르는 길은 여전히 호젓하다. 오름 어귀 삼나무 길의 정취도 아직은 살아 있다. 아니 절물오름 숲이 휴양림이 된 지 스무 해가 지난 오늘, 사람들은 '절물'이라는 지극히 토속적인 이름에서 오름보다 휴양림을 먼저 떠올린다. 세상은 그만큼 변했다.

절물자연휴양림은 제주도에서 제일 먼저 문을 연 휴양림이다. 1997년 7월 23일 개장했다. 산림청이 경기도 가평 유명산에 국내 최초의 휴양림을 개설한 해가 1988년이니 늦은 것도 아니다. 산림청 구역인데 휴양림은 제주도가 관리한다. 제주는 특별자치도로 승격한 뒤로 거의 모든 행정영역에서 독자적인 지위를 행사한다. 절물오름 숲에 제주도 최초의 휴양림이 들어선 이유가 있다. 절물자연휴양림은 사려니숲길 입구가 코앞이다. 도로를 따라 돌아가도 3.2킬로미터밖에 안 떨어졌다. 절물오름 숲은 한라산 식생의 북동쪽 가장자리를 이룬다. 인간과 가장 가까운 한라산 숲이라는 뜻이다.

제주에서 산과 사람의 영역을 가르는 경계는 삼나무 도열한 숲이다. 절물자연휴양림이 들어선 제주시 조천읍 봉개동 일대가 제주 최대의 삼나무 군락지다. 절물자연휴양림도 삼나무 숲이다. 3제곱킬로미터 면적의 휴양림은 인공림이 자연림보다 두 배 정도 많다. 인공림의 90퍼센트 이상이 삼나무다. 모두 1960년대 산림녹화사업 때 심은 것이다. 절물자연휴양림 일대 삼나무 숲은 한때 관광 제주의 얼굴 노릇을 했다. TV CF에 자주 등장했던 이국적인 삼나무 숲길이 절물자연휴양림 아래 도로다. 비자림로라 불리는 1112번 지방도로의 약 6킬로미터 구간(1131번 지방도로 교차로부터 교래 사거리까지)이 이른바 환상의 드라이브 코스다. 한때는 나도 사진 좀 찍어보겠다고 안개 자욱한 새벽에 참 많이 나왔던 길이다. 지금은 렌터카가 너무 많이 지나다닌다.

절물자연휴양림은 현재 전국에서 이용자 많기로 꼽히는 휴양림이다. 한 해 방문자가 60만 명이 넘는다. 제주를 대표하는 관광명소가 됐으니 유명인사의 방문도 잦았었나 보다. 휴양림에는 삼나무 숲을 따라 다양한 코스의 탐방로가 조성돼 있다. 하나같이 예쁘고 그윽하고 평탄한 숲길이다. 이 탐방로 가운데 하나의 이름이 '반기문 산책로'다. 원래는 생이소리길이었는데 이름이 바뀌었다('생이'는 제주어로 새란 뜻이다). 충청북도 음성 출신인 반기문 전 유엔 사무총장이 절물과 무슨 인연이 있었나 알아봤더니, 2009년 휴양림을 찾은 당시 반 총장이 생이소리길을 걷고서 "다 좋은데 길이 너무 짧다"고 한마디 했단다. 이후 777미터였던 생이소리길은 3.6킬로미터로 늘어났고, 길에 유엔 사무총장 이름을 붙였단다. 음…, 큰일 하셨다.

혹시 삼나무와 편백나무를 구별할 줄 아시는지. 다들 하늘을 향해 쭉쭉 뻗어 있어서 도무지 분간이 안 간다. 두 나무는 잎이 다르게 생겼다. 삼나무는 잎사귀가 삼각형을 이루며 끝이 날카로운 반면에 편백나무 잎은 손바닥처럼 넓게 펴져 있고 끝이 뭉툭하다. 절물자연휴양림은 현재 삼나무를 편백나무로 서서히 교체하고 있다. 삼나무보다 편백나무가 튼튼하고 쓰임새가 많아서다.

지금은 휴양림의 명성에 가려서 그렇지 절물오름도 유래가 깊은 오름이다. 절물오름의 해발고도는 697미터이고 비고는 147미터다. 둘레는 2,457미터이고 면적은 397제곱미터다. 절물오름은 작지 않은 오름이다.

'절물'이라는 이름이 재미있다. 심오한 의미를 숨기고 있는 듯한 인상이다. 그러나 절물은 이름 그대로다. 절과 물이라는 뜻이다. 옛날에는 오름 아래 약수터 옆에 절집이 나란히 있었단다(오름 어귀의 약수암은 근래에 들어섰다). 절물 약수는 마르는 법이 없었다. 아무리 가물어도 마르지 않아 동네 우물이 마르면 절물까지 올라와 물을 받아갔다고 한다. 절물 약수는 사실 물맞이 터로 더 유명했다. 제주는 물이 귀한 섬이다. 그래도 약수가 나오는 장소가 몇 군데 있었다. 제주 약수는 샘물처럼 바닥에서 솟는 것이 아니라 가파른 절벽이나 경사진 기슭에서 폭포처럼 떨어졌다. 제주 사람은 그 폭포수 아래에 속곳 바람으로 들어가 물을 맞았다. 서귀포에서는 단연 소정방폭포가 물맞이 명소로 꼽혔고, 제주시에서는 절물 물맞이가 이름이 있었다. 신경통을 비롯한 온갖 만병을 고칠 수 있다고 해서 아낙들이 즐겨 찾았다. 지금도 절물 약수터에 옛 풍속의 흔적이 남아 있다. 넓게 터를 다진 왼쪽이 물을 맞던 곳이고, 오른쪽 작은 샘이 물을 받아먹던 곳이다. 왕년에는 펑펑 쏟아졌다지만, 지금은 물줄기가 영 가늘다. 그래도 물맛은 좋다.

삼나무와 편백나무를 구분하는 방법.
삼나무 잎은 끝이 뾰족하고 편백나무 잎은 끝이 뭉툭하다.

제주에서 물맞이는 일종의 세시풍속이었다. 1년 중에서도 백중날을 골라 물맞이를 했다. 백중百中은 음력 7월 보름날이지만, 제주에서는 하루 전날 의례를 치렀다. 물맞이는 더위를 잊는 일종의 의례였다. 음력 7월 보름이면 제일 더울 때다. 논의 벼도 한참 익어가는 계절이다. 그나마 농사일이 덜 바쁜 계절, 백중날 하루를 잡아 머슴도 놀게 했다. 그래서 육지에는 백중을 머슴날이라 부르는 지역도 있다. 하나 제주는 사정이 달랐다. 제주에는 예나 지금이나 논이 거의 없다. 제주 갯마을은 1년 중에 백중날이 제일 바빴다. 가장 큰 달이 뜨는 밤이 조수간만의 차도 가장 크기 때문이다. 이날은 물살이 험해져 배를 띄우지 못한다. 대신 조금 물때가 되면 1년 중에 가장 넓은 갯벌이 드러난다. 해녀는 지금도 바다를 밭이라고 부른다. 바당밭. 조금 물때가 밤 시간이면 갯마을에선 횃불을 밝혀서라도 밭으로 나갔다.

제주에서도 복달임으로 닭을 잡았다. 물맞이는 음력 7월 14일날 했지만, 닭은 음력 6월 20일에 잡아먹었다. 절물자연휴양림 바로 앞 동네가 제주시 조천읍 교래리다. 이 교래리가 시방 제주에서 제일 유명한 토종닭 마을이다. 열다섯 개 식당이 제 집에서 키우는 토종닭으로 코스 요리를 낸다. 회부터 샤브샤브까지 메뉴도 다양하다. 교래리가 토종닭 유통특구로 지정된 건 2009년이지만, 교래리는 예부터 닭백숙으로 유명했다. 절물의 물맞이 풍속과 맞아떨어지는 스토리텔링인데, 제주 관광책자 어디에도 설명이 없다. 제주도가 교래 토종닭 유통특구를 새로운 관광명소로 들이밀고 있어서 하는 말이다.

이름을 부르다

절물오름은 절물자연휴양림 안쪽에 숨어 있다. 휴양림과 달리 오름은 한갓지다. 호젓해서 좋기도 하지만 서운하기도 하다. 진짜는 이 안에 있기 때문이다. 오름 안의 숲은 오름 아래 휴양림과 전혀 다른 풍경을 자아낸다. 가파른 비탈을 따라 휘어지고 뒤엉킨 나무들이, 행과 열을 맞춰 서 있는 오름 아래의 삼나무 숲과 대비된다. 밀도가 높은 숲은 명도가 낮은 법이다. 어두컴컴한 숲을 거닐면서 나는 진짜에 대해 생각했다.

마침 비가 내렸고, 물기를 밴 초록은 제 채도를 한껏 끌어올렸다. 달팽이들이 하나씩 기어 나왔다. 탐방로 중간에 쪼그리고 앉아 한참을 들여다봤다. 사람이 많았으면 엄두도 못 낼 행동이었다. 달팽이도 제각각 생겼다. 달팽이라고 통칭하는 것이 그들에게는 무례였다. 비를 마중 나온 달팽이 중에는 민달팽이도 있었다. 지렁이인 줄 알았는데 대가리에 두 갈래로 나온 촉수가 있었다. 오래전 읽은 시구가 생각났다. 어느 시인이 맨몸의 민달팽이가 안쓰러워 배추 잎사귀를 덮어줬다. 민달팽이가 잠시 멈칫거리는 듯싶더니 얼른 잎사귀 덮개를 빠져나가버리더란다. 인간의 호의를 뿌리치는 민달팽이를 보고 시인은 놀랐다. 그리고 “치워라, 그늘!”이라고 소리치는 시를 썼다(김신용, 「민달팽이」 부분). 등에 집을 짊어진 삶은 버거워도 아늑하고, 맨살로 세상과 부딪히는 삶은 위험하나 자유롭다. 치워라, 그늘! 나도 젊은 날에는 이 호기로운

한라산 자락의 숲은 여름이면 산수국 천지가 된다. 크고 흰 꽃이 헛꽃이고 작고 푸른 꽃이 진짜 꽃이다.

구절에 밑줄을 그었다.

시선을 낮추니 다른 세상이 들어왔다. 나란히 꽃봉오리를 매단 자란이 눈에 밟혔다. 봉오리에 빗물을 가득 머금어 버거워하고 있었다. 풀과 나무의 이름을 불러주는 일은 여전히 어렵다. 야생화 도감을 들고 다녀도 늘 헷갈린다. 그래도 풀을 만나면 반갑고, 꽃을 보면 대견하다. 오름을 헤집고 다니는 일은 여태 부르지 못했던 풀과 나무의 이름을 불러주는 일이었다. 이를테면 거문오름 굼부리 아래에선 수풀을 덮은 뱀톱과 떡쑥을 지켜봤다. 뭍에서는 보기 힘든 종이라고 했다. 노란 꽃을 피운 금새우난초는 사려니숲길 어느 그늘진 모퉁이에서, 빨간 열매를 맺은 천양금은 당오름 어귀에서 찾아냈다. 꽃에서 닭 오줌 냄새가 난다는 계요등과 나무를 휘감은 덩굴에서 핀 으아리는 여름날 오름에서 만난 인연들이다. 수많은 덩굴식물도 만났는데 콩짜개난 하나 겨우 이름을 부를 줄 안다.

제주의 여름을 지배하는 꽃은 수국이다. 섬 동쪽 끄트머리 하도리 해안을 가면 수국이 도로를 따라 탐스럽게 피어 있다. 숲에도 수국이 핀다. 그러나 해안의 수국과 다르다. 산수국이라 한다. 한라산 자락에 들면 또 다른 산수국이 핀다. 탐라산수국이라는 종이다. 여기 절물오름은 물론이고 사려니숲길 길섶에도 지천으로 피어 있다. 넝쿨처럼 바위나 나무를 기어오르는 수국도 있다. 바위수국이라고 따로 이른다. 다 다른 종이다. 종류는 달라도 수국은 화려하고 현란한 꽃을 피운다. 다만 꽃 색깔이 다르다. 수국은 종류가 같아도 다른 색깔의 꽃을 피운다. 터를 잡은 토양 성분에 따라 꽃 색깔이 달라진다. 파란색도 있고 흰색도 있고 분홍색도 있다. 따라서 수국을 보고 파란 꽃 운운하는 시인은 게으른 관찰자이거나 거짓말쟁이다. 수국 꽃에는 야광 성분이 있어 밤에도 번뜩거린다고 했다. 가장자리를 따라 핀 꽃은 헛꽃이다. 이 헛꽃이 벌과 나비를 불러 가운데 모여 있는 진짜 꽃으로 인도한다.

오름 어귀에서 정상까지는 30분 정도 걸렸다. 굼부리 능선에 낸 원형 탐방로를 다 도는 데도 30분 정도 걸렸다. 정상에 올라서니 한 치의 빈틈도 없는 초록 바다가 펼쳐졌다. 여기에서 경계는 무의미했다. 움푹 팬 굼부리도 초록이고, 바로 곁의 거친오름(618미터)도 초록이었다. 거친오름 너머로 제주4·3평화공원이 살짝 보였다. 남서쪽 방향에서 희미하게 한라산의 윤곽이 비쳤다. 해발 700미터 지대를 덮은 안개는 해안에서 구름으로 보일 터였다. 구름이든 안개든 상관없었다.

여행정보

절물자연휴양림 입장료 어른 1,000원, 주차료 2,000원(중형 기준). 숲속의 집은 매월 1일 오전 9시 홈페이지(jeolmul.jejusi.go.kr)에서 다음 달 예약을 접수받는다.

마을이 가꾼 숲

저지오름

저지오름은 제주시 한경면 저지리에 있다. 저지리는 물도 귀하고 먹을 것도 마땅치 않아서 지지리 가난했던 중산간 마을이다. 4·3사건이 났을 때는 마을이 통째로 없어졌다. 토벌대가 중산간 마을을 태워버릴 때 저지리 사람은 모두 서쪽 해안마을 고성리로 강제 이주했다. 세상이 잠잠해진 뒤에야 저지리 사람은 고향으로 돌아왔다. 지금은 주민 1,100명이 감귤, 메밀, 마늘 따위를 키우며 산다.

저지리는 제주 내륙의 전형적인 농촌이다. 마을을 에운 검은 흙에는 마늘을 심고, 마늘이 자라지 못하는 거친 흙에서는 메밀을 키운다. 감귤나무도 많다. 의외였다. 제주에서도 감귤은 한라산 남쪽에서 주로 재배한다. 한라산 서쪽, 그것도 하늬바람 드센 저지리에서 감귤 농사라니. 김진봉 저지마을 개발위원장에게 물어보니 "종류가 다르다"고 일러줬다. 감귤의 세계도 알고 보면 복잡하다.

감귤은 운향과 감귤속에 속하는 과일을 아울러 부르는 이름이다. 그러니까 오렌지, 자몽, 레몬도 감귤이다. 우리가 겨울에 먹는 감귤은 감귤의 종류인 밀감이다. 정확한 이름은 밀감이지만 귤, 감귤, 밀감을 섞어서 부른다. 우리나라 밀감의 99퍼센트가 제주에서 나고, 제주 밀감의 70퍼센트가 서귀포시에서 난다. 서귀포 지역이 한라산 북쪽 지역보다 겨울 기온이 5도 정도 높다. 밭에서 키우면 노지露地 밀감이고, 하우스에서 키우면 하우스 밀감이다. 10월 이전에 나오는 밀감은 모두 하우스 밀감이다. 노지 밀감은 수확 시기에 따라 극조생종, 조생종, 중생종, 중만생종으로 구분한다. 10월에 수확하는 밀감이 극조생종이고, 만감류라 불리는 중만생종에 한라봉, 천혜향 등이 있다. 저지리 감귤이 만감류다. 부가가치가 높아 요즘에는 만감류를 많이 심는다.

제주 밀감을 통틀어 '온주 밀감'이라 부르기도 한다. 현재 제주에서 생산되는 밀감 대부분이 중국 저장성 원저우溫州 지방의 품종이어서다. 일제강점기 일본에서 들어왔다. 제주 토종 밀감이 있었지만, 일제강점기를 거치며 밀려났다. 밀감은 전복과 더불어 제주의 대표적인 진상품이었다. 말이 좋아 공물이지 수탈이었고 착취였다. 조선시대에는 나무가 아니라 열매를 관리했다. 가지에 열린 밀감을 일일이 세어 수확한 숫자와 대조했다. 비바람에 손상됐거나 새가 쪼았거나 벌레가 슬었으면 나무 주인이 물어내야 했다. 견디다 못한 제주 사람들은 몰래 귤나무를 죽였다. 더운물을 끼얹거나 밑동에 상어 뼈를 박거나 구멍을 내 후춧가루를 넣어 말려 죽였다. 그래야 사람이 살 수 있었다.

서귀포 지역에만 효돈동, 영천동, 위미리, 예래동 등 이름난 감귤 마을이 수두룩한데 저지리에서 감귤 이야기를 꺼낸 이유가 있다. 10년쯤 전 봄날 나는 저지리에서 귤꽃을 처음 봤다. 흰 꽃 흐드러진 장소가 돌담 두른 감귤밭이라는 걸 몰랐으면 나는 또 지나쳤을 터였다. 나는 왜 여태 귤나무를 보면 귤만 떠올렸을까. 한심했다. 그날 이후 나는 꽃이 먼저 생각나지 않는 식물의 꽃을 찾아다녔다. 무꽃, 배추꽃, 당근꽃, 벼꽃을 찾아냈고 단풍나무꽃과 소나무꽃도 들여다봤다. 귤꽃의 발견은 나에게 어떤 깨달음이었다.

한참을 돌아서 왔다. 저지리는 한갓진 중산간 마을이다. 하나 저지리까지 찾아오는 여행자가 꾸준히 늘고 있다. 오롯이 제주올레 덕분이다. 제주올레 13코스의 종점이자 14코스의 시점이 저지마을회관 앞이다. 14-1코스도 같은 저지마을회관에서 갈라진다. 저지마을에서 제주올레 세 개 코스가 합해졌다가 흩어진다. 저지문화예술인마을은 물론이고 저지마을 근처의 낙천리 의자마을, 오설록 티뮤지엄도 제주올레 덕분에 명소로 거듭났다. 저지마을 근방의 세 명소는 각자 특징이 분명하다. 저지문화예술인마을은 예술인 여든여덟 가구가 꾸린 생활문화공동체이고, 낙천리 의자마을은 주민들이 1,000개가 넘는 의자로 꾸민 농촌체험마을이고, 오설록 티뮤지엄은 기업이 운영하는 차밭이 관광명소로 거듭난 사례다. 하나하나 의미가 있다.

아름다운 숲

저지오름은 잘생겼다. 깎아놓은 밤처럼 반듯하게 생겼다. 마을에서 보면 엎어놓은 밥그릇 모양이지만, 한라산 자락에서 내려다보면 미끈한 사다리꼴이다. 저지마을회관 바로 뒤에 병풍처럼 서 있다. 서부 중산간에는 저지오름보다 더 크고 우람한 오름도 여럿 있지만, 저지오름보다 사람과 가까운 오름은 없다. 자연과 사람이 얽히면 대체로 끝이 안 좋게 마련인데 저지오름은 일종의 예외 사례다. 오랜 세월 인적이 더해지고 포개진 모습이 오늘의 저지오름이다. 제주올레 13코스가 저지오름을 올랐다 내려온 뒤 마을로 들어선다.

마을 뒷산은 으레 마을의 진산이다. 오름도 마찬가지다. 성읍의 영주산이 그렇고, 예래동의 군산이 그렇다. 그러나 저지오름은 다르다. 저지오름이 마을을 지켰다는 전설 하나 전해오지 않는다. 외려 마을이 오름을 보살핀 사례가 더 많이 보인다. 저지오름이라는 이름도 마을에서 비롯됐다. 저지리의 옛 이름이 닥모루(닥몰)다. 닥나무 마루라는 뜻으로 저楮 자가 닥나무를 가리킨다. 마을에 닥나무가 많아서 닥모루라 불렀다는데, 마을 이름을 한자로 표기하면서 '저지'가 됐다. 저지리 사람들은 오름에 초가지붕을 덮을 때 쓰는 새(띠)가 많아서 새오름이라고 불렀다.

오름은 한라산 자락에 얹힌 산악지대 오름을 제외하면 대부분 민둥산이다. 태생이 화산이었으니 어쩔 수 없다. 저지오름도 민둥산이었다. 저지리 사람이 나무를 심기 전까지 저지오름은 "촐비러(꼴 베러) 가거나 소 놓으러 들어가던" 언덕배기 풀밭이었다. 김진봉 위원장이 우스개 삼아 말했다. "저지오름에 묘를 잡으면 벌초하러 갈 일이 없었습니다." 그만큼 오름 자락에 소를 많이 풀어놓았다는 이야기다.

지금은 아니다. 저지오름은 숲이다. 깊고 그윽한 숲이다. 1962년 시작해 1978년에 끝난 산림녹화사업의 결과다. 제주에서 산림녹화사업을 하면 오름 어귀 길가에 삼나무나 편백나무를 심는 게 전부였다. 시찰 나온 높은 양반의 눈에 푸르게 보이기만 하면 됐기 때문이다. 그러나 저지리 사람은 달랐다. 처음에는 오름 아랫도리에 소나무를 심었다. 시간이 지나자 소나무가 깊은 숲을 이뤘다. 소나무를 심은 지 16년 뒤에는 굼부리 주변에 삼나무를 심었다. 삼나무는 소나무보다 빨리 자라서 삼나무도 울창한 숲을 이뤘다. 이렇게 민둥산은 푸른 산으로 거듭났다. 저지오름에는 시방 식물 220여 종이 살고 있다. 사람이 일부러 심은 소나무, 삼나무는 물론이고, 옛날에 많았다는 닥나무도 자주 눈에 띈다. 예덕나무, 돈나무, 까마귀쪽나무, 후박나무, 생달나무, 육박나무, 자귀나무 등 뭍에서는 좀처럼 보기 힘든 나무도 흔하다. 대부분 따뜻한 기후에서 서식하는 종이다. 저지오름은 2005년 생명의 숲으로 지정됐고, 이태 뒤에는 산림청이 주관하는 아름다운 숲 전국대회 대상을 받았다. 저지오름은 숲이 가장 아름다운 오름 중 하나다.

제주 오름 대부분은 말굽형이다. 용암이 흘러내린 자리를 따라 굼부리 한쪽이 터져 오름이 말굽 모양을 띠기 때문이다. 그러나 저지오름 굼부리는 원형에 가깝다. 용암이 화산 바깥으로 흘러나가지 않았다. 오름 가운데 원형의 굼부리가 놓여 있고 오름 바깥도 원형을 그리고 있어, 지도에서 보면 거의 완전한 동그라미 꼴이다. 저지오름은 해발고도 239미터이고 오름 둘레는 약 2.5킬로미터이며 굼부리 둘레는 약 800미터다. 오름이 원형이니 탐방로도 원형이다. 오름 바깥 둘레를 따라 1,540미터 길이의 저지오름 둘레길이 있고, 굼부리 능선을 따라 690미터 길이의 굼부리 둘레길이 또 있다. 저지오름은 높이에 따라 둘레길 두 개를 거느린 특이한 오름이다. 윗길과 아랫길 모두 평탄하고 쉬운 오솔길이다. 위아래 둘레길은 390미터 길이의 연결로가 잇는다. 꽤 가파른 나무 계단이 놓여 있다. 연결로 구간만 빼면 저지오름은 내내 부드럽다. 다 둘러보는 데 두 시간이면 넉넉하다. 정상의 조망도 빼어나다. 정상에 전망대가 설치돼 있는데, 사방이 훤히 트였다. 동쪽으로 고개를 돌리면 한라산 자락이 시원하게 드러나고, 서쪽으로 고개를 돌리면 수월봉과 바다 너머 차귀도가 눈에 들어온다. 북쪽으로는 비양도가 서 있고 남쪽으로는 멀찌감치 산방산이 서 있다.

저지오름은 굼부리 어귀까지 내려갈 수 있는 흔치 않은 오름이다. 정상 전망대에서 굼부리 어귀까지 62미터 길이의 데크로드 계단이 조성돼 있었다. 경사가 아주 심했다. 내려가는 길은 견딜 만했는데, 올라

저지오름은 둘레길을 두 개나 거느린 오름이다. 오름 아랫자락의 둘레길이 더 아늑하다.

저지오름 굼부리 안.
가파른 계단을 따라 내려가면 어느 순간 원시림의 풍경이 펼쳐진다.

오는 길은 고역이었다. 순간 아찔하기도 했다. 바닥까지 내려가니 온갖 종류의 덩굴로 뒤덮인 원시림이 드러났다. 긴 세월 사람을 받아본 적이 없어 빈틈이라고는 찾아볼 수 없는 밀림이었다. 저 덩굴을 헤집고 티라노사우루스가 대가리를 불쑥 들이대도 어색하지 않을 것 같았다. 30년 전만 해도 굼부리 바닥에 유채나 보리 따위를 심었고, 저지리 사람이 쓴 묘지도 굼부리 바닥에 있다고 했다.

곶자왈이 뭐꽈?

저지리는 곶자왈의 마을이기도 하다. 마을 근처에 유명한 저지곶자왈이 있다. 잘 알려지지 않았지만 작지곶자왈도 마을 옆에 있다. 제주 최고의 생태체험마을인 무릉리의 무릉곶자왈도 저지리와 지척이다.

곶자왈은, 말하자면 제주 천연림이다. 흔히 숲을 뜻하는 제주어 '곶(고지)'과 자갈을 뜻하는 제주어 '자왈'이 합쳐진 말로 알려져 있다. 그러나 엄밀히 말하면 사실이 아니다. 곶자왈은 제주 고유어가 아니기 때문이다. 제주 사람도 "곶자왈이 뭐꽈?" 하고 되묻는 형편이다. 곶자왈은 신조어다. 제주 방언을 최초로 연구한 석주명1908~1950년 선생의 『제주도방언집』에도 곶자왈이라는 낱말은 등장하지 않는다. 제주에서 곶은 숲보다 산으로, 자왈은 자갈이 아니라 숲으로 더 많이 쓰였다. 제주도청이 1995년 발간한 『제주어사전』도 곶을 '한라산 아래 펼쳐진 숲'으로, 자왈을 '나무와 넝쿨 따위가 마구 엉클어져 어수선하게 된 곳'이라고 정의한다.

곶자왈은 의외로 1990년대 이후 화산지형을 연구한 지질학에서 출발했다. 지질학에서는 곶자왈을 '중산간지대에 있는 투수성이 좋은 용암류지대'라고 이른다. 이와 같은 지질학의 개념이 '용암 암괴 위에 있는 숲이나 덤불'이라는 의미로 확대됐다. 쉽게 풀이하면 곶자왈은 화산암이 깔린 숲이다. 딱딱한 용암지대 위에 오랜 세월 흙이 쌓이고 그 흙에 풀과 나무가 뿌리를 내려 숲을 이룬 지형이다. 제주 특유의 화산 용암 식생지대라 정의할 수 있겠다. 자갈과는 전혀 상관이 없다. 자갈을 뜻하는 제주 방언은 자왈이 아니라 작지다. 저지리의 작지곶자왈은 자갈이 많은 곶자왈이라는 뜻이다. 실제로 작지곶자왈에는 유난히 작은 자갈이 많았다.

제주 곶자왈의 총면적은 109제곱킬로미터에 이른다. 제주도 전체 면적의 6퍼센트에 해당한다. 제주 곶자왈은 크게 네 개 지역으로 구분된다. 한경-안덕 곶자왈지대, 애월 곶자왈지대, 조천-함덕 곶자왈지대, 구좌-성산 곶자왈지대로 구분 기준은 용암의 형태와 분포다. 저지리 주변의 곶자왈은 한경-안덕 곶자왈지대에 속한다. 여하튼, 곶자왈을 이해하는 데 가장 중요한 개념은 숲이 아니다. 용암이다. 곶자왈에서 흔히 보이는 움푹 팬 웅덩이가 용암지대라는 증거다. 옛날 용암이 분출했던 흔적으로 제주에서는 숨골이라 부른다.

그럼에도 곶자왈은 숲이다. 생태계의 보고다. 곶자왈은 제주도의

6퍼센트에 불과하지만, 식생에서 차지하는 비중은 상당하다. 한라산 연구소가 실시한 곶자왈 환경자원조사 결과에 따르면 곶자왈에는 모두 750종의 관속식물(종자식물, 양치식물 등을 아우르는 녹색식물)이 살고 있다. 우리나라 관속식물의 절반 정도가 제주도에서 발견되는데, 그 중에서 37퍼센트가 곶자왈에서 서식한다. 곶자왈에서 발견되는 환경부 지정 멸종위기 야생식물은 솔입란, 개가시나무, 제주고사리삼 등 모두 여덟 종이다. 제주고사리삼은 전 세계에서 선흘곶자왈에서만 발견되는 희귀종이며, 저지곶자왈은 개가시나무의 주요 분포지다.

곶자왈은 원시림이 아니라 천연림이라고 부른다. 나무가 크지 않아서다. 곶자왈 나무는 기껏해야 10미터 높이가 대부분이다. 여기엔 안타까운 사연이 숨어 있다. 곶자왈은 바위로 이루어진 땅이어서 농사를 지을 수 없었다. 대신에 제주 사람은 '지들커 하러' 곶자왈에 들어갔다. 지들커가 땔감이다. 땔감을 운반하기 어려우면 숯으로 만들었다. 지금도 숯가마 터가 남아 있는 곶자왈이 많다. 1970년대 초반까지만 해도 곶자왈은 제주 최대의 연료 공급지였다. 제주에서도 나무 대신에 석탄을 사용하면서 곶자왈은 다시 숲이 될 수 있었다. 그러니까 나무를 때던 시절 곶자왈은 허허벌판이었다. 식물학자들은 곶자왈을 맹아림萌芽林이라고 부른다. 한 번 베어낸 나무에서 다시 나무가 자라 숲을 이루었다는 뜻이다. 곶자왈은 재기한 숲이고 부활한 숲이다.

곶자왈은 뭍의 숲과 전혀 다른 풍경을 연출한다. 바닥의 흙이 얇으니 나무도 풀도 뿌리를 깊이 내리지 못한다. 그래서 곶자왈의 나무는

제주에서 '도체비고비'라고 부르는 도깨비고사리. 야광 성분이 있어 도깨비불처럼 반짝인다.

대부분이 뿌리를 드러내놓고 산다. 하여 곶자왈에 들면 나무뿌리를 먼저 봐야 한다. 척박한 땅에서 어떻게든 살아남으려는 생명의 도저한 몸부림을 지켜봐야 한다. 곶자왈에 자생하는 나무는 머리카락처럼 엉켜 있다. 제 형편에 따라 옆 나무에 기대기도 하고, 제 깜냥에 따라 옆 나무를 받치기도 하면서 살아간다. 흙이 튼튼하지 못하니 나무끼리라도 의지하며 연명하는 것이다. 차라리 감격적인 장면이다.

곶자왈에 나무만 사는 것은 아니다. 사실 곶자왈은 양치식물의 영역이다. 곶자왈에 서식하는 관속식물 750종 가운데 양치식물이 111종이나 된다. 양치식물은 쉽게 말해 고사리다. 고사리 종류가 이렇게 많다. 고사리와 비슷한 녀석 중에 고비와 일엽초도 있다. 제주도에서 발견되는 양치식물 197종 가운데 56퍼센트가 곶자왈에서 산다. 온난 다습한 기후 덕분이기도 하지만 땅속 사정도 어느 정도 역할을 했다. 곶자왈을 덮은 흙 아래에 거대한 용암바위, 즉 암괴가 있다. 그 암반지대 아래로 물이 흐른다. 곶자왈은 늘 눅눅하고 축축하다. 양치식물이 서식하기에 최적의 조건이다.

'고사리 장마'라는 말이 있다. 잠깐 내리고 그치는 봄비를 가리킨다. 비가 내리면 고사리가 쑥쑥 올라와서 고사리 장마다. 고사리 장마가 오면 제주 아낙들은 고사리 꺾으러 곶자왈로 들어간다. 고사리는 봄에 꺾어야 한다. 고사리에는 독이 있다. 여름이 되면 독성이 강해져 먹으면 탈이 난다. 봄 고사리도 말린 다음 삶아서 먹는다. 고사리를 음식으로 소비하는 민족은 우리밖에 없단다. 중국에서도 고사리는 약용으로만 쓰인단다. 제주를 대표하는 음식은 의외로 육개장이다. 돼지뼈 우려낸 국물에 된장 풀고 고사리 넣어 끓인 육개장 말이다. 자리물회처럼 독특한 제주 음식이다. 작지곶자왈에서 반짝반짝 윤이 나는 고사리를 발견했다. 제주에선 '도체비고비'라고 부른다. 도깨비고사리다. 이파리에 야광 성분이 있어서 밤에도 도깨비불처럼 반짝반짝 빛이 난단다.

여행정보

저지문화예술인마을에 제주현대미술관이 있다. 입장료 어른 2,000원. 국내 최대의 차 종합 전시관인 오설록 티뮤지엄과 낙천리 의자마을은 입장료가 없다.

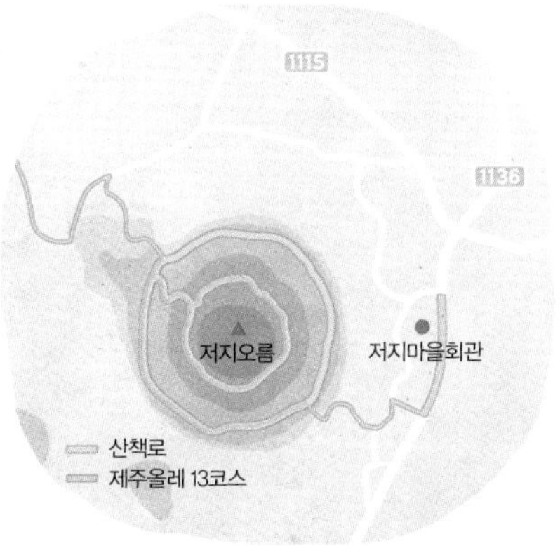

숲은 치유다

시오름

2002년 여행기자를 막 시작했을 때다. 기억하실지 모르겠으나 그 시절에는 '웰빙'이라는 단어가 유행했다. 말 그대로 잘 먹고 잘 놀고 잘 살기 열풍이었다. 그맘때 형성된 레저문화가 맛 여행이었다. 음식시장이 확 커졌고, 덩달아 와인 시장도 급성장했다. 나는 웰빙이라는 단어가 체질적으로 싫었다. 돈 냄새가 풍겼다.

그로부터 10년쯤 지난 뒤 한국사회는 '힐링' 문화가 접수했다. 너 나 할 것 없이 힐링을 읊어댔다. 음식도 힐링, 여행도 힐링, 책도 힐링, 영화도 힐링, TV 예능 프로그램도 힐링이었다. 그나마 돈 냄새는 가셨지만 우울했다. 힐링 타령은 시방 우리가 아프다는 현실 인식에서 비롯했기 때문이다.

그래도 나는 힐링이 바꿔놓은 풍경을 웰빙이 가져다준 풍경보다 선호한다. 힐링 바람이 우리에게 남긴 선물이 다름 아닌 숲이어서다. 힐링은 어쩌면 숲의 재발견이었다. 한동안 숲은 힐링의 대명사 또는 힐링의 재현공간으로 소비됐다. 숲이라는 산림자원에 치유라는 의학용어를 결합해 '산림치유'라는 신조어도 탄생했다. 마침내 산림청은 2012년 산림치유 활성화사업을 개시했다.

인간의 유전자에는 자연과 동화하려는 형질이 내재한다는 어느 해외학자의 연구를 나는 경험적으로 지지한다. 물론 어떠한 논리적 근거도 제시하지 못한다. 쉽게 말해 무작정 숲이 좋다는 말이다. 나는 숲이 그냥 좋고 괜히 좋다. 숲은 숲을 발음하는 순간부터 기분이 좋다. ㅅ으로 열어 ㅜ가 받친 다음 ㅍ으로 닫는 단음절의 구조가 좋다. 깨끔하고 단정하다. 두 음절만 됐어도 싫어했을지 모른다. 내 글에서 수풀보다 숲이 훨씬 자주 등장하는 까닭이기도 하다. 숲은 숲이어서 좋다. 이유는 없다.

힐링 바람으로 익숙해진 화학용어가 있다. 피톤치드phytoncide. 식물이 외부 세균과 싸울 때 내뿜는 물질이다. '식물phyton'과 '죽이다cide'가 합쳐졌다. 인간이 피톤치드를 마시면 스트레스가 해소된다고 한다. 하나 식물이 세균과 싸울 때 내뿜는 물질이 인체에 어떻게 작용하는지는 알려진 바가 없다. 피톤치드의 주성분인 테르펜terpene의 작용 덕분이라는데, 담배의 니코틴이 인체에 해롭다는 것처럼 경험적인 또는 통계적인 추론일 뿐이다. 나무 중에서 편백나무가 피톤치드를 많이 생산한다고 알려져 있다. 이 조사결과를 토대로 전국의 편백나무 휴양림이 힐링 장사를 한다. 연구결과는 맞다. 다만 알아둘 건 있다. 피톤치드가 발견된 해가 1937년이고, 서구에서도 피톤치드에 대한 연구가 본격화한 건 1990년대 이후다. 수종별 피톤치드 함유량 순위는 지구의 모든 나무를 대상으로 한 조사결과가 아니었다. 독일에서 처음 수종별 순위를 발표했는데 표본이 서너 종이었다고 한다. 뭐, 피톤치드가 나쁘다는 이야기는 아니다.

산림치유의 이론적 근거로 음이온도 자주 등장한다. 음이온이 뇌파 중의 알파파를 증가시켜 마음을 안정시키는 효과가 있는데, 도시보다 숲에서 약 100배 많은 음이온이 발생한다고 한다. 알파파는 인간이 긴장을 풀면 발생하는 전류다. 의학용어인데 요즘엔 명상산업 장사치들이 자주 써먹는다. 가만히 생각해보면 좀 웃긴다. 숲에 드는 행위 자체가 긴장을 푸는 행위다. 알파파는커녕 음이온을 몰라도 숲에 들면 무조건 반사적으로 마음이 가라앉는다. 뭐, 음이온이 나쁘다는 말은 아니다.

녹시율綠視率이라는 단어는 알아둘 만하다. 도심건축에서 쓰이는 용어다. 녹지율을 강화한 개념으로 요즘 들어 레저영역에서도 부쩍 보인다(여행기자도 공부 많이 해야 한다). 녹시율이 높을수록 정서적 안정감이 증가한다고 한다. 도심건축에서는 녹시율을 산출하는 계산법도 있다. 녹시율에도 함정이 있다. 인간이 녹색을 보면 왜 편안하게 느끼는지 아는 사람이 없다. 피톤치드도, 음이온도, 녹시율도 왜 인간이 숲에 들면 행복해지는지 규명하지 못한다. 그렇다고 나쁘다는 이야기는 아니다. 결론은 같다. 숲은 마냥 좋은 것이다.

산림청의 산림치유 사업은 크게 두 가지로 나뉜다. 걷기여행길을 조성하거나 치유의숲을 운영하거나. 지리산 둘레길과 한라산 둘레길이 산림청이 만든 트레일이다. 산림청 산하 국립자연휴양림 중에서 몇몇이 치유의숲을 운영한다. 경기도 양평 산음자연휴양림의 프로그램이 제일 오래됐고 알차다. 산림치유 프로그램을 시작한 전국의 자치단체도 여럿이다. 시오름을 여행하는 건, 현재 제주도에서 가장 잘 마련된 산림치유 프로그램을 경험하는 일이다. 산림청의 한라산 둘레길과 서귀포시의 치유의숲 프로그램이 교차하는 자리에 시오름이 있다.

시오름 가는 길

시오름은 한라산 남쪽 자락 깊은 숲 안에 틀어박혀 있다. 어지간한 관광지도에는 나오지도 않는다. 큼지막한 지도에서 발견되는 시오름은 중산간의 외딴 점 하나로 표시된다. 지도에 도로를 상징하는 선이 없다는 것은 차편으로는 접근이 안 된다는 뜻이다. 가장 가까운 도로가 한라산을 에우는 1115번 지방도로(산록도로)인데, 지도에서만 봐도 멀다. 물론 걸어서 가도 멀다.

시오름은 해발고도 650미터 언저리에 자리한다. 해발 650미터면 우리가 중산간이라고 부르는 지대와 겹친다. 그러나 시오름이 들어선 자리는 우리가 아는 중산간과 모습이 다르다. 위치는 중산간이어도 모습은 한라산이다. 한라산이 품은 깊은 숲 안에 시오름이 박혀 있다. 아니 시오름 스스로 한라산의 깊은 숲을 이룬다. 하여 시오름은 내내 숨어 있었다. 관광자원으로 개발되기는커녕 제주 사람의 발길도 좀처럼 닿지 않았다. 그래도 아예 인적이 없었던 것은 아니다. 몇 개 안 되는 인적을 찾으려면 일제강점기로 돌아가야 한다.

일본군은 한라산에도 상처를 냈다. 한라산 아랫도리를 따라 병참도로를 건설했다. 물론 제주 사람이 동원됐다. 한라산 병참도로는 하치마키 도로라고 불렸다. 하치마키鉢券는 머리띠다. 한라산에 머리띠를 두른 것 같다고 해서 붙은 이름이다. 해발 800미터 한라산 자락을 따라 기다란 흉터가 생겼다. 옛날의 군사도로는 세월이 흘러 트레일로 거듭났다. 2012년 산림청이 조성한 한라산 둘레길이다. 무오법정사에서 돈내코 탐방로까지 13.5킬로미터 이어진 한라산 둘레길의 동백길 코스는 2017년 현재 한라산 둘레길 여섯 개 코스 중에서 제일 먼저 완성됐다. 지금은 돈내코 탐방로까지 걸어가야 동백길이 끝나지만, 2014년까지만 해도 무오법정사에서 약 7킬로미터 떨어진 시오름 근방에서 산록도로 쪽으로 방향을 틀어 내려왔다. 그때 시오름이 비로소 모습을 드러냈다.

여기서 잠깐. 걷기여행을 좋아하는 사람도 잘 모르는 이야기가 있다. 길에도 경계가 있다. 길이란 본래 이어져야 하는 법인데 우리나라의 길은, 그러니까 걷기여행을 위해 정부가 조성한 트레일은 넘어서는 안 되는 금이 있다. 정부사업은 예산을 집행하는 주체에 따라 성격과 대상이 달라진다. 쉽게 말해 북한산 둘레길과 지리산 둘레길은 전혀 다른 성격의 트레일이다. 북한산 둘레길은 코스 대부분이 북한산국립공원 안에 있다. 반면에 지리산 둘레길은 지리산국립공원 안으로 한 발짝도 못 들어간다. 북한산 둘레길은 국립공원 관리공단이 조성한 트레일이므로 국립공원 안에 있고, 지리산 둘레길은 국립공원 바깥의 산림지대를 보유한 산림청이 조성한 트레일이어서 국립공원 바깥에 있다. 자치단체가 조성한 트레일도 사정이 같다. 강릉바우길은 강릉을 벗어나지 못하고, 부산갈맷길은 부산 안에서만 맴돈다.

18세기 지리학자 신경준1712~1781년은 『도로고』에서 "길에는 본래 주인이 없어 그 길을 가는 사람이 주인이다"라고 말했다. 그러나 현재 국내 트레일의 주인은 예산사업자다. 길의 원래 주인은 예산사업자의 편의에 따라 구획된 길만 걸을 수 있다. 예산이 쪼개져 집행되는 한 우리의 길은 경계를 넘지 못한다. 산림청이 한라산 둘레길을 운영한다는 말은 한라산국립공원과 하등 상관이 없다는 뜻이다.

아무튼 시오름은 한라산 둘레길 덕분에 선으로 이어졌다. 무오법정사에서 시오름 가는 길은 울창한 오솔길이다. 웃자란 나무들이 하늘

한라산 둘레길의 동백길 코스는 단풍이 고운 길이다. 제주에서는 흔치 않은 단풍 트래킹 코스다.

을 가린다. 여름에는 그늘이 져서 좋고 가을에는 단풍이 흥건해 좋다. 야자수 매트가 깔려 있어 걷기에도 좋다. 한라산 둘레길은 오름과 상관없이 걷기에 좋은 길이다. 지금은 코스가 연장되면서 시오름을 지나친다. 일부러 방향을 틀어야 시오름을 갔다 올 수 있다. 괜찮다. 대신에 더 좋은 길이 생겼다. 2016년 6월 서귀포 치유의숲이 개장하면서 시오름 가는 길이 새로 났다. 서귀포 치유의숲은 제주도청이 산림청의 치유의숲 사업을 본떠 조성한 휴양시설이다. 면적이 1.7제곱킬로미터에 이르고, 운영 중인 산림치유 프로그램도 다양하다.

서귀포 치유의숲 맨 꼭대기에 시오름이 있다. 서귀포 치유의숲 어귀 방문자센터에서 시오름까지 왕복 세 시간이 넘게 걸린다. 해찰 부리지 않고 부지런히 걸었을 때 걸리는 시간이다. 치유의숲에서 시오름 가는 길도 울창하다. 그러나 널찍하다. 한라산 둘레길과 달리 그늘이 많지 않다. 대신 높이 20미터가 족히 넘는 편백나무와 삼나무가 빚는 풍경이 장관이다. 사려니숲길에서 만났던 거대한 편백나무와 삼나무가 여기 치유의숲에도 있다. 개장한 지 얼마 안 돼 덜 알려졌는데 조만간 영화나 CF에서 볼 수 있을 것 같다. 오름 가는 길 중에서 가장 이국적인 풍광의 길인 듯싶다.

시오름의 표고는 758미터이고 비고는 약 110미터다. 막판 오르막 계단이 가파르다. 그러나 정상 전망대에서 한라산이 조망된다. 전망을 확보하려고 전망대 아래 나뭇가지를 쳤다. 연초록 원시림 너머에 우뚝 선 한라산이 손에 닿을 듯하다. 시오름은 사실 정상의 한라산 전망을

시오름 정상에서 내다본 한라산 정상. 한라산의 남쪽 얼굴이다.

빼면 딱히 내세울 게 없는 오름이다. 계단을 따라 올라갔다 내려오면 끝이다. 흔한 굼부리도 보이지 않는다. 숲에 숨어 있어 시오름의 전경을 확인할 수는 없지만, 시오름은 원뿔형 오름이다. 정상이 뾰족하다는 뜻이다. 오름이라면 으레 정상에 굼부리가 있게 마련이다. 그러나 시오름은 굼부리가 없다. 강력한 폭발이 없었거나, 폭발 이후 지질활동으로 굼부리가 덮였기 때문이다. 시오름처럼 정상이 볼록한 오름을 숫오름이라고 부른다. 시오름의 한자 이름이 웅악雄岳이다. 시오름이라는 이름도 숫오름에서 변화한 것이라고 추측한다.

시오름에서 내려오는 길. 그늘진 숲에서 깜짝 놀랄 장면을 조우했다. 엄청난 규모의 천남성 군락지였다. 오름을 수시로 들락거리며 수없이 많은 천남성을 봤지만 천남성이 바닥을 덮은 숲은 처음이었다. 천남성은 봄에 꽃을 피우는데 꽃이 뱀이 대가리를 든 것처럼 생겼다. 꽃이라니까 꽃이려니 하지 초록색이어서 탐방객 대부분이 지나친다. 여름에 열리는 열매는 언뜻 딸기 모양이다. 하나 색깔이 다르다. 천남성은 열매도 초록색이다. 이 열매가 독약 중의 독약이다. 독성을 품은 식물이 여럿 있는데 천남성의 독성이 제일 강하다고 한다. 실제로 사약의 재료로 쓰였다. 뱀을 닮은 꽃과 독을 품은 열매라. 왠지 어울리는 짝이다. 불쑥 불길한 예감이 들었다. 이 천남성밭도 이내 사라지는 건 아닐까. 한참을 서성거리며 사진을 찍었다.

여행정보

서귀포 치유의숲 입장료 어른 1,000원, 주차료 2,000원(중형 기준). 산림치유 프로그램 어른 2만 원.

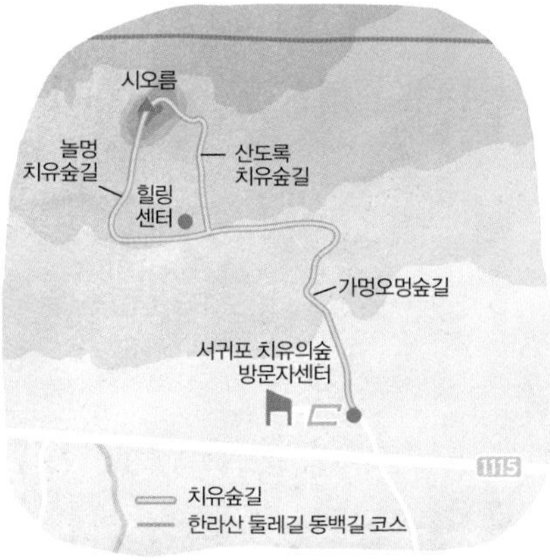

©권혁재

4장

걷다

올레 그리고 오름

사람의 속도

말미오름

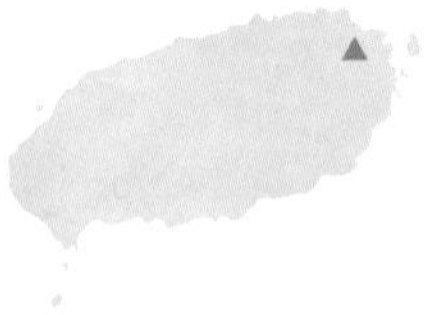

"밀실에서 광장으로 확장되는 변곡점, 소우주인 자기 집에서 우주로 나아가는 최초의 통로."

서명숙 사단법인 제주올레 이사장이 내린 올레의 정의다. 서명숙 이사장은 창구로서 올레를 이해했다. 맞는 말이다. 제주 방언 올레의 고어古語 '오래'는 원래 문門을 가리켰다. 제주의 전통가옥은 대문이 없다. 집을 에운 돌담 사이 빈 공간이 대문 구실을 했다. 돌담과 돌담 사이에 긴 나무 하나 걸쳐놓으면 사람이 없어 문을 잠근다는 표시였다. 집에 문이 없으므로 제주 사람은 큰 길에서 안쪽으로 들어간 터에 집을 지었다. 마을을 가로지르는 큰 길과 길 안쪽의 집을 연결하는 공간이 올레다. 그런데 올레는 곡선이다. 구불구불한 돌담 사이로 구불구불한 골목길이 놓여 있다. 단순한 통로라면 직선이 효율적이다. 그러나 올레는 굳이 휘어지고 구부러졌다. 훨씬 불편한데도 곡선을 선택한 것은 그럴 만한 이유가 있어서였다. 올레의 본래 역할은 길에서 집을 감추는 것이었다. 올레는 밀실과 광장을 잇는 길이자, 밀실을 숨기는 문이었다.

올레가 길이든 문이든, 제주올레는 길이다. 걷기여행을 위한 길, 일명 트레일이다. 제주 방언 올레에서 제주올레가 비롯됐다지만 지금 올레 본연의 의미를 따지는 건 어쩌면 무의미한 일이다. 제주올레는 이제 한국을 대표하는 걷기여행 길을 넘어 새로운 삶의 가치를 전파하는 담론이다. 오늘날 한국사회에서 제주올레는 치유와 위안의 동의어로서 작용하고 있다.

이 대목에서도 중요한 건 곡선이다. 여태 우리는 곡선을 직선으로 펴는 일이 현대 문명이라고 배웠다. 직선을 버리고 곡선을 취하는 건 시대에 뒤처지거나 시대와 거꾸로 가는 일이었다. 그러나 제주올레는 일부러 굽이를 만든다. 속도와 효율의 가치를 고의로 위반한다. 속도와 효율의 포기는 경쟁의 포기를 의미한다. 경쟁을 포기한다는 건 평가의 기준을 상대평가에서 절대평가로 바꾸는 것이다. 남과 나를 비교하는 것이 아니라 남으로부터 나를 떼어내는 것이다. 다시 말해 나를 지키는 것이다. 제주올레가 올레에서 계승한 건 이동통로로서의 기능이 아니다. 곡선이 품은 사회학적 의미다.

우리가 제주올레를 경험하는 유일한 수단은 두 발이다. 자동차는커녕 자전거도 허락되지 않는다. 애오라지 육신의 힘으로 우리는 전진을 거듭해 우리 앞에 놓인 길을 우리의 뒤로 물린다. 문명의 이기를 버림으로써 우리는 비로소 직립보행을 한 최초의 포유류로 돌아간다. 우리가 두 발로 전진할 때 나와 자연을 가로막는 건 아무것도 없다. 몸뚱어리 하나만으로 세상과 맞서고, 발바닥의 감각만으로 세상과 소통한다. 제주올레는 자동차에 빼앗긴 인간의 길을 되돌려주었다. 그리고 한동안 잊고 살았던 사람의 속도를 가져다주었다.

걷기여행은 산행과 달리 정상이 없다. 하여 걷기여행의 길은 세로의 길이 아니라 가로의 길이다. 걷기여행은 목표를 공략하는 여행이 아니라 주위를 둘러보는 여행이다. 코스마다 종점이 있지만 종점이 곧 목적지를 의미하지는 않는다. 하여 걷기여행에는 빠듯한 마침표가 없다. 느긋한 쉼표만 있다. 정상도 없고 종점도 없어 제주올레에는 순위가 없다. 오로지 나와 세상만이 있다. 제주올레가 설파한 '놀멍 쉬멍 걸으멍'의 구호는 그 어떤 종교보다 강력하게 자신으로의 집중을 요구한다. 그래, 지치면 놀고, 힘들면 쉬고, 심심하면 걷고, 그렇게 한평생 살다가는 것이다. 걷다 보면 알게 된다. 길이 늘 과정인 것처럼 인생도 과정이다. 결과가 아니다.

제주도 관광산업을 잠깐 돌아보자. 제주도 관광은 관광버스 패키지 관광에서 출발했다. 이어 택시를 대절한 가이드 개별여행을 거쳐 렌터카 자유여행으로 진화를 거듭했다. 지금은 당연한 것으로 여기는 렌터카 여행도 따지고 보면 20년 정도밖에 안 됐다. 2000년대 초반만 해도 제주공항 앞에는 명함을 나눠주는 렌터카 직원이 수두룩했다.

제주를 여행하는 방법이 발전할수록 제주의 가볼 곳이 늘어났다. 관광버스가 가지 않던 곳을 택시가 데려다줬고, 택시기사가 꺼리던 곳을 렌터카가 찾아갔다. 렌터카도 닿지 못하던 곳은 제주올레가 알려주었다. 한갓진 포구마을에 여행자가 찾아들었고, 허름한 멸치국수 집이 맛집으로 떠올랐다. 지금은 차라리 번잡하기까지 한 쇠소깍은 제주올레가 처음 모습을 드러낸 10년 전만 해도 제주시 택시기사 대부분이 모르는 오지였다. 제주올레는 제주의 관광영토를 두어 뼘 넓혔다.

제주올레가 출현한 2007년 이후 제주의 여행문화는 일대 변혁을 겪었다. 점을 찍고 다니던 여행은 점과 점 사이 선을 잇는 여행으로 바뀌었고, 선을 잇는 여행은 유의미한 도형을 그리는 생활로 바뀌었다. 제주를 여행하는 속도가 느려지면서 제주에 머무는 기간이 덩달아 길어졌다. 급기야는 제주 이민자가 속출하기 시작했다. 이제 제주는 여행의 대상이 아니라 거주의 영역으로 인식된다. 매우 의미 있는 변화다. 육지 사람에게 타자로만 인식되던 제주가 육지 사람의 영역 안으

말미오름을 향하는 올레꾼들. 제주올레가 열리기 전까지 말미오름은 꼭꼭 숨은 비경이었다.

로 들어왔기 때문이다. 제주도는 시방 섬 역사를 통틀어 최고의 호시절을 구가하고 있다.

제주올레는 제주도의 풍경만 바꾼 것이 아니다. 제주올레 이후 전국에 걷기여행 열풍이 몰아쳤다. 2017년 6월 현재 제주올레를 본뜬 걷기여행 길은 전국에 540개가 넘는다(문화체육관광부). 전국의 수많은 트레일 단체들이 제주올레를 부러워하며 제주올레가 먼저 낸 길을 따라가고 있다. 전국의 주요 트레일 단체가 회원으로 가입한 사단법인 한국걷는길연합도 탄생했다. 물론 제주올레가 주도했다.

전국에 트레일이 우후죽순 생기면서 탈이 나기도 했다. 문화체육관

말미오름 정상에서 내려다본 밭담 풍경. 2010년 제1회 제주올레 걷기축제 때의 모습이다.

광부, 환경부, 행정자치부, 해양수산부 등 정부부처는 물론이고 지방자치단체까지 경쟁적으로 트레일 조성사업에 뛰어들었다. 그러다 보니 길은 하나인데 이름은 여러 개인 기형적인 트레일이 탄생했다. 각기 다른 부처에 다른 이름으로 사업 신청을 해서 벌어진 씁쓸한 현상이었다. 참고로 제주올레는 아직도 정부지원금을 받지 않는다. 그래도 여태 버티고 있다. 용하기도 하고 딱하기도 하다.

제주올레를 꼬박 10년 취재했다. 서명숙 이사장을 비롯한 제주올레 사무국 식구들이 나를 '제주올레 전속기자', 나아가 '제주올레 종속기자'라고 눙칠 만큼 인연이 도탑다. 나로서는 제주올레가 한동안 끊겼던 오름과의 인연을 다시 이어준 은인이다.

말미오름 개척사

말미오름은 별 볼 일 없는 오름이었다. 그러니까 2007년 9월 7일 제주올레가 출범하기 전까지 말미오름은 여행자가 전혀 알지 못하는 무명의 동산이었다. 나를 포함한 오름 마니아도 이른바 오름밭이라 불리는 동부 중산간만 헤매고 다녔지, 성산일출봉 앞 마늘밭에 외따로이 돋은 야트막한 야산은 눈여겨보지 않았다. 제주올레는 말미오름을 떡하니 내놓으면서 시작했다. 이제껏 지나치기만 했던 무료한 풍경이 어느 날 불쑥 세상을 놀래킨 비경으로 탈바꿈한 혁명이 말미오름의 잔잔한 능선에서 일어났다.

말미오름의 해발고도는 146미터다. 바다에서 한 번 분화한 뒤 육지에서 다시 한 번 화산활동을 거친 이중화산이다. 이중화산은 대체로 생김새가 말쑥하지 못하다. 용암을 두 번이나 토해내면서 굼부리가 무너지고 산자락이 헝클어져 예의 익숙한 화산의 꼴을 갖추지 못한다. 말미오름도 한쪽 기슭은 가파른 절벽으로 서 있고, 다른 한쪽 기슭은 드넓은 초원으로 흘러내린다. 초원처럼 넓고 평평한 굼부리 안에서는 지금도 제주 사람이 농사를 짓는다. 화산 분화구 안을 수시로 들락거리는 경운기는 말미오름만이 간직한, 일상의 영역으로 들어온 화산섬의 독특한 풍경이다.

말미오름은 한자로 두산봉斗山峰이라고 표기한다. 몸집이 큰 산이라는 뜻이다. 오름 모양이 됫박 같아서 말 두斗 자를 썼다는 풀이도 있다. 말미오름은 실제로 덩치가 크다. 북쪽에서 말미오름을 바라보면 넙죽하게 누워 있는 꼴이 직사각형의 도형 같다. 굼부리 안에는 작은 분화활동으로 생성된 알오름 두 개가 있다. 알오름을 둘러싼 널찍한 초원이 그대로 소 방목장으로 쓰인다. 지금은 올레꾼이 하도 많이 들어와서인지 예전처럼 소가 많이 보이지는 않는다.

말미오름을 경계로 제주시와 서귀포시가 나뉜다. 북쪽은 제주시 구좌읍 종달리고, 남쪽은 서귀포시 성산읍 시흥리다. 제주올레 1코스는 시흥리에서 출발해 말미오름 능선을 가로지른 뒤 종달리 쪽으로 내려간다. 시흥리와 종달리는 예부터 사이가 나쁘기로 유명했다. 바다를 나눠 쓰는 사이, 바다에 내 바다 네 바다 금이 그어져 있는 것이 아니어서 늘 다툼이 있었다. 양쪽 마을 할망들한테 물어보면 다들 똑같이 상대 마을이 우리 바다로 넘어왔다고 목소리를 높인다. 바다가 밭인 삶에서만 일어날 수 있는 일이다. 분명한 건 제주올레 덕분에 한때 교류도 끊었던 두 마을이 이어졌다는 사실이다.

말미오름이 알려지지 않았던 까닭이 있다. 말미오름은 오름 자락 대부분이 사유지다. 땅주인은 말미오름 굼부리 초원에 소를 풀어놓고 길렀다. 그래서 말미오름 아랫도리에는 철조망이 둘러쳐져 있었다. 여행자가 철조망 안 남의 땅으로 들어가는 건 불법행위였다. 철조망은 지금도 있다. 철조망 사이에 낸 작은 출입구로 올레꾼이 들어간다. 출입구가 재미있게 생겼다. 올레처럼 꼬불꼬불하게 만들어 사람은 드나들어도 소는 드나들 수 없게 했다.

그런데 어떻게 이 사유지가 개방될 수 있었을까? 오로지 설득의 결과였다. 물론 쉽지는 않았다. 서명숙 이사장이 고향 제주로 내려가서 걷기여행 길을 만들겠다고 돌아다니던 시절, 스페인의 산티아고 순례길과 같은 트레일을 아는 제주 사람은 없었다. 따라서 입장료를 받는 것도 아닌데 관광객이 걸을 수 있도록 목장을 개방해달라는 부탁을 단번에 들어주는 농장 주인은 한 명도 없었다. 서명숙 이사장은 수없이 사정을 했고, 아는 사람을 총동원해 농장 주인에게 부탁을 넣었다. 그렇게 한 명 한 명 설득한 결과가 지금의 제주올레다.

여기에서 에피소드. 지금은 제주올레가 1코스부터 서귀포 해안을

말미오름 굼부리 안의 알오름. 올레 1코스가 이곳을 지나 종달리로 내려간다.

따라 시계방향으로 2코스, 3코스, 차례로 이어지지만 초창기에는 그렇지 않았다. 1코스는 겨우 열었는데 지금의 2코스와 3코스는 예정대로 개장할 수 없었다. 어쩔 수 없이 제주올레는 지금의 6코스부터 개장했다. 그래서 2007년 제주올레 지도를 보면 서귀포 시내를 관통하는 6코스가 2코스로 나온다. 서명숙 이사장이 서귀포 시내 출신이어서 서귀포 시내에서 길을 내는 것이 목장이 모여 있는 지금의 2코스와 3코스 지역보다 쉬웠다. 서귀포 시내 코스가 완성되고 나자 지금의 2코스와 3코스 지역의 주민도 제주올레의 뜻을 이해하고 기꺼이 사유지를 열어주었다. 지금은 마을마다 제주올레 유치에 공을 들인다. 그렇게 해서 코스에 포함한 마을이 제주시 한경면의 낙천리 아홉굿 마을이다. 13코스의 명소로 지금은 의자마을로 유명하다.

이제 말미오름 정상의 조망을 말할 차례다. 나도 몰랐다. 해안 오름의 조망이 이렇게 인상적일지 알지 못했다. 제주올레 기념품 중에 녹색의 사각형 패턴이 그려진 손수건이 있다. 중산간 밭의 이미지를 표현한 것인데 그 모델이 말미오름 정상에서 내려다본 전경이었다. 이 기하학적 패턴은 아직도 제주올레를 상징하는 이미지로 활용된다. 시야를 좁히면 밭이 보이지만 시야를 넓히면 바다가 드러난다. 바로 곁의 지미봉, 지미봉 뒤의 우도, 남쪽 끝의 식산봉과 성산일출봉이 내다보이는 풍경은 답답한 가슴을 뻥 뚫는 강렬한 것이었다. 솔직히 이 장쾌한 전망 덕분에 제주올레는 뭇 여행자의 가슴에 새겨졌다. 말미오름 목장 주인이 설득되지 않았으면 지금의 제주올레는 없었을지 모른다.

여행정보

제주올레는 화살표 색깔로 방향을 알 수 있다. 파란색은 순방향, 빨간색은 역방향을 가리킨다. 길을 걸을 때는 나뭇가지에 매달린 리본이 이정표 역할을 한다. 간세 모양의 이정표도 있다.

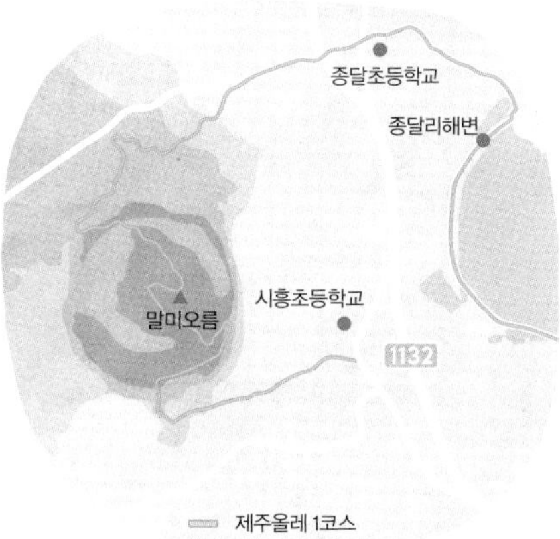

사난 살았주

지미봉

2012년 11월 24일 제주올레는 제주도 둘레길을 완성했다. 제주올레는 2007년 9월 7일 1코스를 개장한 이래 5년여 만에 해안을 따라 제주도를 한 바퀴 도는 이음길이 됐다. 제주올레는 현재 26개 코스(정규 코스 21개와 부속 코스 5개), 전체 길이 425킬로미터의 장거리 트레일이다. 대형 트레일로서 전 세계 어디에 내놓아도 손색없는 규모다.

올레 지도를 보면 얄궂다는 생각부터 든다. 제주올레 1코스는 서귀포시 성산읍 시흥리에서 시작하고, 마지막 코스인 21코스는 제주시 구좌읍 종달리에서 시작한다. 시흥리와 종달리는 행정구역은 전혀 다르지만 바투 붙은 옆 마을이다. 1코스 시작점 시흥초등학교와 21코스 종점 종달포구는 직선거리로 1킬로미터쯤 떨어져 있다. 처음에는 두 코스가 만나지 않았는데, 1코스 휠체어 구간이 조성되면서 종달포구에서 조우한다. 조선시대 제주 목사가 부임하면 섬을 한 바퀴 돌며 시찰하는 순력 행사를 치렀을 때도 시흥리에서 시작해 종달리에서 끝났다. 그래서 마을 이름이 '말미암아 흥하는' 마을 시흥리始興里와 '이윽고 끝나는' 마을 종달리終達里다. 제주올레가 제주 목사의 순력 시점과 종점을 공유한다. 제주올레 사무국은 "물론 의도한 결과"라고 우기지만, 글쎄다. 제주올레 사무국이 그렇게 용의주도해 보이지는 않는다. 아무튼 우연이라면 영 얄궂다.

제주올레는 지미봉에서 내려오면서 대장정의 막을 내린다. 지미봉 아랫도리와 제주올레 21코스 종점 종달포구가 이어진다. 지미봉地尾峰. 땅의 꼬리가 되는 봉우리라는 뜻이다. 꼬리가 있다면 머리도 있을 터다. 제주 서북쪽 끄트머리 제주시 한경면 두모리頭毛里가 섬의 머리가 되는 땅이다. 고구마처럼 둥글넓적하게 생긴 제주도를 보고 머리와 꼬리를 떠올린 상상력이 놀랍다. 옛날 누군가는 섬에 시작점과 끝점을 찍었고, 그 점이 오늘까지 지명으로 내려온다. 조선 목사가 순력의 시작과 끝을 시흥리와 종달리로 잡은 것도 내력을 따른 일종의 의식이었다. 섬 머리 오름에 관한 이야기는 전해오지 않지만 섬 꼬리 오름에 관한 이야기는 두고두고 내려온다. 제주의 땅끝 종달리에 제주의 꼬리

지미봉이 서 있다.

지미봉의 해발고도는 166미터에 불과하다. 그러나 결코 낮은 오름이 아니다. 어느 방향에서든 지미봉은 단연 돋보인다. 위풍당당한 모습이 산방산(395미터)이나 다랑쉬오름(382미터)에 버금간다. 두 봉우리를 꼭짓점으로 삼은 채 매끈한 직선으로 돋은 지미봉은 밋밋한 주변 풍광을 단번에 제압한다. 이유가 있다. 지미봉은 바다와 바투 붙어 있다. 지미봉의 비고가 160미터다. 고도와 비고의 차이가 겨우 6미터다. 지미봉은 바다 건너 우도에서 바라봐도 완전한 세모 꼴로 서 있다. 오름치고는 경사가 가파른 편이지만, 30분만 작정하면 정상에 다다른다. 탐방로도 말끔하게 정비돼 있다. 북쪽 탐방로가 남쪽 탐방로보다 훨씬 순하다. 북쪽 탐방로는 숲을 헤치며 오르는 맛이라도 있지만, 남쪽 탐방로는 계단만 바라보고 걸어야 한다. 제주올레 21코스도 지미봉 북쪽에서 올라 남쪽으로 내려온다.

지미봉 정상의 조망은 제주 오름 368개의 전망 중에서 둘째가라면 서러운 것이다. 제주올레 사무국도 올레길이 지나가는 스무 개 남짓한 오름 중에서 지미봉 전망을 제일 먼저 꼽는다. 정상에 서면 봉 자 돌림 오름의 공통점도 확인할 수 있다. 지미봉 정상에도 봉수대의 흔적이 또렷하다. 정상에 서면 소위 360도 전망이 펼쳐진다. 동쪽을 바라보면 눈앞에 우도가 길게 누워 있다. 소가 누운 섬 우도의 온전한 꼴이 가장 잘 드러나는 지점이 지미봉 정상이다. 우도에서 남쪽으로 시선을 돌리면 성산일출봉이 내다보인다. 수면과 나란한 해안마을을 배

지미봉 정상의 전망. 멀리 성산일출봉이 섬처럼 솟아 있다.

경으로 독보적으로 솟은 성산일출봉은 견고한 성채와 같은 위엄을 뽐낸다. 시선을 뭍으로 돌리면 중산간 오름밭의 전경이 이어진다. 맨 앞에서 엉거주춤 엎드린 오름이 말미오름이다. 제주올레의 시작과 끝을 이루는 오름이 이렇게 서로의 곁을 지키고 있다. 날이 맑으면 올록볼록 돋은 오름들 뒤로 한라산의 거대한 실루엣이 그려진다.

하도리 이야기

옛날에는 지미봉도 섬이었다. 오롯한 섬은 아니었고 물이 빠지면 뭍과 이어지는 모래펄이었다. 지미봉 북쪽 하도리 철새도래지가 옛날 바닷물이 들고 나는 물길이었다. 그 물길을 따라 펼쳐진 모래밭에 16세기 염전이 들어섰다. 이른바 종달 염전은 제주 제염의 효시다. 한때는 1년에 8만 9,052근의 소금을 생산하기도 했으나 뭍에서 건너온 값싼 소금에 점차 밀렸다. 소금밭은 100년쯤 전 농지로 바뀌었다. 둑을 쌓고 바닷물을 막아 논을 들였다. 간척사업의 결과 종달리는 엄연한 육지로 거듭났다. 그러나 논으로의 변신도 실패로 끝났다. 제주도 최초의 간척지였지만, 지반이 튼튼하지 못해 논에서 바닷물이 올라왔다. 벼는 말라 죽었고, 논은 다시 늪이 됐다. 늪에 사람이 빠져 죽는 사고도 일어났다. 간척사업을 주도했던 인물이 대정군수를 지낸 채엄석1850~1920년이었는데, 종달리 사람은 아무짝에도 쓸모없는 데다 사람만 잡아먹은 늪을 '대정놈의 소沼'라 부르며 비아냥댔다.

세월이 흘러 그 대정놈의 늪 대부분은 들이 되었고, 하도리와 종달리를 가르는 물길에만 물이 남았다. 인간에게 내팽개쳐진 늪지대에 언제부터인가 철새가 내려앉았다. 하도리 철새도래지는 그렇게 시작됐다. 현재 철새도래지의 둘레는 약 3,700미터에 이른다. 한때는 세계적 희귀종 황새가 관찰됐다지만 지금은 보이지 않는다. 그래도 하도리 철새도래지에는 멸종위기종 저어새를 비롯해 도요새, 청둥오리 등 20여 종의 철새가 날아든다. 하도리는 제주도 최대의 탐조 관광지다.

제주 지도를 보면 섬의 북동쪽 모퉁이에 제주시 구좌읍이 들어서 있다. 해안을 따라 북쪽에서부터 구좌읍에 속하는 동복, 김녕, 월정, 평대, 세화, 하도, 종달리가 차례로 이어지고, 종달리 아래로 서귀포시 성산읍의 시흥, 오조, 성산, 고성리가 늘어서 있다. 이 일대 해안선은 렌터카 여행자에게도 익숙한 길이다. 제주에서 가장 아름다운 드라이브 코스가 여기 해안도로다. 제주 연안 바다가 곧 해녀의 바다라지만, 이 해안을 들고 나는 바다야말로 제주 해녀의 친정과 같은 바다다. 제주 해녀 4,377명 가운데 약 60퍼센트인 2,658명이 섬 동쪽 해안마을 출신이다(제주도청, 2015년). 동쪽 해안마을에서도 구좌읍이 867명으로 해녀가 가장 많고, 구좌읍에서도 하도리가 가장 많다. 하도리 향토사학자 고영봉 선생의 설명이다.

"하도리는 제주에서 해안선이 가장 긴 마을입니다. 6.3킬로미터나 이어지지요. 하도리 해안은 유독 굴곡이 심하고 바다가 얕습니다. 물질하기에 좋은 바다입니다. 제주 해녀는 마을 어촌계에 속합니다. 지금 하도리 어촌계원은 500명이 넘습니다. 그래서 하도리는 해녀가 500명이라고들 합니다. 바다에 들어가는 해녀는 260명 정도입니다. 섬의 어지간한 읍, 면보다도 해녀가 많습니다."

하도리는 흥미로운 마을이다. 섬에서 해안선이 가장 긴 마을이기도 하지만, 백록담에서 가장 먼 마을이기도 하다. 하도리에는 웃뜨르라 불리는 들판도 없고, 비가 내려야 물이 흐르는 건천도 없다. 무엇보다 그 흔한 오름이 없다. 그래도 괜찮다. 하도리에는 제주에서 제일 넓은 바당밭이 있다. 미역, 몸(모자반), 우뭇가사리, 톳, 감태 등 해초가 널린 바다를 길게 두른 데다 사시사철 샘물이 솟는 용천수도 스무 곳이 넘는다. 시방 제주에는 어촌체험마을이 모두 여섯 곳 있는데, 하도리가 제일 잘된다. 갯바위 구멍에서 낚시로 배도라치 따위를 잡는 고망치기, 얕은 바다에서 보말, 게, 거북손 등을 줍는 바릇잡이 등의 체험이 인기다. 하도리 앞바다 토끼섬 가는 길에는 원담이 놓여 있다. 얕은 바다에 돌을 쌓아 물이 빠질 때 물고기를 가두는 전통 그물이다. 멜(멸치)을 주로 잡았다. 제주 포구마을 곳곳에서 원담이 보이는데, 섬 서쪽 금능리와 섬 동쪽 하도리의 원담이 잘 보전돼 있다. 바다가 밭이니 바다에 쌓은 담은 당연한 풍경이다.

해녀의 일생

제주 출신 시인 허영선 선생이 오롯이 해녀들 이야기만으로 시집 한 권을 상재했다. 제목도 『해녀들』이다. 허영선 선생은 서명숙 이사장과 고향친구다. 도시생활에 찌든 친구를 데리고 허영선 선생은 비양도에 들어갔다. 비양도 맑은 바다를 내려다보며 서명숙은 고향 제주로 돌아오기로 결심했다. 서명숙은 그날 비양도에서 제주올레를 처음 꿈꿨다고 말하곤 한다. 2006년의 일이다. 시집에서 시인은 다음과 같이 해녀를 묘사한다. "백파에 몸을 던지는 순간 그들은 시였다. 바다에 드는 순간부터 시였다. 그들은 물에서 시를 쓴다."

사람은 숨을 쉬어야 산다. 그러나 해녀는 바다에서 숨을 쉬면 죽는다. 물숨이라는 말이 있다. 깊은 바다에서 숨을 참지 못하고 쉬는 숨이다. 물숨을 쉬면 죽는다. 호오익호오익. 바닷새 우는 소리 같기도 한 숨비소리는 바다에서 숨을 죽여 숨을 지켰던 해녀가 바다 밖으로 나와 숨을 되살리는 소리다. 해녀를 두고 저승에서 벌어 이승에서 쓰는 사람이라고 한다. 그렇게 저승에서 숨을 끊은 대가로 이승에서 숨을 잇는다. 아시는가. 해녀는 뒤를 돌아보지 않는다. 집으로 들어오는 길, 저승에서 이승으로 넘어오는 길, 해녀는 앞만 보고 걷는다. 바다에 남겨둔 전복에 미련을 뒀다가는 영영 이승으로 건너오지 못하기 때문이다. 요즘에도 해마다 해녀 네댓 명이 바다에서 돌아오지 않는다. 해녀가 돌아오지 않는 바다에는 잠깐 반점 같은 것이 생긴다고 한다. "사난 살았주." 이 힘든 일을 어떻게 하시느냐 물었더니 해녀 할망이 시큰둥한 얼굴로 뱉은 대답이다. '살다 보니까 살았지'라는 뜻의 제주 방언이다.

바다는 해녀의 밭이다. 바당밭이다. 전복이 많으면 전복밭이고, 소라가 많으면 소라밭이다. 하여 제주 해안 곳곳에 해녀의 흔적이 배어 있다. 해안 모퉁이 돌담 두른 공터가 해녀 휴게소 불턱이다. 이름처럼 불을 피우는 나지막한 턱이다. 저승에서 살아 돌아온 해녀들이 젖은 옷을 말리고 숨을 틔우는 공간이다. 옛날에는 불턱 주변 수풀에 해녀콩이 많았다. 해녀콩은 잎이 동그랗다. 여름에 연분홍색 꽃을 피우고 가을에 강낭콩 같은 열매가 열린다. 열매는 독이 있어 먹으면 안 된다. 그러나 해녀는 일부러 먹었다. 원치 않는 임신을 하면 해녀콩을 먹고 몰래 아기를 지웠다. 풀에 얽힌 여러 일화를 들었지만 해녀콩처럼 서러운 이야기는 처음이었다. 요즘에는 비양도, 다려도, 차귀도 등 제주 부속섬이나 인근 해안에서만 이따금 보인다. 지미봉 앞바다 토끼섬에 해녀콩이 흔하다고 한다. 순비기나무도 해녀와 인연이 있다. 순비기나무 열매는 다행히 약이다. 잠수병 치료에 효험이 있다고 알려져 있다. 열매에서 알싸한 향이 풍긴다. 해안 돌무더기 틈에서 자란다.

해녀사회는 위계질서가 분명하다. 물질 경력과 능력에 따라 대상군, 상군, 중군, 하군으로 나뉜다. 초보 해녀는 '똥군'이라고 놀리기도 한다. 해녀는 물에 들어갈 때 여럿이 함께 들어간다. 물에 들어가는 시간과 머무는 시간, 나오는 시간 모두 대상군의 지시를 따른다. 해녀는 물

제주 바다는 해녀의 바다다. 바다가 금빛으로 물들고 해녀의 고된 하루가 끝났다.

이 들어올 때 바다에 들어간다. 물이 빠질 때는 물살에 떠밀릴 수 있다. 이때의 물살을 해녀는 '물이 터진다'고 한다. 물이 터지면 물에서 못 나온다. 물때가 수상하다 싶으면 상군이 철수 명령을 내린다. "닻 내려라." 그럼 당장 물에서 나와야 한다.

해녀에게는 각자의 바다가 있다. 상군은 수심 10미터 아래도 들어갈 수 있으니 깊은 바다에서 물질을 한다. 중군과 하군도 각자 숨에 맞는 바다에 들어간다. 중군과 하군은 깜냥이 안 돼 상군의 바다에 못 들어가고, 상군도 중군이나 하군의 바다에 들어가지 않는다. 일제강점기 해녀의 반일시위가 가장 과격했던 것은 핍박이 유난했기도 했지만 해녀사회의 끈끈한 조직력 때문이기도 했다. 해녀가 공동으로 해초를 수확하는 날을 해경이라고 한다. 마을마다 바다에 공동목장을 두는데 여기에서 나는 해초를 팔아 마을 비용으로 쓴다. 마을에서 해녀들이 바다에 들어가는 날을 정한다. 3월에는 메역(미역) 해경과 우미(우뭇가사리) 해경이, 6월에는 톳 해경이 있다. 해경이 끝나야 외지인도 바다에서 해초를 걷을 수 있다. 2015년 제주 해녀는 60세 이상이 3,751명으로 전체 해녀의 85퍼센트나 된다. 80세 이상도 487명이다. 반면에 50세 이하 해녀는 63명이 전부다. 해녀에게 가장 어울리는 호칭은 할망이다. 그래도 다들 삼촌이라고 부른다.

바다에 테왁이 떠 있으면 해녀가 바다에 있다는 뜻이다. 해녀는 테왁을 바다에 띄워놓고 물에 들어간다. 바다에서 올라올 때 수면의 테왁이 목표 역할을 한다. 테왁에 매단 망사리에 바다에서 잡은 물건을 집어넣고 해녀는 숨비소리를 낸다. 호오익호오익. 테왁에 기대 숨을 고르기도 하고 테왁을 밀어 움직이기도 한다. 테왁은 해녀의 튜브이자 표지판이자 이동식 저장고다. 하여 테왁은 해녀에게 신성한 존재다. 옛날에는 엄마 해녀가 해녀를 시작하는 딸에게 선물로 줬다. 해녀로 인정하는 일종의 의례로, 해녀는 "30년째 테왁을 쓴다"는 식으로 해녀 이력을 말한다. 테왁마다 주인 해녀의 이름이 적혀 있다.

테왁은 원래 박으로 만들었다. 박 속을 긁어낸 다음 송진을 발라 물이 못 들어오게 막았다. 요즘에는 스티로폼으로 만든다. 바다에서 물건을 캐는 도구는 호미와 빗창이고, 전복을 담는 주머니 '조락'을 챙기기도 한다. 물안경은 '큰눈'이라고 한다. 구덕을 지고 물질을 나오는 해녀도 있다. 구덕은 제주 물항아리 허벅 따위를 지는 대바구니다. 구덕에는 어디에도 맡기지 못해 업고 나온 아기가 실려 있다. 보통은 물질을 시작하지 않은 여자아이가 물에 들어간 엄마를 대신해 아기를 돌본다. 애기업개라고 부른다.

지미봉에 올라서면 발아래로 에메랄드빛 바다가 보인다. 그 바다에 햇빛을 받아 반짝이는 노랗고 빨간 테왁이 점점이 떠 있다. 테왁을 발견하면 잠깐 걸음을 멈추고 귀를 기울일 일이다. 호오익호오익, 바닷바람을 타고 숨비소리가 먼 나라의 소식처럼 들려올 터다. 그래, 우리도 살다 보니 살고 있다. 세상의 모든 땅끝은 서러운 사연을 품고 있다.

여행정보

해녀의집은 해녀가 직접 운영하는 식당이다. 제주에는 마을 어촌계가 운영하는 해녀의집이 모두 11곳 있다. 해녀의집의 대표 메뉴는 전복죽이다. 전복 내장 '게우'를 넣고 끓여 국물이 누르죽죽하지만 흰죽보다 고소하다. 사진은 보말죽.

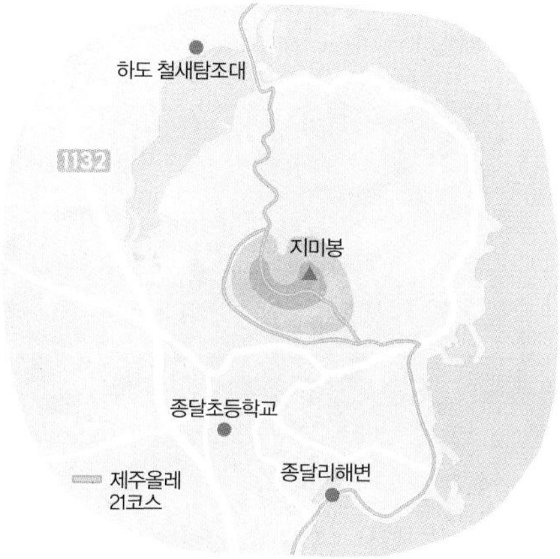

물회에 관한 짧은 기록

제지기오름

제주에서 '생선'은 보통명사가 아니다. 하나의 어종을 정확히 지시하는 고유명사다. 고유명사로서 생선은 옥돔 하나뿐이다. 제주 사람은 솔란이라고 부른다. 옥도미, 오톰이라고도 한다. 다음은 고유명사 생선이 제주에서 활용되는 사례다. 엄마가 심부름을 시킨다. "생선 한 마리 사오렴." 아이는 "네" 하고 달려가 생선가게 아줌마한테 "생선 주세요"라고 말한다. 생선가게 아줌마는 "옜다" 하고 생선 한 마리를 싸준다. 이 대화에서 암묵적으로 가리키는 생선이 옥돔이다. 한 번의 예외도 없다. 참돔, 돌돔, 벵에돔 등 옥돔만큼 비싼 돔도 수두룩하지만, 제주에서 옥돔이 누리는 특수한 지위는 어떠한 어류도 범접할 수 없다.

그러고 보면 옥玉이라는 접두어는 아무 데나 붙이는 게 아니다. 제주에서 옥돔은 옥동자, 나아가 옥황상제와 같은 반열이다.

제사를 드릴 때도 옥돔은 꼭 있어야 한다. 호남 제사상에는 덕자(병어 큰놈)가 오르고, 영남 제사상에는 돔베기(상어)가 오르는 것처럼 제주 제사상에는 옥돔이 오른다. 노릿하게 구워서 올린다. 제주에서는 '생선국'도 옥돔국이고, '고깃국'도 옥돔국이다. 제사상에 올리는 옥돔국은 보통 미역을 풀고, 식당에서 파는 옥돔국은 대체로 무를 깐다. 소금간만 해서 국물이 맑은데 찌릿할 정도로 맛이 개운하다. 해장에도 탁월하다. 옥돔을 회로도 먹는다는데, 아직 그런 호사는 누리지 못했다.

실제로도 옥돔은 귀한 생선이다. 수심 200~300미터 깊은 바다에 살아서 잘 잡히지 않는다. 옛날에는 전복과 함께 대표 진상품이었고, 요즘에는 관광객이 싹쓸이하는 대표 특산품이다. 나는 어지간하면 옥돔 쇼핑을 말린다. 제주에서 파는 옥돔은 대다수가 중국산이다. 이제 제주 연근해에서는 옥돔이 거의 올라오지 않는다. 제주산이라고 해도 대만 근처 바다까지 나가 건져온 것이다. 후미진 포구마을을 거닐다 보면 종종 해풍에 말리는 옥돔을 볼 수 있다. 잘은 놈들이다. 이놈들이 진짜 제주 옥돔이다. 연근해 그물에 걸리긴 했는데 잘아서 팔지 못하는 놈들이다. 제주 옥돔이 궁금하면 이놈들을 구워 드시라.

옥돔이 저들의 생선이면 자리돔은 우리의 생선이다. 옥돔처럼 크지도 않고, 깊은 바다에 살지도 않으며, 비싸지도 않고, 귀하지도 않다.

원체 흔한 생선이므로 제사상에는 오르지 못한다. 대신 밥상에는 무시로 오른다. 젓갈, 회, 구이, 조림 등으로 조리한다. 왕소금 뿌려서 구워도 맛있지만, 자리젓도 별미다. 뭍에 사는 제주 여자들이 입덧할 때 찾는다는 음식이다. 전복 껍데기에 자리젓 올려놓고 잿불에 살짝 익힌 뒤 밥상에 올린다. 쓱쓱 밥에 비벼서 먹는데, 잊기 힘든 맛이다.

자리돔도 엄연한 돔이다. 하나 붕어와 더 비슷하게 생겼다. 생김새도 그렇고 크기도 그렇다. 다 커야 10센티미터 안팎에서 그친다. 1년 내내 잡히지만 5월에서 8월 사이에 가장 많이 잡힌다. 제주 바다의 봄은 반짝반짝 빛나는 자리돔 물결과 함께 무르익는다. 맛도 봄 자리가 제일 낫다. 여름에 알을 낳으면 살이 물러져 맛이 떨어진다. '자리돔'은 녀석들이 이리저리 돌아다니지 않고 한 자리에서만 살아서 붙은 이름이다. '자리'라고 줄여 부른다. 갯가에서 자리돔을 팔 때 단위는 마리 수나 무게가 아니다. 양동이다. 한 양동이, 두 양동이. 양동이로 팔아도 싸다. 중산간에서도 자리젓은 항아리에 쟁여놓고 판다. 옛날에는 갯가의 자리 할망이 중산간까지 들어가 "자리 삽서" 외치고 다녔다. 바다의 자리돔과 중산간의 메밀, 보리, 조 따위를 맞바꿨다. 요즘엔 수온이 올라서인지 자리돔 작황이 예전 같지 않단다.

자리돔은 잡지 않는다. 뜬다. 뜰채 같은 걸로 건진다. 자리돔처럼 수면 아래에서 몰려다니는 어종은 눈으로 잡는다. 어부의 육안으로 고기를 찾는 걸 목시目視라 한다. 가장 원시적인 형태의 어업이다. 옛날에는 거울처럼 생긴 수경을 수면에 대고 자리를 찾았다. 자리돔이 보이면 놀래서 수면 가까이 올라오게 했다. 자리돔을 잡으려면 배 세 척이 함께 나갔다. 배 두 대가 자리를 몰면 목을 지키고 있던 나머지 한 대가 자리돔을 떴다. 자리돔잡이 배가 '테우'다. 배라기보다는 뗏목이다. 제주 토종 구상나무로 만든다. 이 위태로운 뗏목이 어선이 될 수 있었던 건, 자리돔이 물살 순한 앞바다에 모여 살기 때문이다. 다 옛날 이야기다. 테우는 시방 쇠소깍의 체험관광상품으로만 유효하다.

제주 물회 총정리

자리돔만으로도 제주 한상차림이 완성된다. 자리젓이 밑반찬을 이루고, 조림이나 구이가 따라서 나온다. 가운데는 자리회가 놓인다. 뼈째 썰어서 낸 강회(세코시)다. 밥그릇 옆자리가 물회 자리다. 물회야말로 제주 바다 음식의 간판이다. 만약 당신이 제주 전통의 물회를 좋아한다면 아주 무던하거나 아주 까다로운 입맛의 사람이다. 아니면 입맛 하나는 제주 사람이 됐거나.

여기에서 말하는 제주 물회는 자리물회로 한정한다. 한치물회도 있고 요즘에는 전복이 들어간 물회도 있지만, 전통 물회하고는 별 관계가 없다. 제주에는 자리돔으로 유명한 마을이 두 군데 있다. 섬 서쪽 모퉁이의 항구도시 모슬포와 서귀포시 동쪽의 포구마을 보목이다. 흥미롭게도 두 마을의 자리돔이 다르다. 모슬포 자리가 보목 자리보다

자리강회, 자리물회, 자리구이, 자리젓까지 자리돔으로 차려낸 한상차림.
제주에서 자리돔은 가장 서민적인 생선이다.

크기가 크고 뼈가 억세다. 모슬포 앞바다가 보목 앞바다보다 물살이 거칠고 빨라서다. 거친 환경을 이겨내느라 모슬포 자리는 더 크고 더 강해야 했다. 하여 모슬포에서는 자리돔을 주로 구워서 먹는다. 강회든 물회든, 날로 먹기에는 뼈가 크고 단단하기 때문이다. 보목이 자리물회의 고장으로 불리는 데는 이런 사연이 숨어 있다. 보목에서는 해마다 5월이면 자리 축제가 열린다. 제주도에서 가장 큰 자리돔축제다.

육지 사람은 물회 앞에서 세 번 놀란다. 처음엔 된장 국물에 놀란다. 전통 물회는 빨갛지 않다. 누렇다. 된장만 풀어서다. 처음에는 된장 특유의 비린내가 역할 수도 있다. 하나 익숙해지면 비린내가 되레 반갑다. 제주 식당에서 파는 빨간색 물회는 모두 관광객을 위해 개조한(또는 위장한) 고추장 물회다. 다음 단계가 제피나무 잎이다. 물회에 잎사귀 몇 장 뜯어 넣으면 특유의 향이 확 올라온다. 후추보다 향과 맛이 세다. 보통 식당에서는 육지 사람에게 제피 없이 물회를 내놓는다. "제피 없어요?"라고 물으면 식당 주인이 힐끗 쳐다보며 되묻는다. "제주꽝?" 베트남 쌀국수에 얹는 고수처럼 호불호가 갈리는 향신료다. 하나 한번 맛을 들이면 빠져나오기 힘들다. 제피가 없으면 물회 맛이 영 심심하다. 마지막 단계가 빙초산이다. 나도 이 단계에서는 실패했다. 빙초산은 강력한 신맛을 내는 화약약품이다. 피부에 닿으면 화상을 입는다. 빙초산까지 넣어야 물회가 완성된다고 하길래 한 번 도전했다가 참담하게 실패했다. 냄새만 맡았다가 기절할 뻔했다. 이 가공할 화학약품을 제주 사람은 아무렇지도 않게 두어 방울 떨어뜨린다. 빙초산이 자리 뼈를 연하게 하는 역할도 한단다. 육지 사람을 위해 빙초산 대신에 사과식초가 나온다.

자리물회는 제주를 상징하는 음식문화다. 제주 고유의 생된장을 풀고 제주에서 제일 흔한 생선이 주재료로 쓰인다. 제주 특유의 향신료 제피가 들어가고, 자리돔도 어슷어슷 썰어 뼈째 씹어 먹는다. 자리물회 한 그릇에 제주의 고단한 삶이 다 들어 있다. 글 쓰는 요리사 박찬일 형이 늘 하는 말이 있다. 사람은 제가 먹는 음식으로 설명될 수 있다. 자리물회를 대하는 자세에서 당신의 제주도가 오롯이 드러난다.

섶섬이 보이는 풍경

2007년 가을 제주올레 2코스, 그러니까 지금의 6코스가 개장하자 제주도 남쪽 해안마을은 일대 변화를 겪었다. 변변한 관광지 하나 없던 한갓진 포구마을에 배낭 짊어진 올레꾼이 꾸역꾸역 몰려들었다. 제주올레가 재발견한 대표적인 해안마을이 보목이다. 외지 사람이라곤 눈 씻고 봐도 없던 외진 어항이 별안간 비경으로 거듭났다.

보목은 980가구 2,439명이 사는 포구마을이다(2016년). 보목의 한자 이름이 보목甫木, 큰 나무다. 보리수나무를 제주에서는 볼레낭이라 하는데, 마을에 볼레낭이 많아서 볼레낭을 한자어로 표기해 마을 이름에 매겼다. 볼레낭은 따뜻한 제주에서도 남쪽 해안지역에 모여 산다.

보목은 겨울에도 기온이 영하로 떨어지지 않는다. "눈이 오면 개가 짖는다"고 할 정도로 따뜻한 마을이다. 하여 보목은 예부터 감귤 농사로 먹고살았다. 보목마을 오른쪽 위미마을과 위쪽의 효돈마을은 제주 사람도 인정하는 감귤 맛있는 동네다. 감귤도 기온이 높고 일조량이 많아야 잘 자란다.

아담한 포구 뒤로 소담히 솟은 산이 제지기오름이다. 포구와 마을이 이어져 있고 마을과 오름이 붙어 있다. 제지기오름의 해발고도는 100미터가 안 된다. 하나 해안과 바투 있어 표고와 비고가 거의 같다. 제지기오름은 해안 끄트머리에 선 볼품없는 오름이었지만, 제주올레가 제지기오름을 오르면서 명소가 됐다. 제지기오름의 원래 이름은 절오름이다. 옛날에는 오름 중턱에 절이 있었다. 절을 지키는 절지기가 있어서 '절지기오름'이 제지기오름이 됐다고 한다. 보목 출신의 원로 시인 한기팔 옹으로부터 제지기오름의 내력을 들었다.

"오름 남쪽 중턱에 굴이 있었어. 지금은 길이 끊겨 못 올라가. 그 굴 안에 절이 있었고. 굴사였던 게지. 1970년대까지만 해도 굴사에 사람이 살았어. 오름에 오르면 섶섬이 훤히 보이지? 굴사에서 더 잘 보였다네."

서귀포 앞바다에는 섬 세 개가 나란히 놓여 있다. 서귀포항에서 바라보면 왼쪽부터 섶섬, 문섬, 범섬이 늘어서 있다. 이 세 섬 모두 사연이 곡진하다. 보목포구 앞 섶섬만 천연기념물이 아니지만 천연기념물로 지정된 식물인 파초일엽 자생지로 보호받고 있다. 섶섬 하면 생각

마을 뒷산처럼 아담한 제지기오름. 정상까지 나무계단이 가지런히 놓여 있다.

나는 사람이 있다. 군산 편에서 말했던 화가 이중섭이다.

제지기오름 남쪽 기슭에 어울리지 않는 저택이 있다. 코미디언 고故 이주일1940~2002년 씨가 살았던 집이다. 폐암 선고를 받은 이주일 씨가 1990년대 내려와 지었다. 이주일 씨는 보목리 주민과 잘 지냈다. 마을에서 잔치가 있으면 나와서 축사도 하고 서울에서 연예인도 불러줬다고 한다. 마을에서는 아직도 이 집을 '이주일 별장'이라고 부른다. 이주일 별장 위쪽 중턱에 옛날 굴사가 들어섰던 동굴이 있다. 이주일 씨가 돌아간 뒤 별장은 여러 차례 주인이 바뀌었고, 제주올레가 개통한 다음에는 'Two Weeks'라는 이름의 카페가 문을 열었다. 카페는 올레꾼 사이에서 소문이 자자했다. 옛날 커피 맛을 기억해 다시 찾았는데, 무슨 연유에서인지 카페가 비어 있었다. 전화도 받지 않았다.

이주일 별장 오른쪽으로 탐방로가 나 있었다. 제지기오름은 높이 95미터의 낮은 오름이지만 정상까지 탐방로가 400미터나 이어졌다. 산허리를 이리 돌고 저리 도는 길은 깊고 그윽했다. 정상에 올랐다. 제지기오름처럼 마을과 바투 붙어 있고 해안과 맞닿은 오름도 없다는 한우지 보목마을회장의 말은 과장이 아니었다. 소나무 사이로 섶섬이 내려다보였다. 발아래는 보목포구였다. 서쪽 전망대에서는 서귀포 시내와 제주 남쪽 해안이 훤히 드러났다. 제지기오름의 조망은 좁았다. 그러나 깊었다. 눈길이 닿는 곳마다 이야기가 어려 있었다.

2011년 11월 제주올레 걷기축제 때 제지기오름을 오른 적이 있었다. 그때 보목에는 비가 내렸다. 그래도 수천 명이 해안을 따라 걸었고 수천 명이 줄을 지어 제지기오름을 올랐다. 그날 제지기오름 정상에서 목격했던 장면을 여태 잊지 못한다. 연주자 한 명이 비에 흠뻑 젖은 채 바이올린을 연주하고 있었다. 사람은 몰라도 바이올린은 젖으면 안 될 텐데 걱정하며 공연을 지켜봤다. 그는 출연료 한 푼 받지 않은 재능 기부 연주자였다. 마침내 연주가 끝나자 올레꾼 모두가 감격 어린 박수를 보냈다. 제주올레의 성공 비결을 물어오면 나는 늘 2011년 제지기오름에서의 일을 꺼낸다. 세상은 아직 걸어볼 만하다.

여행정보

보목포구에는 자리가시횟집을 비롯한 네댓 개 식당이 제주 전통방식으로 물회를 낸다. 이주일 별장 어귀의 어진이네횟집은 올레꾼 사이에서 유명한 자리물회 집이다. 고추장이 들어갔지만 된장 맛이 강하다.

인연에 대하여

삼매봉, 사라봉

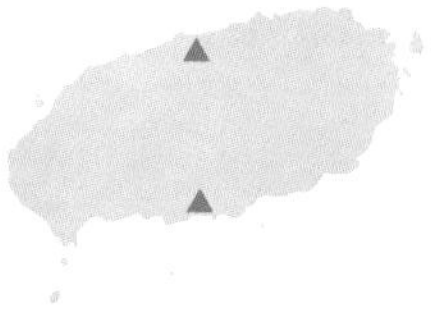

제주도를 대표하는 두 도시는 제주시와 서귀포시다. 두 도시에는 각자를 상징하는 오름이 하나씩 들어앉아 있다. 제주시에 사라봉이 있다면, 서귀포시에는 삼매봉이 있다. 두 오름 모두 제주올레가 올랐다 내려온다. 제주시는 18코스가, 서귀포시는 7코스가 가로지른다.

두 오름은 높이도 고만고만하다. 사라봉의 해발고도는 148미터이고 삼매봉의 해발고도는 153미터다. 서울 북한산(835미터), 부산 금정산(802미터), 대구 팔공산(1,192미터), 광주 무등산(1,186미터) 등 다른 대도시의 산과 비교하면 민망한 수준이다. 하나 주눅 들 필요는 없다. 사라봉과 삼매봉은 오름이다. 하여 화산이다. 제주에서는 화산 정도는 가뿐히 깔고 산다. 도시와 산의 역할을 따지면 두 오름은 서울의 북한산보다 남산(262미터)과 가깝다. 하여 남산과 마찬가지로 사라봉, 삼매봉도 공원으로 더 친숙하다. 두 오름은 시방 도심 유원지이자 체육공원 노릇을 하고 있다. 명색이 화산이 도시인의 산책로로 전락한 느낌이 없지는 않지만, 망가지는 것보다는 백번 낫다. 실제로 두 오름은 많이 깎이고 잘리고 패였다. 옛 기록을 보면 사라봉과 삼매봉은 한라산 자락의 여느 오름 못지않게 당당하고 웅장했다. 그래도 경사진 사라봉 기슭에 다닥다닥 들어앉은 민가의 저녁 불빛을 보면 마음 한구석이 환해진다. 소가 살든, 사람이 살든, 혹은 죽은 사람이 누워 있든 오름은 늘 누군가를 품고 있다. 사라봉과 삼매봉도 봉 자 돌림 오름이다. 두 오름 모두 정상에 봉수대 터가 있다.

근린공원 사라봉은 사실 유서 깊은 명승지다. 제주 목사가 생활하는 제주목관아에서 제일 가까운 오름이어서 자주 노출된 까닭도 있겠지만, 사라봉 자체의 매력도 무시할 수 없다. 이름부터 범상치 않다. 사라봉沙羅峰. 햇살이 비치면 황금색 비단을 펼쳐놓은 것처럼 반짝인다고 붙인 이름이다. 민둥산이었던 옛날에는 잔디가 빛났을지 모르지만 지금은 상록수가 우거져 빛을 반사하지 못한다. 대신 저녁 해가 넘어갈 즈음이면 햇볕을 받은 사라봉 주변 건물이 황금색으로 번들거린다. 처음에는 갑자기 눈앞이 환해져 깜짝 놀랐다. 이름에 대한 다른 풀이도 있다. 한라산 동북쪽에도 사라오름이 있다. 여기에서의 '사라'는 백록담의 동쪽을 가리킨다. 동서남북 방위에서 동은 신성한 영역과 관련이 있다. 동쪽에 있는 신성한 오름이라는 해석은 그래서 유력하다. 사라봉은 제주목관아에서 정확히 동쪽에 서 있다.

사라봉은 전형적인 해안 오름이다. 발밑에 제주항이 놓여 있다. 사라봉 동쪽 별도봉(136미터)까지 이어진 곰솔 오솔길이 기대보다 훨씬 그윽하다. 2010년 아름다운 숲 전국대회에서 어울림상을 수상한 숲길이다. 오솔길이 끝나면 시야가 확 트인다. 별도봉 마루능선은 나무가 없어 바다가 한눈에 들어온다. 바다 쪽 기슭은 천 길 낭떠러지다. 자살바위라 불리는 절벽 바위가 있다는데, 웃자란 나무들에 가렸다.

영주십경의 두 번째 장관이 사봉낙조沙峯落照다. 사라봉에서 내다보는 저녁노을이라는 뜻이다. 옛날에는 고왔을지 몰라도 제주항 주변을 고층아파트와 관광호텔이 점령한 요즘에는 그리 감동적이지 않다. 되레 저녁 어스름 누렇게 번뜩이는 사라봉이 더 곱고, 제주 시내의 화려한 야경이 더 인상적이다. 사실 사라봉 자락은 영주십경을 하나 더 감추고 있다. 아홉 번째 풍경 산포조어山浦釣魚다. 산지포구에서 고기 잡는 풍경이라는 뜻인데, 산지포구가 제주항의 옛 이름이다. 제주항으로 흘러나가는 개천인 건들개가 바다와 만나는 포구를 산지포 또는 산저포라 불렀다. 산지포구는 1927년 제주항이 개항하면서 잊혔다. 다시 강조하지만 사라봉은 제주에서 손꼽히는 명승이다. 가깝다고 우습게 볼 오름이 아니다.

사라봉에서 내려다본 제주 시내 야경. 발치가 제주항이다.

삼매봉三梅峰은 큰 화산이다. 아니 큰 화산이었다. 바다에서 분화하고 육지에서 다시 분화한 이중화산이어서 높게 솟기보다는 넓게 퍼진 화산이었다. 봉우리 세 개가 매화처럼 아름다워 삼매봉이다. 정상에 시민공원이 마련된 삼매봉만 삼매봉이 아니라는 이야기다. 다른 두 봉우리가 더 있어 삼매봉이다. 원래는 바깥 둘레가 1,000미터가 넘는 큰 화산이었다. 지금의 천지연폭포 상단, 그러니까 솟밭내(연외천, 지금은 서홍천이라고 부른다) 물길 앞까지의 구릉이 모두 삼매봉 자락이었다. 오랜 세월을 거치며 삼매봉의 여러 자락이 잘려나갔다. 동쪽 자락은 아예 사라졌다. 지금의 삼매봉이 동네 야산치고 숲이 깊은 까닭이다.

삼매봉에 얽힌 전설 한 자락이 흥미롭다. 정상 시민공원에 남성대南星臺라는 표지석이 서 있다. 남쪽의 별을 보는 곳이라. 별과 관련한 지명은 하나같이 신비롭다. 남성대도 그러하다. 겨울날 여기에 서면 수평선 위로 뜨는 파란 별이 보인단다. 남극노인성이다. 별 이름에서 두 가지 사실을 알 수 있다. 남극의 별이고 노인과 관련이 있는 별이다. 다 맞다. 이 별은 북반구에서도 보이는 남반구의 별이다. 한국은 제주도, 제주도에서도 한라산 꼭대기와 여기 삼매봉 등 극히 일부에서만 보인다. 별의 원래 이름은 카노푸스Canopus다. 시리우스 다음으로 밝은 별이다. 이름에 노인이 들어간 것은 이 별이 인간의 수명을 관장한다고 믿었기 때문이다. 이 별을 보면 장수한다는 이야기가 전해오며, 조선시대 왕이 이 별을 향해 제사를 올리기도 했단다. 제주도로 유람 왔던 사대부들이 이 별을 보겠다고 한라산에 올랐다가 고생만 했다는 기록을 읽은 적이 있다. 겨울밤 이 별을 보겠다고 한라산을 오를 체력이면 오래 사시겠다 싶기도 하다. 아무튼 삼매봉에서는 별 볼 일이 있다.

삼매봉 발아래로 외돌개가 외로이 서 있다. 진즉부터 서귀포를 대표하는 관광명소였지만, 제주올레 7코스가 외돌개 앞을 지나면서 주말이면 외돌개 입구에서 정체현상이 일어난다. 10년 전만 해도 외돌개는 서귀포의 비경이었다. 미안하지만 지금은 피해 다닌다. 20미터 높이의 바위기둥이 바다에 꽂혀 있는 모습은 언제 봐도 경이롭다. 나는 늘 저 돌기둥이 견뎌낸 억겁의 세월이 궁금했다. 파도가 몇 번이나 달려와서 때리고 달아났을까. 백억 번? 천억 번? 알아보니 외돌개는 가장 단단한 돌이라는 안산암 덩어리였다. 이미 많은 부위가 파도에 쓸려나가고 바람에 깎여나간 다음이라고 했다. 그러니까 만 년쯤 뒤에는 외돌개가 다른 모습일 것이라는 말이다. 둘레 10미터의 우람한 기둥이 둘레 1미터의 장승처럼 말라도 지금처럼 서 있기를 바란다. 외돌개 정수리에는 놀랍게도 풀과 나무가 자란다. 30년 정도밖에 안 됐다고 한다. 그 위태로운 수풀에 이따금 바닷새가 내려앉는다. 자연은 늘 경이롭다.

외돌개 서쪽의 해안바위가 서명숙 이사장이 주장하는 '폭풍의 언덕'이다. 서귀포 소녀 서명숙은 천지연폭포 상단의 마을에서 자랐다. 소녀는 속상한 일이 있으면 여기 해안바위에 나와 바람을 맞으며 속을 가라앉혔다. 그 기억을 잊지 않고 제주올레 7코스에 이 해안바위를 넣었다. 제주올레 6코스가 지나가는 자구리 해안은 소녀 서명숙이 멱 감고 놀던 곳이다. 지금도 자구리에는 맑은 물이 샘솟는다. 옛날의 공중목욕탕 시설이 복원돼 있다.

서귀포의 집 한 칸

삼매봉 아래 포구가 진짜 서귀포다. 삼매봉 동쪽으로 천지연폭포를 지나 솟밭내 물길을 건너면 구서귀포 시가지, 다시 말해 서귀포 원도심으로 이어진다. 솟밭내 물길 건너 제주올레 여행자센터 건물이 있다. 옛날 병원건물을 개조한 지상 3층 건물이다. 2015년 2월이었을 게다. 서명숙 이사장이 들뜬 목소리로 말했다. "사고 쳤다." 건물을 사기로 결정한 것이었다. 그때까지 제주올레 사무국은 얹혀살았다. 여기저기 떠돌다가 서귀포 해안절벽 위에 그림처럼 서 있는 '소라의 성'에서 한동안 살기도 했다. 서귀포시청이 건축가 김중업의 1969년 작품을 무료로 빌려줬다. 그러나 워낙 오래된 건물인 데다 해안절벽의 지반이 위태로워 대피명령이 내려졌다. 그 뒤부터 제주올레는 '지상의 내 집 한 칸 마련 작전'에 돌입했다. 아무 생각 없이 30년 정도 묵은 병원건물을 산 것은 아니었다. 안은주 제주올레 이사가 밝힌 생각은 다음과 같았다.

"후원금, 사업비 모인 게 있으니까 조금만 더 후원금을 모으면 우리도 내 집에서 살 수 있어. 1층은 강의실과 식당, 2층은 사무실, 3층은 게스트하우스. 안 되는 게 어디 있어? 하면 되지!"

그러나 세상은 생각대로 되지 않았다. 건물은 그냥 오래된 것이 아니었다. 너무 오래된 것이었다. 리모델링 비용은 날마다 눈덩이처럼 불어났고, 이내 땅값과 집값을 훌쩍 넘어섰다. 안은주 이사는 날마다 몇천만 원씩 찍혀서 날아오는 청구서가 꿈속에서도 쫓아다닌다고 하소연했다. 이 와중에 찾아낸 돌파구가 '담돌간세'였다. 벽돌 한 장 한 장 기부를 받고 기부자 명단을 여행자센터 복도에 내걸기로 했다. 2016년 7월 20일 마침내 여행자센터가 개관했다. 여행자센터가 문을 연 날 밤, 다들 축하주를 마시러 나간 시간 안은주 이사는 제 사무실에서 혼자 펑펑 울었다. 문 밖에서 한참을 기다려도 울음이 그치지 않아 "그렇게 좋아?" 하며 문을 열었다. 그녀는 "엉, 좋아" 하고 계속 울었다.

2017년 7월 담돌간세로 모인 돈은 10억 원이 조금 안 된다. 개인과 기업을 합해 모두 923건의 기부가 있었다. 제주올레 사무국의 제 집 마련 소동을 구구절절 읊은 이유가 있다. 아직도 많은 사람이 제주올레가 큰돈을 버는 줄 안다. 제주올레가 엄청난 경제유발효과를 낳은 건 사실이다. 문화체육관광부에 따르면 제주올레를 이용한 관광객은 2015년 한 해만 6,781억 원 이상을 지출했다. 제주도 농촌활성화지원센터는 2014년 관광자원으로서의 제주올레의 가치를 351억 원으로 계산했다. 그러나 제주올레와 하등 상관이 없는 돈이다. 제주올레는 입장료도 받지 않고 정부지원금도 받지 않는다.

혹여 담돌간세에 관심이 있으시면 제주올레 사무국에 연락을 바란다. 여행자센터에는 아직 빈 벽이 많다. 부담이 되면 게스트하우스 '올레스테이' 이용을 권한다. 침대가 꽤 안락하다. 이도 싫으면 1층의 식당 겸 카페 겸 술집 '소녀방앗간'이라도 들러주십사 부탁한다. 밥도 팔고 커피도 팔고 술도 판다. 말했었나? 나는 이른바 제주올레 전속기자, 아니 종속기자라고.

길치와 울보

제주올레는 어쩌면 한바탕 꿈일지 모른다. 유난히 볕이 좋았던 2006년 9월 어느 가을날 스페인의 드넓은 평원에서 한 서귀포 여자가 깜빡 졸았던 낮잠에서 꾸었던 꿈일지 모른다. 만약에 그녀가 꾸었던 꿈이 세월이 흘러 온 나라가 함께 꾸는 꿈이 됐다면? 만약에 정말 그렇다면 그녀는 꿈에서 절대 깨어나지 말아야 한다. 우리는 지금 서명숙, 그녀가 꾸는 꿈 안에서 살고 있을지 모르므로.

기자를 그만둔 선배들을 보며 종종 내 미래를 그려보곤 한다. 소위 출세를 했다는 선배도 많지만 솔직히 부럽다는 생각은 안 든다. 그러나 서명숙 선배(이제야 선배라고 부른다)는 다르다. 나는 그녀가 이룬 성과를 진심으로 받든다. 기자 출신으로 서명숙만큼 성공한 인물은 없다고 나는 생각한다. 기자 시절에는 삿대질만 해댔던 세상을 서귀포 여자로 돌아가 조용히, 그리고 천천히 바꿔버렸기 때문이다. 중앙 무대에서 사회적 지위를 갖고도 이루지 못한 일을 그녀는 변방 중의 변방에서 오로지 두 발에 의지해 이뤄냈다.

서명숙 선배하고는 언론사 선후배로서 인연이 없었다. 서명숙 선배의 회사동료들하고는 친한 사이가 여럿 있었지만 《시사저널》(지금의 시사인)의 난폭한 여성 정치부장 서명숙은 전설처럼 내려오는 일화와 함께 이름만 들었을 뿐이다(그래서 한껏 해맑은 지금의 이사장 미소가 가끔 적응이 안 된다). 그래도 만날 사람은 어떻게든 만나게 마련이었나 보다. 2006년 9월 스페인의 산티아고 순례길을 걷고 온 그녀가 여행기를 맨 처음 실은 지면이 내가 담당하는 여행지면이었다. 우연한 기회로 그녀의 여행기는 '서명숙의 인생 하프타임 산티아고 순례기'라는 이름으로 내 지면에 모두 열 번 연재됐다. 이 글은 그녀의 첫 번째 제주올레 책 『놀멍 쉬멍 걸으멍 제주올레여행』에 그대로 실렸다. 그때만 해도 고향 제주에 내려가 사람의 길을 내고 싶다는 그녀의 말이 진심이라고 생각하지 않았다. 그때는 그녀 혼자 꿈을 꾸던 시절이었다.

2007년 제주에서 그녀는 기어이 길을 냈고, 나는 2009년 봄부터 거의 실시간 중계하다시피 하며 제주올레 소식을 전달했다. 나는 제주올레가 스위스의 산악도시 체르마트에 간세를 세울 때도, 일본에서 오헨로お遍路 순례를 나설 때도, 일본 규슈九州에 규슈올레를 수출할 때도 현장에 있었다. 이제 나는 그녀의 꿈을 조금이나마 나누는 사이가 됐다. 하여 행복하다.

서명숙은 길치다. 길 내는 여자 서명숙이 길치다. 그녀를 곁에서 지켜보는 사이는 다 아는 사실이다. 그녀는 늘 무언가를 빠뜨리고 다니고, 늘 어디에선가 헤매고 다닌다. 그녀는 고향 서귀포 시내에서도 택시기사에게 제 집을 설명하지 못하는 중증 길치다. "왼쪽인가? 아니 오른쪽인가? 아저씨, 여기 어디예요?" 서귀포에서 그녀와 택시를 타면 종종 벌어지는 장면이다. 그런데 어떻게 그녀는 길을 낼 생각을 했을까? 그리고 어떻게 길을 낼 수 있었을까? 기자생활을 끝내기로 결심할 즈음 그녀가 속내를 드러낸 바 있다.

"그 순간, 왜 제주를 떠올렸던 걸까. … 상처 입은 들짐승이 제 굴로 은신하듯 뼛속 깊이 외롭고 지친 나머지 고향에 기대고 싶었던 걸까. … 애면글면 아등바등 살아온 내게 평화와 휴식을 선사하고 싶었

세상에서 가장 아름답고 평화로운 길을 꿈꾼 서명숙 제주올레 이사장.

다. 그 길 위에서 찾고 싶었다. 일에 치여 사느라고 잃어버린 나를. 그 길 위에서 묻고 싶었다. 인생 후반전을 어떻게 살아야 하는가를."(서명숙, 『놀멍 쉬멍 걸으멍 제주올레여행』 부분).

서명숙은 길치에 울보다. 여리고 여린 여자다. 나는 그녀가 우는 모습을 여러 번 지켜봤다. 가장 서럽게 울었던 장면이 2012년 9월 한 여성 올레꾼이 끔찍한 일을 당했을 때였다. "여자인 내가, 여자가 안심하고 걸을 수 있는 길을 만들었다고 생각했었는데"라며 그녀는 오랫동안 울었다. 내 앞에서 다시 꺼이꺼이 울었던 것은 2017년 5월 회고록 『영초언니』를 출간했을 때다. 그녀는 자신에게 담배를 가르쳐준 나쁜 언니이자 사회 모순에 눈뜨게 한 학보사 선배 영초언니와의 인연을 담은 책을 썼다. 교통사고를 당해 뇌를 다친 언니에게 그녀는 내 앞에서 전화를 했다. 언니는 그녀도 기억하지 못하는 40년 전 운동권 노래를 불러줬다. 언니의 노래를 들으며 그녀는 오열했다.

언젠가 그녀는 소박한 꿈을 말한 적 있다. 제주올레를 다 내면 가파도에 들어가 하루에 손님 한 명만 받는 식당을 차리고 싶다고. 제주올레는 5년 전에 완성됐지만 그녀는 아직 그 꿈을 실행에 옮기지 못했다. 대신 그녀가 꾸었던 꿈속에 우리가 살고 있다. 제주올레는 일상에 치이고 속도에 떠밀리는 우리네가 아무 때고 기댈 수 있는 위안의 꿈이다.

여행정보

제주올레 여행자센터 3층이 제주올레가 운영하는 게스트하우스 '올레스테이'다. 1인실, 2인실, 도미토리(4, 5, 10인실)로 구분된다. 도미토리 기준 1인 2만 2,000원.

제주올레 성지순례

고근산

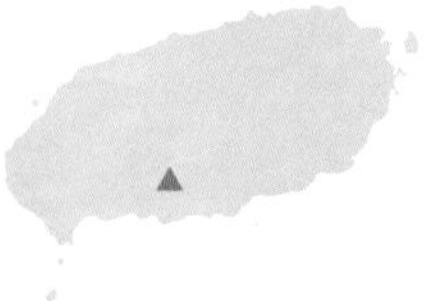

서귀포 시내에는 중요한 오름 두 개가 있다. 하나가 구서귀포의 삼매봉이고, 다른 하나가 신서귀포의 고근산이다. 삼매봉은 포구마을 서귀포의 오름이고, 고근산은 내륙으로 들어온 서귀포 신시가지의 오름이다. 서울에 남산과 북한산이 있듯이 서귀포에는 삼매봉과 고근산이 있다. 삼매봉이 남산이면 고근산은 북한산이다. 삼매봉에 서귀포 사람의 애환이 어려 있다면, 고근산에는 서귀포 사람이 함부로 범접하지 못했던 성스러운 기운이 서려 있다. 일제가 오름을 한자로 표기하면서 수

많은 오름이 산이 됐다지만, 고근산孤根山은 아주 오래전부터 산으로 불렸다. 홀로 서 있다는 뜻의 이름처럼 주변을 압도하는 풍채 덕분이거니와, 서귀포 사람에게 고근산은 일상의 공간이 아니라 한라산처럼 신의 영역이었다.

고근산은 크다. 둘레가 4,324미터나 된다. 제주에서 여섯 번째로 큰 오름이다. 해발고도가 396미터이고 비고가 171미터이니, 고근산은 크고 높은 산이다. 가파른 내리막을 내달린 한라산 남쪽 자락이 서귀포에 다다르기 전에 한 번 힘차게 용틀임을 한 것처럼 고근산은 서귀포 앞바다를 바라보고 불룩 솟아 있다. 고근산도 설문대할망의 전설이 얽혀 있다.

설문대할망은 이따금 한라산 정상을 베개 삼고 쉬었다. 고근산 정상의 굼부리에 엉덩이를 깔고, 서귀포 앞바다 범섬에 발을 걸친 채 물장구를 치며 놀았다. 둘레가 약 700미터에 이르는 고근산 굼부리는 실제로 움푹 패 있고, 범섬 해안절벽에는 동굴 두 개가 나 있다. 움푹 팬 웅덩이가 할망이 엉덩이를 걸쳤던 곳이고, 해안동굴 두 곳은 할망이 발가락을 끼웠던 곳이다. 삼매봉 정상에서 바라보면 한라산에서 범섬까지 설문대할망이 누웠을 법한 자리가 훤히 드러난다. 고근산에서 한라산 정상까지는 약 10킬로미터에 이르고, 고근산에서 범섬까지는 약 5킬로미터 거리다. 한라산에서 고근산을 거쳐 범섬까지 거의 직선이 그려진다.

고근산 자락에는 범상치 않은 이야기가 여럿 깃들어 있다. 고근산 자락에는 무덤이 없다. 고근산은 서귀포시 예래동의 군산과 더불어 예부터 이름난 금장지였다. 지금은 굼부리 아래로 내려갈 수 없지만 굼부리 안쪽에서는 나침반이 멈춘다고도 한다. 설문대할망의 엉덩이를 받치던 땅이니 이 정도 기운은 내뿜어야 하나 보다. 고근산 남쪽 자락의 '머흔저리'라는 너럭바위에 곡배단哭拜壇을 세워 국상이 나면 절을 했다는 기록도 있다. 하나같이 고근산의 신성한 기운을 뒷받침하는 이야기다. 조선시대에는 고근산을 경계로 정의현과 대정현이 갈라졌다.

지금은 다 옛날 이야기다. 오늘의 고근산은 서귀포 시민의 휴양지다. 고근산이 들어선 자리가 서호동 1287번지 일대다. 지도에서 보면 서귀포 신시가지 위쪽이다. 현재 서귀포에서 가장 개발이 활발한 지역으로, 땅값도 제일 비싸다. 하루가 다르게 고층아파트가 들어서는 신도시의 주민이 소일 삼아 드나드는 동네 뒷산이 지금의 고근산이다. 고근산은 정상까지 탐방로가 잘돼 있어 20분이면 정상에 오른다. 굼부리 둘레를 따라 조성된 600미터 길이의 탐방로를 다 돌고 내려와도 두 시간이 채 안 걸린다.

고근산 정상의 전망은 단연 압권이다. 산이 높고 크니 거치적거리는 것이 없이 뻥 뚫린 시야가 확보된다. 북쪽으로는 한라산이 눈앞에 떡하니 버티고 서 있고, 남쪽으로는 월드컵경기장 너머로 법환포구와 범섬이 차례로 보인다. 다시 봐도 고근산은 한라산과 참 닮았다. 헬기를 타고 내려봤을 때도, 서귀포시 동쪽 살오름(586미터)이나 서귀포시 남쪽 삼매봉에서 고근산의 옆모습을 봤을 때도 고근산은 한라산과 비슷했다. 고근산 아래 법환포구에서 올려다봤을 때는 고근산과 한라산이 그리는 실루엣이 묘하게 겹쳤다. 꼭 어미 품에 안긴 아기 같았다. 영락없는 새끼 한라산이었다.

제주올레 사용법

서귀포 주민의 산책로 고근산도 이제는 관광명소로 거듭났다. 물론 제주올레 덕분이다. 제주올레 7-1코스가 고근산을 올랐다가 내려온다. 7-1코스? 그럼 7코스는? 제주올레도 공부를 해야 잘 걸을 수 있다.

제주올레는 모두 26개 코스로 구성돼 있다. 이 중에서 정규 코스가 21개다. 이 21개 코스를 다 연결하면 제주도를 일주하는 둘레길이 된다. 그럼 나머지 다섯 개 코스는? 알파 코스 또는 부속 코스라고 부른다. 알파 코스는 다시 두 가지로 나뉜다. 먼저 정규 코스와 연결이 차단된 제주도 부속섬 코스다. 우도 올레라 불리는 1-1코스, 가파도 올레 10-1코스, 추자도 올레 18-1코스가 해당한다. 섬 올레는 모두 각각의 섬을 해안을 따라 에두른다.

나머지 두 개 알파 코스인 7-1코스와 14-1코스는 중산간 올레라 이른다. 제주올레가 해안 트레일이어서 내륙 지역을 추가한 경우다. 중산간 올레는 정규 코스와 시작점이나 종점 중 하나를 공유한다. 이를테면 7-1코스는 서귀포 월드컵경기장에서 출발해 엉또폭포와 고근산 등

고근산 정상. 북쪽으로 한라산이 조망되는 포인트다. 제주올레 7-1코스가 지난다.

을 거친 뒤 6코스 종점이자 7코스 출발점인 외돌개에서 끝나고, 14-1코스는 13코스 종점이자 14코스 출발점인 저지마을회관에서 출발해 저지곶자왈, 청수곶자왈, 무릉곶자왈을 거쳐 11코스 종점이자 12코스 출발점인 무릉생태학교에서 마무리된다. 14-1코스는 곶자왈 세 개를 지나는 유일한 올레길이어서 '곶자왈 올레'라고 따로 부른다.

옵션 코스라는 것도 있다. 현재 두 개의 옵션 코스가 있는데, 3코스와 15코스가 각각 A와 B로 구분된 옵션 코스를 운영한다. 옵션 코스는 같은 시작점에서 출발하지만 중간에 갈라졌다가 같은 종점에서 만난다. 3코스와 15코스는 모두 정규 코스가 중산간에 있어 해안을 따라 옵션 코스를 추가한 사례다.

제주올레를 완주했다는 것은 21개 정규 코스와 5개 알파 코스를 모두 걸었다는 말이다. 옵션 코스는 두 코스 중에서 한 코스만 걸어도 코스 완주를 인정한다. 모든 코스에서 제주올레 패스포트에 인증 스탬프를 찍고, 그 패스포트를 제주올레 사무국에 제출하면 공식 인증서를 발행해준다. 2016년까지 모두 624명이 인증서를 받아갔다. 제주올레 한 개 코스의 평균 거리는 12.3킬로미터이며, 8코스가 19.7킬로미터로 가장 길고 10-1코스 가파도 올레가 4.3킬로미터로 가장 짧다. 난이도는 사람마다 다르겠지만 18-1코스 추자도 올레가 나는 제일 힘들었다. 18.2킬로미터라는 길이도 길이였지만, 뙤약볕 아래에서 온종일 산을 넘었다.

규슈올레도 있다. 말하자면 제주올레 일본판이다. 제주올레 사무국이 길을 내고 간세를 세우고, 길 이름에 '올레'를 붙인 트레일이다. 규슈올레는 2012년 2월부터 해마다 두서너 개 코스를 조성해 2017년 2월까지 모두 19개 코스를 완성했다. 전체 길이는 220킬로미터에 이른다. 이용자 수는 2016년 2월까지 22만 3,620명이며 이 중에서 한국인이 14만 1,500명, 일본인이 8만 2,120명이다. 규슈올레는 일본에서도 주목을 받는 한일 민간협력 사례다. 규슈의 사례를 본떠 제주올레를 수입하려는 일본 자치단체도 여럿이다. 나는 규슈올레 19개 코스를 다 걸었다. 제일 좋아하는 코스는 남규슈의 기리시마·묘켄霧島·妙見 코스이고, 추천하는 코스는 북규슈의 가라츠唐津 코스다. 이유가 궁금하시면 『규슈올레』를 사서 보시라. 인세의 절반을 떼 준다고 큰소리쳤는데 막상 몇 푼 안 가서 면목이 안 선다. 몽골에도 규슈올레와 같은 트레일이 있다. 제주올레는 2017년 6월 몽골올레 두 개 코스를 개장했다. 경기도 양평의 물소리길도 규슈올레와 같은 사례다. 제주올레 탐사팀이 길을 찾았고 간세를 세웠다. 이와 같은 트레일을 '자매의 길'이라 한다.

'우정의 길'도 있다. 제주올레와 공동으로 마케팅을 하는 해외 트레일이다. 각 트레일이 한 개 코스를 우정의 길 코스로 정해 서로의 이정표를 교환한다. 예를 들어 제주올레 6코스는 스위스 우정의 길(체르마트 5개 호수길)이다. 스위스 트레일 이정표가 제주올레 6코스 시작점에 서 있다. 마찬가지로 스위스 산악도시 체르마트의 호수길에도 간세가 놓여 있다. 2017년 7월 우정의 길은 모두 아홉 개 코스가 있다. 스위스가 우정의 길 두 개 코스를 운영하고 캐나다, 일본, 호주, 영국, 이탈리아 등의 유명 트레일도 제주올레와 우정의 길 협약을 맺었다.

제주올레 성지투어

제주올레는 꼭꼭 숨겨놨던 제주의 비경을 한꺼번에 쏟아냈다. 제주올레의 비경 대방출 대표 사례가 엉또폭포다. 고근산과 불과 1킬로미터 거리에 있다. 제주올레 7-1코스는 사실 고근산과 엉또폭포 때문에 일부러 낸 길이라고 할 수 있다.

엉또폭포는 비밀의 폭포다. 나도 7-1코스가 생기기 전까지는 전혀 몰랐다. 평소에는 깎아지르는 절벽이지만 비가 내리면 폭포로 둔갑한다. 산간지역에 70밀리미터 이상 비가 내리면 50미터 높이의 절벽에서 물이 콸콸 쏟아진다. 엉또폭포를 여러 번 가봤지만 나는 아직 그 장관을 마주하지 못했다. 하도 비를 맞고 다녀서 '아메 오토코雨男, 비를 몰고 다니는 사람'라 놀림을 받는 신세인데도 이상하게 엉또폭포 쪽으로 방향을 돌리면 비가 그쳤다. 엉또폭포의 '엉'은 웅덩이라는 뜻이고 '또'는 입구를 가리킨다. 폭포수가 떨어지지 않아도 엉또폭포는 가볼 만하다. 난대림 우거진 전경도 인상적이고, 기익긱기익기익 울어대는 황조롱이 소리도 잊기 힘들다. 천연기념물 제323호로 지정된 황조롱이 가족이 절벽에 둥지를 틀고 있다. 내 눈에는 절벽의 붉은 바위가 아무래도 부처님으로 보인다. 엉또폭포는 영험한 기도처로도 알려져 있다.

제주올레 덕분에 명소로 거듭난 몇 곳을 더 열거한다. 제일 먼저 소개할 곳은 제주올레의 성지 서귀포매일올레시장이다. 시장상인의 딸 서명숙이 낸 길이 제주올레이니 어머니의 일터는 당연히 성지다. 서명숙 어머니는 시장에서 잡화점을 열었다. 가게 이름이 '서명숙상회'였다. 서명숙상회 자리에는 지금 제주올레 안내센터가 들어서 있다. 서명숙 이사장의 어머니 현영자 여사가 나와 있다.

제주올레는 마을 안으로 들어가는 트레일이다. 길이 마을로 들어가는 이유는 사람을 만나기 위해서다. 사람이 사는 풍경을 만나려면 당연히 시장을 들러야 한다. 제주올레 6코스가 시장을 통과하면서 쇠락했던 전통시장은 활기를 회복했다. 2009년 하루 평균 방문자가 8,000

엉또폭포. 평소에는 말라 있다가 비가 내리면 50미터 높이의 절벽이 폭포로 둔갑한다.

여 명이었던 시장은 2014년 1만 3,000명을 돌파했다. 시장 손님의 60퍼센트를 올레꾼이 차지했고, 시장 전체 매출은 40퍼센트 이상 증가했다. 급기야 서귀포매일시장은 서귀포매일올레시장으로 이름을 바꿨다. 현재 올레시장은 서귀포 시내 유통경제의 70퍼센트를 책임진다.

시장에서는 다 잘 팔린다. 감귤, 한라봉, 갈치, 흑돼지, 오메기떡 같은 특산품은 물론이고 감귤초콜릿, 올레꿀빵 같은 주전부리도 곧잘 나간다. 그러나 대표 히트상품은 따로 있다. 의외로 통닭이다. 시장 주변에 올레꾼을 위한 게스트하우스가 속속 들어서면서 통닭 매출이 별안간 치솟았다. 생면부지의 사람들이 온종일 걷고 같은 숙소에서 모인 저녁, 통닭만큼 어울리는 메뉴도 없었다. 제주에서는 통닭도 맛있다. 제주산 닭만 쓰는데, 우리에게 익숙한 프랜차이즈 치킨보다 훨씬 크다. 프랜차이즈 치킨은 900그램 닭을 쓰는데 시장에서는 1.4킬로그램 닭을 쓴다. 그런데 더 싸다. 통닭 중에서도 마늘통닭이 인기가 많다. 일반 프라이드치킨에 생마늘을 넣고 포장을 한다. 치킨에서 나오는 열기가 마늘을 익히고 은은한 마늘향이 고기에 밴다. 단골 통닭집이 있지만 밝히진 않겠다. 다들 맛있다.

성지순례에 나선 김에 식당 한 곳을 소개한다. 이번에는 올레꾼의 성지다. 제주올레 3코스 종점이자 4코스 시작점인 표선면사무소 앞에 있는 멸치국수 집이다. 원래 이름은 '춘자멸치국수'인데 올레꾼은 '춘자살롱'이라고 부른다. 비좁고 허름한 국숫집에서 생면부지의 올레꾼들이 만나 정을 나누는 장소다. 멸치국수 한 그릇에 300원이던 30년 전부터 국수를 말아오던 주인 강춘자 씨가 오늘도 뚝딱 국수를 만다. 주문하고 5분 만에 국수가 나오고 다시 5분이면 국수를 다 마신다. 미리 삶아놓은 면을 쓴다는 이야기인데 국물이 개운해 먹을 만하다. 올레꾼의 허기를 달래는 데는 부족하지 않다. 지금은 3,000원이다.

여행정보

제주시에도 제주올레 아지트가 있다. 간세라운지. 커피도 팔고 맥주도 팔고 제주올레 기념품도 판다. 제주목관아 근방에 있다. 제주올레 17코스 종점이자 18코스 시작점이다.

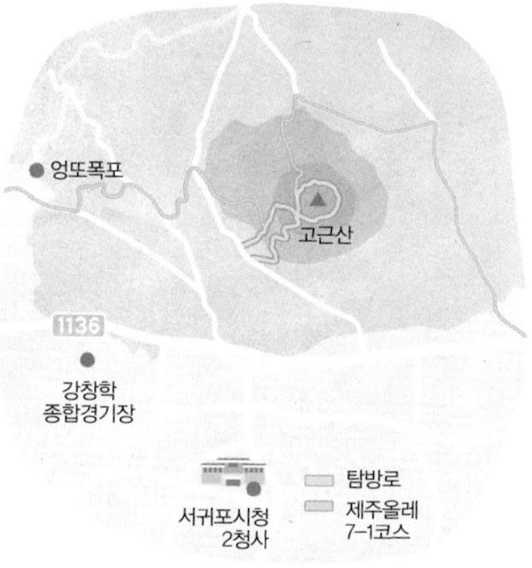

개민들레 피는 사연

수산봉, 안오름

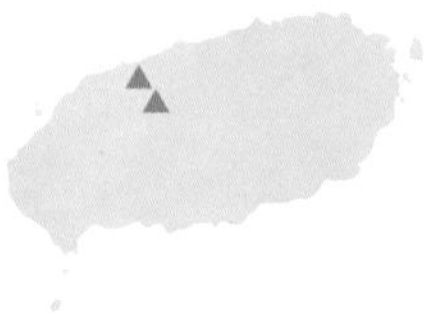

수산봉은 제주시 애월읍 수산리에 있다. 오름과 마을이 이름 하나를 나눠서 쓴다. 한자도 똑같다. 물水과 산山이 있어 수산이다. 이 동네에서 오름과 사람은 그만큼 가까웠다. 옛날에 수산봉 굼부리에 연못이 있었다고 한다. 산에 물이 있어서 수산이 되었고, 수산에 봉수를 세워서 수산봉이 됐다. 물메오름이라고도 한다.

수산봉은 수산리 뒷산이다. 산세가 완만해 만만해 보인다. 그러나 의외로 경사가 있다. 수산봉의 해발고도는 121미터이고 비고는 100미터다. 올라야 할 높이가 100미터면 낮은 오름은 아니다. 오름 자락이 퍼져 있어 높이가 가늠되지 않았을 뿐이다.

정상에 올랐지만 오름 정상 같지가 않았다. 오름 정상이면 굼부리가 있어야 하는데, 마땅히 있어야 할 웅덩이가 보이지 않았다. 그저 넓고 평평한 풀밭이었다. 운동기구 몇 개 들여놓은 품새가 영락없는 시민공원이었다. 풀밭에는 마침 개민들레가 지천으로 피어 있었다. 꽃 이름 앞에 '개' 자가 붙으면 가짜 꽃, 대개 서양에서 들어온 외래종 꽃을 이른다. 개민들레도 마찬가지다. 봄마다 산야를 노랗게 물들이는 저 민들레의 태반이 외래종이다. 시방 우리 강산은 외래종의 습격으로 골머리를 앓고 있다. 그 꼴을 참지 못해 개민들레만 보면 뜯어서 버리는 사람도 있다. 심각한 문제라는 건 다 아는데, 간단한 문제가 아니란 건 많이 알지 못한다. 우리가 알고 있는 고유종의 태반도 알고 보면 귀화종이어서다. 사람도 마찬가지다. 얼마 전까지만 해도 우리는 단일민족이라고 믿고 살았다.

적이 실망한 채 내려갈 참이었다. 오래전에 메웠다는 연못이 거기에 있었다. 언제 다시 조성했는지 모르겠으나 네모난 연못에는 흰 연꽃이 소담하게 피어 있었다. 연못가에서 한참을 서 있었다. 그리고 뱀을 봐도 달아나지 않는 개구리와 개구리를 봐도 쫓지 않는 뱀을 한동안 지켜봤다. 뱀이 아무리 연못을 헤집고 다녀도 개구리는 울지 않았다. 이것은 무슨 조화인가. 불경에 나오는 우화의 한 장면처럼 기이하고도 평화로운 풍경이었다.

내가 수산봉을 처음 오른 건 2013년 제주올레 걷기축제 때였다. 제주올레 16코스가 수산봉을 가로지른다. 2010년 제주올레 걷기축제가 개막한 이래 나는 한 번도 빠지지 않고 참석했다. 제주올레 걷기축제의 규칙은 간단하다. 하루에 한 코스씩 걷는다. 예외는 없다. 비가 쏟아져도 걷고, 눈발이 흩날려도 걷는다. 해종일 걷기만 하는 건 아니다. 중간중간에 공연도 열리고, 마을 부녀회에서 간식을 나눠주기도 한다. 제주올레 걷기축제는 걷는 행위가 흥겨운 문화축제가 될 수 있다는 사실을 증명하는 흔치 않은 사례다.

더불어 걷는 것은 혼자 걷는 것과 다른 일이다. 당신에게 당신의 앞사람은 뒷모습으로만 이해되고, 당신의 뒷사람 또한 당신의 뒷모습만

2013년 제주올레 걷기축제 개막식 풍경. 난장이 펼쳐졌다.

으로 당신을 이해한다. 사람의 뒷모습은 가장 순수한 모습이다. 다르게 꾸미거나 무언가를 숨길 수 없는 모습이어서다. 당신은 길 위에서 가장 솔직한 모습이 된다. 당신에게 당신과 나란히 걷는 길동무가 있다면 고맙고 귀한 일이다. 당신이 누군가와 나란히 걷는다는 것은 당신과 길동무가 서로 보폭을 맞추고 호흡을 나누는 사이라는 걸 의미하기 때문이다. 누군가의 동행이 된다는 것은 이토록 무거운 일이다.

제주올레 걷기축제가 여느 축제와 가장 다른 점이 개막식이다. 도지사를 비롯한 높으신 분이 다수 참석하는데 좀처럼 마이크를 잡지 못한다. 아예 말을 못 하는 건 아니다. 도지사에게는 "자! 출발합니다!" 한마디 정도는 허락한다. 내빈 여러분의 인사말씀, 국기에 대한 맹세, 애국가 제창 등등 이딴 허식을 제주올레는 경멸한다. 대신 흥겨운 춤판이 수시로 벌어진다. 2013년 애월읍 고내포구에서 열린 축제 개막식에서도 난장亂場이 벌어졌다. 서명숙 이사장이 해괴망측한 가발을 쓰고 다국적 올레꾼들과 온몸을 흔들었다. 막춤을 출 때 서명숙 이사장은 소녀 같았다. 그 해맑았던 표정을 잊지 못한다.

고내포구에서 시작한 올레길은 해안을 따라 이어지다 구엄마을로 들어간다. 구엄리는 돌염전 마을이다. 구엄리부터 신엄리까지 해안을 따라 돌염전을 들였는데 면적이 약 5,000제곱미터에 이른다. 해안에 펼쳐진 빌레(넓고 평평한 바위)에 흙으로 경계를 세운 다음 바닷물을 빌레에서 말려 돌염전이라 한다. 염전이 소금밭이니 돌염전은 돌소금밭이다. 제주에서는 바위도 밭이 된다. 바다도 바당밭이라고 하니 바위라고 밭이 못 될 건 없다. 제주에도 구좌읍 종달리를 비롯해 여러 마을에 소금밭이 있었다. 그러나 돌염전은 구엄리가 유일하다. 구엄리 돌염전은 1950년대까지 소금을 생산했다. 지금은 체험활동 현장으로 쓰인다.

구엄마을에서 찻길 하나만 건너면 수산리다. 수산리에는 수산봉 정상 말고도 물이 하나 더 있다. 수산봉 동남쪽 자락이 약 4만 제곱미터 넓이의 저수지와 만난다. 1960년 조성된 수산저수지는 제주에서 흔치 않은 민물 낚시터다. 오름과 저수지 사이에 천연기념물 제441호로 지정된 노송 한 그루가 서 있다. 400년 묵은 곰솔로, 높이는 12.5미터, 둘레는 4미터에 이른다. 물가로 가지를 드리운 모습이 그윽한 분위기를 자아내는데 마을에서는 눈이 덮이면 흰 곰처럼 보여 곰송熊松이라고 부른다고 했다. 수산봉에서 내려와 수산저수지 제방을 따라 걸으면 항파두리성에 다다른다.

삼별초의 재해석

삼별초가 여몽연합군과 최후의 격전을 벌인 현장이 항파두리성이다. 수산봉과 항파두리성은 직선거리로 2.5킬로미터 떨어져 있다. 올레길을 따라서 걸으면 4킬로미터 거리가 된다. 올레길은 일부러 직선을 버리고 곡선을 취한다. 수산봉보다 항파두리성과 더 가까운 오름도 있다. 그러나 수산봉만큼 의미를 부여할 만한 오름은 없다.

삼별초의 흔적은 섬 전역에서 발견된다. 제주의 무속신앙은 아예 김통정 장군을 신처럼 받들어 모신다. 항파두리성에서 패퇴한 김통정 등 삼별초 70여 명은 한라산 자락 붉은오름(1,061미터)에서 최후를 맞았다. 김통정이 자결하면서 흘린 피가 오름을 물들여 붉은오름이 됐다는 전설이 전해온다. 항파두리성 근처 파군봉波軍峰(84미터)이라는 오름은 군대를 격파한 봉우리라는 뜻이다. 파군봉 일대가 삼별초의 전초기지였다고 한다. 성산일출봉에서 김통정이 최후의 결전을 대비했다는 전설도 있는데, 역사적 사실과는 맞지 않는다.

제주에서 확인한 삼별초의 자취는 우리가 알고 있던 역사와 사뭇 달랐다. 여행기자로서 나는, 역사는 책에 있지 않다는 사실을 배웠다. 역사는 현장에 있었다. 제주의 역사는 당연히 제주 땅에 있었다. 그 역사는 여태 누구도 가르쳐주지 않은 역사였다. 먼저 기록을 보자.

1231년 몽골군 기병 3만 명이 압록강을 건너왔다. 1232년 고려는 도읍을 개성에서 강화도로 옮기고 항전에 돌입했다. 그러나 1259년 고려는 더 이상 견디지 못하고 몽골과 강화협정을 맺었다. 1270년에는 도읍을 개성으로 다시 옮겼다. 이때 삼별초가 난을 일으켰다. 삼별초는 진도로 내려가 고려군에 대항했으나 1271년 여몽연합군과의 싸움에서 크게 패했다. 대장 배중손 등이 죽었고, 김통정이 이끄는 잔당은 제주도로 후퇴했다. 1273년 4월 28일 여몽연합군 1만여 명이 제주에 상륙했다. 여몽연합군이 상륙한 지 사흘 만에 김통정의 삼별초는 전멸했다.

구엄리 돌염전. 해안가 천연암반에 염전을 조성하고 1950년대까지 소금을 생산했다.

삼별초는 최후까지 외세와 맞섰던 영웅이었을까. 삼별초가 난을 일으킨 시점을 다시 보자. 삼별초는 항복을 반대해서가 아니라 환도에 반대해서 난을 일으켰다. 삼별초는 임금(원종)을 무시하고 왕족 한 명을 자신의 임금으로 추대했다. 명백한 쿠데타였다. 개성으로 돌아가면 숙청될 운명이라는 걸 삼별초는 알고 있었다. 몽골이 침입한 뒤 온 백성이 도륙을 당하는 세월이 28년이나 이어졌다. 그러나 고려왕조는 강화도에서 나오지 않았다. 삼별초도 고려 왕조의 일부였다. 원종은 환도를 결정하면서 삼별초 해산도 명령했다. 삼별초는 망국에 반대했던 것이 아니라 자신을 버리려는 주인을 물기로 결심했던 것이다. 삼별초가 상륙하기 전까지 제주에는 피 흘리는 전쟁의 역사가 없었다. 그때만 해도 제주는 몰랐다. 삼별초의 싸움이 앞으로 이어질 비극의 시작이라는 걸.

항파두리성은 현재 사적 제396호로 지정돼 있다. 박정희 정부가 1977년 7억 4,500만 원을 들여 유적지로 조성했다. 이른바 군사유적 성역화사업의 하나였다. 유적지는 더도 덜도 말고 국립현충원처럼 생겼다. 박정희 정부는 삼별초를 순국선열 모시듯이 받들었다. 그 증거가 유적지 한복판에 설치된 분향소다. 기념관 건물은 예의 그 미색이다. 육영수 여사가 좋아했다는 색깔, 그래서 한때 모든 공공기관의 공식 컬러였던 그 색깔이다. 기념관 안에는 철 지난 화풍의 그림 몇 장만 걸려 있다. 내 눈에는 이게 더 문화재 같아 보였다.

항파두리성은 명월포(지금의 한림항)가 내다보이는 언덕 위에 건설됐다. 둘레 6킬로미터의 토성이 외성外城을 이루고 토성 안쪽을 둘레 750미터의 석성이 다시 두르는 이중성채였다. 항파두리缸波頭里는 항바두리의 한자 표기로 '항아리 가장자리처럼 둥글다'는 뜻이다. 아직도 항바두리라고 표기한 제주 자료가 있다. 성의 모양에서 유래한 이름이라고 추측한다. 토성 끄트머리에 안오름이 숨어 있다. 안오름의 해발고도는 186미터이지만 비고는 15미터 정도다. 눈여겨보지 않으면 지나칠 수 있다. 안오름은 삼별초가 주둔할 때 죽음을 앞둔 노인이나 병자를 옮겼던 터로 알려져 있다. 고려장의 현장이었다는 말이다. 한때 안오름 주변에 무당들이 집을 짓고 살았다고 하니 터무니없는 이야기는 아닌 듯하다. 안오름은 딱히 내세울 게 없는 오름이지만, 안오름까지 가는 토성길은 참 좋다. 토성 일부 구간을 복원해놓았는데, 5미터 높이의 토성이 언덕길처럼 돌아 있다. 언덕길 양옆으로는 메밀밭과 보리밭이 풍경화처럼 펼쳐진다. 마침 메밀꽃 피고 보리 익는 계절이어서 색감마저 도드라졌다. 개발의 여파가 미치지 않은 전형적인 중산간의 풍경이었다. 토성길에서 두어 시간을 어슬렁거렸지만 한 사람도 만나지 못했다. 수풀에서 노닐던 꿩들이 인기척에 놀라 여기저기에서 파드닥 날아올랐다. 꿩도 놀랐지만 나도 놀랐다. 아마도 한 장소에서 가장 많은 수의 꿩을 목격한 것 같다. 수산봉을 지나 항파두리성을 거친 제주올레 16코스가 토성길 구간을 지난다.

항파두리성 토성길 안쪽의 보리밭. 워낙 인적이 드문 곳이어서 혼자 걸을 때 자꾸 뒤를 돌아봤다.
이 보리밭에 숫자를 헤아릴 수 없을 만큼의 꿩이 산다.

환해장성環海長城을 아시는지. 이름 그대로 바다를 따라 섬을 두른 긴 성이다. 환해장성은 길이가 300리, 그러니까 117킬로미터에 이르렀다고 한다. 제주 해안선 길이가 약 420킬로미터이니까 28퍼센트에 달한다. 지금도 해안 곳곳에 환해장성이 남아 있다. 환해장성은 삼별초의 성이라 할 수 있다. 고려 정부가 삼별초의 제주 상륙을 막으려고 쌓았고, 삼별초가 제주에 진입한 뒤에는 여몽연합군의 공격을 막기 위해 삼별초가 다시 쌓았다. 역사는 돌고 도는 것일까. 아니다. 역사는 반복되는 것이다. 연신 돌을 날라다 성을 쌓은 건 제주 사람이었다. 애먼 제주 사람을 부려먹은 주체만 달라졌을 뿐이다.

삼별초를 섬멸한 뒤에도 몽골군은 돌아가지 않았다. 몽골군 약 1,500명이 제주에 남았다. 이후 원나라는 제주를 직할지로 지정했다. 이름도 제주에서 탐라로 바뀌고, 점령지 사령관 다루가치를 보내 직접 통치했다. 이후 제주는, 아니 탐라는 원나라의 국영목장 열네 곳 중 하나로 편입됐다. 말을 키우는 전문 인력 '목호'가 몽골에서 건너와 말 3만 마리를 키웠다. 그러니까 여몽연합군이 제주에 상륙한 1273년부터 최영 장군이 '목호의 난'을 진압한 1374년까지 101년 동안 제주는 엄밀히 말해 고려 영토가 아니었다. 몽골의 식민지였다.

1368년 세계 제국 원나라가 멸망했다. 새로운 대국 명나라는 제주 통치권을 주장했다. 100년이나 원의 직할지였으니 원을 무너뜨린 명이 제주를 물려받는 건 당연하다는 논리였다. 고려는 제주에서 올려 보낸 말을 명나라에 부지런히 바쳤다. 명나라가 필요로 한 것은 제주가 아니라 제주의 말이었기 때문이다. 1374년 명나라가 말 2,000필을 한꺼번에 요구하자 목호가 강력하게 반발했다. 제주에 내려보낸 고려 관료를 목호가 살해하는 사건이 잇따라 발생했다. 공민왕은 최영 장군에게 목호 토벌을 지시했고, 고려군 2만 5,615명이 투입됐다. 고려군과 목호의 최대 격전지가 새별오름 일대 중산간이었다. 새별오름 전투에서 밀린 목호는 서귀포시 예래동을 거쳐 범섬까지 도망쳤다. 황금을 보기를 돌같이 하던 최영 장군은 그들을 끝까지 쫓아가 다 죽였다. 여기까지가 목호의 난의 전모다.

부끄럽지만 나는 제주를 무시로 들락거리기 전까지 이 역사를 바로 알지 못했다. 여말선초의 혼란스러웠던 정세에서 역사는 남쪽 바다 너머의 분란을 크게 개의치 않았다. 그나마 등장하는 짧은 언급이 "몽골 잔당의 반란을 진압했다" 정도였다. 그러나 제주에 들어와서 목격한 목호의 난은 역사책과 많이 달랐다. 무엇보다 고려군의 규모는 경악할 수준이었다. 최영 장군은 군 최고사령관이었다. 최고사령관이 제주까지 내려와 작전을 지휘했다. 2만 5,600명의 병력은 믿기 힘든 것이었다. 위화도회군을 야기했던 고려의 요동정벌군이 3만 8,830명이었다. 고려는 명나라와 사생결단의 전쟁을 치르는 것처럼 제주의 목동이 일으킨 소요에 나라의 군사력을 집중했다. 그러니까 고려군이 제주에서 한 일은 진압이나 전투가 아니었다. 학살이었다.

당시의 제주는, 아니 탐라는 100년이 넘도록 원나라의 영토였다. 그 세월 동안 고려는 제주와 의미 있는 교류가 없었다. 목호가 몽골인이라고 하지만 꼭 그렇지도 않았다. 100년이면 세대가 세 번이나 바뀌는 세월이다. 일제 35년도 이토록 많은 잔재를 남겼는데, 하물며 100년 지배의 몽골이었다. 최영 장군이 몰살했던 목호 대부분은 제주 여자와 결혼을 했거나 제주 여자에게서 태어난 제주 사람이었다. 제주 성씨 중에 조趙, 석石, 강姜, 정鄭, 장張, 주周 등 원나라를 본관으로 삼은 성씨가 이렇게 많은 것이 증거다.

조선 초기 제주에 판관으로 부임한 하담이란 인물이 목호의 난에 관한 기록을 남겼다. "우리 동족이 아닌 것이 갑인년의 변을 불러들였다. 칼과 방패가 바다를 뒤덮고 간과 뇌가 땅을 가렸으니 말하면 목이 멘다." 기록에 등장하는 '우리 동족이 아닌 것'은 누구인가? 제주에서 100년을 살았던 목호인가? 새로운 주인 명나라인가? 아니면 이제야 주인 행세를 하려는 고려인가? 우리 편은 도대체 누구인가? 분명한 것은 당시 고려군이 죽인 반란군 대부분이 제주 사람이었다는 사실이다. 개민들레는 얼마나 더 많이 이 땅에서 피고 져야 우리 꽃인가. 1374년 갑인년의 변은 1948년의 무자년 난리와 다를 바 없었다. 그때나 지금이나 제주의 편은 없었다.

공민왕은 최측근 최영을 제주에 내려보낸 사이 신하들에게 암살당했다. 1374년 9월 22일의 일이었다. 그 이튿날 최영은 공민왕의 부고를 알지 못한 채 제주에서 출발했다. 그로부터 14년 뒤인 1388년 공민왕의 아들 우왕은 요동정벌군 총사령관 최영을 원정에서 제외했다. 우왕은 최영이 없는 동안 아버지가 살해당한 일을 기억하고 있었다. 최영 대신 원정군 지휘권을 물려받은 인물이 이성계였다. 이성계는 1388년 5월 위화도에서 회군했고 그해 12월 최영을 처형했다. 고려를 멸망시킨 건 어쩌면 제주의 목호였는지 모른다.

여행정보

제주올레 걷기축제는 해마다 11월에 열린다. 2010년 시작한 축제는 2015년까지 제주도를 한 바퀴 다 돌고 2016년부터 다시 섬을 돌고 있다. 제주올레 홈페이지(jejuolle.org) 참고.

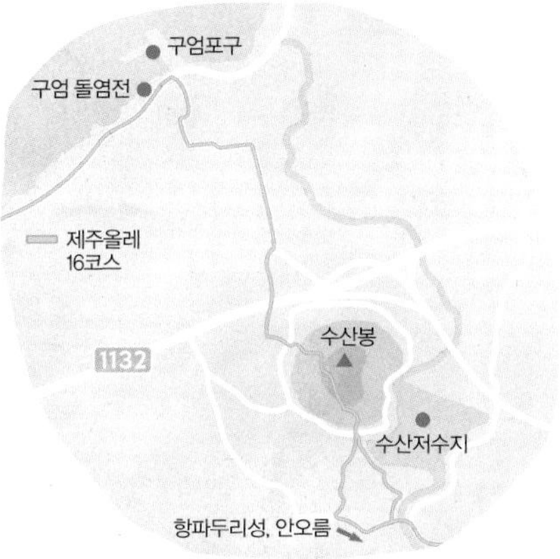

5장

울다

김영갑 그리고 오름

어떤 만남

용눈이오름

여기 곡선의 세상이 있다. 곡선으로만 이루어진 하나의 세상이 있다. 이 세상의 곡선은 변덕이 심하다. 올라가다 내려오고 내려가다 다시 올라온다. 끊어지는 줄 알았더니 이어지고 이어졌다 싶었더니 엉켜 있다. 한 번도 멈춰 서거나 일어선 적은 없다. 하여 직선의 긴장감은 여기에 없다. 날카로이 금을 그어야 하므로 직선은 늘 초조하다. 그러나 여기의 곡선은 내내 느긋하다. 안단테, 안단테, 안단테…. 속도가 줄어들고 소리가 잦아든다. 다만 박자는 놓치지 않는다. 곡선이 그리는 굴곡에는 장단이 매겨져 있다. 첫 박자에는 오르고 다음 박자에는 내린다. 상승과 하강의 곡선 운동, 무한히 들고 나는 바다의 움직임처럼 되풀이되고 또 되풀이된다. 곡선의 볼록과 오목이 만나는 지점에는 쉼표가 있다. 쉼표도 악보의 하나여서 쉼표를 놓치면 곡선의 운동도 끊긴다. 다음 음표로 완만하고 완곡하게 나아가야 한다. 이따금 멀어지는 것은 괜찮다. 멀어지는 것은 방금까지 가까이 있었던 것이다.

미안하지만 나는 울렁이는 곡선에서 생동감을 느끼지 못했다. 부풀어 오른 곡선에서 풍요로움을 받은 적도 없다. 곡선의 이 하염없는 여정에서 나는 가난하고 여리고 가냘픈 노동의 고단함만을 목격한다. 끝을 찾을 수 없는 뫼비우스의 띠이거나 한시도 멈출 수 없는 시시포스의 부단한 노동이 이 때꾼한 곡선의 정체다.

곡선이 곡선과 만나는 지점에서 곡선은 애매해진다. 다가서는 것인지 멀어지는 것인지 헤어지는 것인지 뒤섞이는 것인지 분명하지 않다. 선과 선은 서로 스며들고 포개져 면으로 합쳐진다. 질감을 상실한 선은 헐거운 면이 된다. 면은 비어 있어 휑한 것이다. 선은 보이지만 면은 보이지 않는 까닭이다. 하여 우리는 희미하고 흐릿한 면의 윤곽에서 종종 길을 잃는다. 곡선에서 우리는 지치기도 했지만 선을 따라서 무연히 걸을 수 있었다. 그러므로 곡선은 계속 일렁이고 너울져야 한다. 제 몸을 부지런히 밀어올리고 끌어내리며 다시 게으른 선을 그려야 한다. 곡선으로 돌아오면 출렁이기는 하지만 굽이치지는 않는다. 곡선에는 쉼표는 있지만 옹이는 없다. 그러고 보니 이 세상의 곡선은 바람을 닮았다. 쉬어가기는 하지만 멈추지는 않는다.

이성복 시인의 『오름 오르다』는 제주에서 활동한 고남수 사진작가의 오름 사진에 얹은 글을 엮은 책이다. 이성복 시인 특유의 감각적인 문장이 빛을 발하면서 『오름 오르다』는 오름의 미학을 알린 수작으로 꼽힌다. 오름을 모르는 도시인도 시인이 만들어낸 이미지만으로 오름을 소비할 수 있었다. 물론 그것도 좋다. 내가 안타까운 것은 시인과 오름의 거리다. 부드럽고 매끈한 곡선의 오름 사진을 바라보며 "봉긋한 배와 처진 가슴을 드러내놓고 잠자는 중년 여인"을 상상하는 시인의 문장은 수려하지만, 나는 이 관음증적인 시선이 싫다. 시인은 곡선을 바라보는 자리에서 벗어난 적이 없다. 대상을 미적 대상으로 인식하는 거리, 즉 대상이 아름다워 보이는 거리는 냉정히 말해 대상이 왜곡돼 보이는 거리다. 그 거리가 강요하는 미학을 나는 반대한다.

당대 시인의 오름 미학을 빌린 이유는 용눈이오름을 말하기 위해서다. 시인의 오름 미학이 용눈이오름만을 대상으로 한 것은 아니지만, 오름이 빚어내는 곡선의 미학을 말할 때 용눈이오름은 빠뜨릴 수 없는 오브제다. 말하자면 용눈이오름은 세상의 모든 곡선을 다 거느린 오름이다. 앞서 주저리주저리 읊은 곡선에 대한 헌사는 오롯이 용눈이오름의 것이었다. 이 낮고 어지러운 곡선에 홀려 허구한 날 용눈이오름에 들었던 사진작가가 있었다. 앞의 글은 사실 이제는 귀신이 된 그 사내를 불러내는 조문弔文이다.

고백하자면 용눈이오름은 내 첫 오름이었다. 2003년만 해도 소가 노

용눈이오름은 세상의 모든 곡선을 거느린 오름이다. 나에게는 고향 같은 오름이다.

닐던 목장이었다. 능선과 기슭 모두 소똥 천지였다. 눈 지 오래돼서 말라비틀어진 똥은 물론이고 막 눠서 질편하고 끈적거리는 소똥도 수두룩했다. 탐방로는커녕 진입로도 없었다. 누군가 철조망 구석에 만들어 놓은 작은 틈을 비집으며 오름을 드나들었다. 다시 고백하자면 용눈이오름은 내가 가장 많이 오른 오름이다. 옛날에는 소 때문에, 지금은 관광객 때문에 설치지만 가장 많이 낮잠에 들었던 오름이다. 용눈이오름은 나에게 고향 같은, 또는 무덤 같은 오름이다.

용눈이오름은 낮고 펑펑하다. 해발고도는 248미터이지만 비고는 88미터에 불과하다. 나무 한 그루 없는 민둥산이다. 용눈이라는 이름은 독특한 생김새에서 유래했다. 용이 누운 것처럼 생겨서 용눈이오름이 됐다. 한자 이름도 용와악龍臥岳이다. 용눈이오름의 외모는 설명하기가 어렵다. 울퉁불퉁한 등성이 능선을 따라 끝없이 이어진다. 오름이라기보다는 약 2.7킬로미터 둘레의 큼지막한 구릉지에 가깝다. 능선의 한 쪽은 용암이 흘러나와 터졌고, 다른 능선도 원형을 이루지 못하고 엉키거나 섞여 있다. 봉우리라고 부르기에는 민망하지만 여하튼 봉우리도 세 개나 있다. 봉우리가 세 개 있으니 굼부리도 세 개다. 용눈이오름은 최소 세 번 이상의 분화활동을 거친 복합화산이다. 하여 이렇게 복잡하고 헝클어진 모습의 오름이 누워 있을 수 있었다.

용눈이오름은 시방 온갖 매체에서 가장 자주 보이는 오름이다. CF에도, 영화에도, 예능 프로그램에도 나온다. 인기스타다. 지금은 야자수 매트가 탐방로를 따라 놓여 있고, 오름 아래에는 화장실과 매점을 갖춘 주차장도 들어섰다. 다 좋다. 그런데 오름 근처에 들어선 레일바이크는 여전히 이해가 안 된다.

인연에 관한 짧은 기록

고故 김영갑. 이제 그에 대하여 말할 차례다. 내가 그를 알고 지낸 시간은 겨우 18개월이다. 2003년 제주에서 감귤이 익어갈 무렵 그를 처음 만났고 2005년 유채꽃이 질 즈음 그를 떠나 보냈다. 그를 마주한 횟수는 아무리 후하게 쳐도 열여덟 번이나 될까 싶다. 나는 여행기자로서 사진작가 김영갑을 만났다. 그가 살아 있을 때 두 번 기사를 썼고, 그가 죽고 나서 여섯 번 기사를 썼다. 제주 여행 기사를 쓸 때 슬쩍 끼워 넣었던 갤러리 기사는 뺀 계산이다. 이제 와서 보니 나는 '김영갑'으로 시작하는 기사보다 '고故 김영갑'으로 시작하는 기사를 훨씬 더 많이 썼다. 그게, 지금 가장 아프다.

제주에 내려가면 그를 한 번 찾아가라고 한 건 사진기자 권혁재 선배였다. 마침 제주 여행 특집기사를 준비할 때였다. 제주를 정말 알고 싶으면 되바라진 관광지나 헤매지 말고 그의 사진 갤러리에 들르라고 말했다. 소주 몇 잔 들이켠 선배는 혼잣말처럼 내뱉었다. "대한민국에서 사진으로 열등감을 느끼는 유일한 사람이다."

이정표에도 없고 지도는커녕 내비게이션에도 나오지 않는 갤러리를 찾아가는 건 쉬운 일이 아니었다(물론 지금은 아니다). 서귀포시 성산읍 삼달리 돌담 늘어선 마을을 몇 바퀴째 돌다가 렌터카 백미러에 문득 손바닥만 한 문패가 들어왔다. '김영갑 갤러리'라고 쓰여 있었다.

"오고 싶은 사람만 오라고 이름표만 걸었지요. 용케도 찾아오셨네요. 제주 토박이도 한참을 헤매는데." 갤러리 입구에 놓아둔 나무의자에서 그는 나를 맞았다. 각오했던 것보다 병색이 짙었다.

그는 말을 할 때마다 오른손을 들어 입을 가렸다. 입을 움직이면 얼굴이 흉하게 일그러진다는 걸 그는 알고 있었다. 그가 말을 하면 나는 일부러 시선을 피했다. 발음도 정확하지 않아 듣기 어려웠지만 다 알아들은 것처럼 연신 고개를 끄덕였다. 내가 찾아갔을 때 김영갑은 오래전에 시한부 판정을 받은 뒤였다. 모든 병원치료를 중단하고 자연치유라는 이름으로 죽음을 준비하던 때였다. 근위축성 측삭경화증. 우리에게는 루게릭병으로 더 알려진 불치병이다. 10만 명 중 한두 명이 걸리고, 발병하면 길어야 5년을 넘기지 못한다는 병이다. 병인을 알 수 없어 치료약도 없다. 하루하루 말라가는 온몸의 근육을 지켜보며 죽어가는 저주 같은 병이다. 지독하고 잔인한 형벌이다.

김영갑은 1957년 충청남도 부여에서 태어났다. 육남매 중 막내였다. 월남 갔다 온 형님이 갖고 온 카메라를 갖고 놀며 학창시절을 보냈다. 서울의 공업고등학교를 졸업하고 사진을 찍겠다고 혼자 돌아다녔다. 제주와 처음 연을 맺은 것은 1982년이었고, 제주에 정착한 것은 1985년이었다. 루게릭병에 걸린 건 1990년대 중반이었고, 확정 판정을 받은 건 1999년이었다. 2002년 삼달리의 폐교를 빌렸고, 2003년 6월 사진갤러리 '두모악'을 열었다.

그러니까 내가 처음 갤러리를 찾아갔을 때는 갤러리를 연 지 서너 달이 지난 뒤였다. 지금의 갤러리 정원이 공터여서 렌터카를 아무렇게나 주차하던 시절이었다. 제주에 머무는 닷새 동안 날마다 그의 갤러리를 들렀다. 권혁재 선배한테 들은 게 있어서 갤러리에 들를 때마다 이것저것을 사갔다. 담배가 제일 많았고, 인스턴트 죽과 영양갱도 챙겼다. 첫날은 어색했지만 마지막날은 형님 동생 하며 헤어졌다. 그날 이후 나는 제주에 내려갈 때마다 갤러리를 찾았다. 인스턴트 죽은 빼먹은 적이 있지만 에쎄 담배 한 보루는 빠뜨린 적이 없다.

김영갑. 2003년 11월에 촬영한 모습이다.

2004년 여름 들머리. 형님이 처음으로 부탁을 했다. 사뭇 진지한 표정으로 "네가 꼭 들어줘야겠다. 이 부탁만 들어주면 금세 다 나을 것 같다"고 말했다. 그리고 "에어컨 좀 사주라. 모기 때문에 죽겠다"고 털어놓았다. 형님은 세상에서 모기가 제일 무섭다고 했다. 악몽 같은 이야기였다. 모기가 왱왱 소리를 내며 다가온다. 콧등에 앉아 침을 꽂는다. 피를 다 뽑고 배를 불린 모기가 다시 날아간다. 이 모든 과정을 형님은 인지하고 있었다. 그러나 말을 듣지 않는 육신으로 모기를 뿌리칠 수 없었다. 이 순간 그는 미칠 것처럼 비참하다고 말했다.

형님이 겪은 고통은 타인이 알 수 없는 것이었다. 나도 실수를 했었다. 맨 처음 그를 만났을 때였다. 덥수룩한 수염을 보고 "수염이 잘 어울린다"고 인사말을 건넸다. 그러나 그는 이 말에 상처를 받았다. 그는 아프고 난 뒤로 거울을 보지 않았다. 74킬로그램이었던 체중이 47킬로그램으로 내려간 뒤로는 몸무게도 재지 않았다. 지저분해 보이는 것은 싫었지만 면도도 할 수 없었다. 형님은 2004년 출간된 『그 섬에 내가 있었네』에서 제 처지를 이렇게 드러냈다.

"만일 처음부터 (갤러리) 완성을 생각했다면 시작도 못했을 것이다. 그저 오늘 하루만, 한 주만, 한 달만, 내 힘이 닿는 데까지만 해볼 생각이었다. 나는 이제 더 이상 사진을 찍을 수 없다. 온몸의 기력이 소진해 카메라를 들기는커녕 손가락 힘이 없어 셔터조차 누를 수 없기 때문이다. 고개를 옆으로 돌리거나 앞뒤로 움직일 수도 없다. 잔인한 통증 때문이다. 죽을 넘기기에도 힘에 부친다. 사진을 찍을 수 없는 하루는 너무 더디 간다."

형님이 부탁한 에어컨은 비쌌다. 갤러리를 다 감당하려면 에어컨이 커야 했다. 나는 권혁재 선배와 상의했고 각자 돈을 만들기로 했다. 그러나 권 선배가 그 큰돈을 혼자 부쳤다. 그 돈을 어떻게 마련했는지 선배는 끝내 말하지 않았다.

생전의 김영갑이 사진 시장에서 차지하는 자리는 미미했다. 사진을 전공한 적이 없으니 아는 사람이 없었다. 변변한 상도 받아본 적이 없다. 그저 혼자 제주의 중산간을 싸돌아다녔을 뿐이었다. 전시회는 여러 번 열었으나 작품을 팔지는 않았다. 밥이 없어도 필름은 샀고, 배가 고프면 중산간에서 당근을 뽑아 먹으며 허기를 달랬다. 간첩으로 몰린 적도 여러 번이다. 그렇게 그는 20만 컷이 넘는다는 필름을 남겼다. 김영갑은 오히려 죽고 나서 유명해졌다. 용눈이오름처럼 그의 갤러리도 제주도가 추천하는 관광명소가 됐다. 김영갑은 2005년 5월 29일 죽었다. 시한부 판정을 받은 지 6년이 지난 뒤였다. 길어야 5년이라던 시간보다 그는 1년을 더 버텨냈다. 그리고 훌훌 털어버리듯이 어느 날 문득 고단했던 이승의 삶을 내려놓았다.

남들은 김영갑을 기억할 때 치열한 작가정신을 말한다. 글쎄다. 나한테는 그냥 딱한 사내였고 불쌍한 형님이었다. 담배 한 보루 죽 한 그릇 못 챙겨줘 미안한, 그런 가난한 인연이었다. 갤러리가 김영갑의 심장이면 용눈이오름은 김영갑의 시선이다. 이 언덕배기 어느 한 구석 그가 밟지 않은 땅이 없다. 여행은 낯선 공간을 경험하는 일이 아니라 낯선 시간을 경험하는 일일지 모른다. 그의 시간이 오늘 여기의 공간으로 남아 있으므로.

여행정보

김영갑의 사진은 살 수 없다. 대신 연말이면 갤러리에서 달력을 만들어 판다. 김영갑은 생전에 여러 권의 책을 남겼는데 『그 섬에 내가 있었네』(2013)가 가장 유명하다.

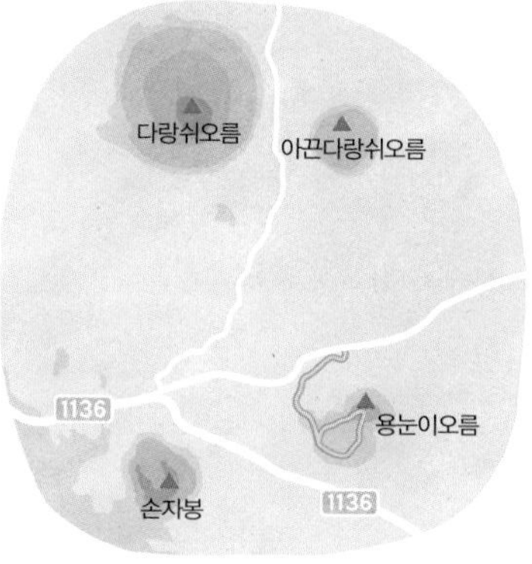

뒤늦은 부고

둔지봉

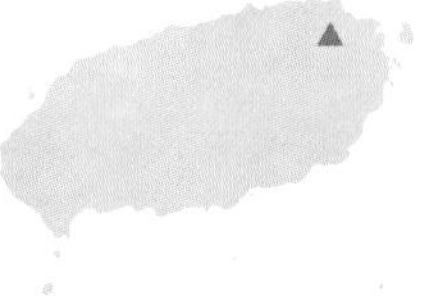

다시 중산간을 생각한다. 이름은 산간山間이지만, 해발고도는 200~600미터의 낮고 평평한 땅이다. 남한 최고봉 한라산을 생각하면 이름에 '산'을 내건 꼴이 무색하다. 이 들판에 굳이 산을 갖다 붙인 건 사람들이다. 그만큼 그들은 바다와 붙어서 살았고, 그만큼 한라산이 멀고 무서웠다. 중산간은 생활의 터전과 신의 영역을 매개하는 중간계이고, 오름은 제주 사람이 마을로 끌고 내려온 산이다.

중산간은 실제로도 중간계의 역할을 했다. 제주 사람은 중산간 양지바른 터에 감자, 무, 배추, 유채, 메밀, 보리 따위를 심었고 오름 자락에 마소를 풀어서 키웠다. 중산간에 올라 약초를 캤고 곶자왈에 들어

땔감을 구했다. 제주 사람은 죽어서도 중산간에 올랐다. 돌담을 두르고 유택幽宅을 지었다. 제주 사람의 삶과 죽음이 여기 중산간에서 얽히고설킨다. 김영갑의 삶과 죽음도 그러했다.

죽기 직전의 김영갑은 왜 둔지봉을 떠올렸을까. 병들어 꼼짝도 못하는 육신으로 왜 이 쓸쓸한 무덤 산을 꿈꿨을까. 둔지봉은 동부 오름 군락에서도 가장 외진 구석에 박혀 있다. 이정표가 없어 나는 둔지봉에 들 때마다 길을 잃는다. 섬 전체가 개발의 몸살을 앓고 있다지만, 여기 둔지봉 자락은 아직 잠잠하다. 하여 나는 둔지봉에 들 때마다 조바심이 인다. 어느 날 무방비로 들어갔다가 둔지봉 어귀에서 으리으리한 건물을 맞닥뜨릴 것 같아서다. 지금 같은 개발속도를 생각하면 얼마 안 남은 미래일 터다. 둔지봉 자락은 중산간의 애초 모습을 간직한 몇 안 되는 오지다. 배추밭, 감자밭, 메밀밭 등 제주 사람이 일군 풍경이 아예 없는 것은 아니다. 그래도 내버려둔 풀밭이 여기 중산간에는 훨씬 더 많다. 이른바 초지다. 말이나 소에게 먹일 풀을 키우는 풀밭. 인간이 풀밭에 기능을 부여해 초지라 이를 뿐, 원래의 중산간은 이 헝클어진 풀밭의 모습이었다. 둔지봉은 최후의 중산간이다.

"사진작업을 하지 못한 5년 동안 가장 선명하게 떠오른 곳이 둔지봉 주변이다. 계속해서 이어지는 시련 속에서도 내가 떠날 수 없었던 것은 둔지봉이 있어서였다. 내 영혼을 사로잡아 섬에 홀리게 만든 마력이 숨어 있기 때문이다. 중산간 들녘 중에서 이곳을 첫째로 꼽는 것은 둔지봉 때문만은 아니다. 오름의 아름다움을 나열한다면 둔지봉은 오히려 끝부분에 자리한다. 제주의 정체성을 꼽을 때 나는 가장 먼저 여기를 꼽는다. 나는 제주에서의 20년 중 가장 오랜 시간을 이곳에서 보냈다. 나는 이곳에서 오랜 시간 명상에 잠기곤 했다. 사진을 찍고 싶다는 생각을 떨쳐버리고 그저 편안한 상태에서 걸어봤다. 그러다 보면 불현듯 가슴이 뭉클해지고, 그때 셔터를 눌렀다. 이것이 바로 '삽시간의 황홀'이었다. 이때의 '은은한 황홀'은 내 안에서 찾아왔다."

김영갑은 1990년대 중반부터 아팠고 2000년부터 사진을 찍지 못했다. 그러므로 "사진작업을 하지 못한 5년"은 2005년 그가 죽기 직전 이 글을 썼다는 사실을 가리킨다. 이 글은 김영갑이 쓴 책에 없다. 김영갑의 마지막 책 『그 섬에 내가 있었네』는 2004년 1월 출간됐다. 이 글은 생전의 김영갑이 출판사에 원고를 넘긴 뒤 새로 쓴 것이었다. 2015년 형님 10주기 추모기사를 취재하러 갔을 때 박훈일 관장이 기사에 참고하라며 보내줬다. 이 인용문은 A4용지 한 장이 조금 넘는 원고 중에서 핵심이 되는 부분을 추린 것이다. 파일이름은 '둔지봉원본'이었다.

김영갑의 이 글에 둔지봉의 모든 것이 들어 있다. 무슨 설명이 더 필요할까. 대단히 외람된 이야기이지만, 나는 둔지봉을 이 책에서 뺄까 진지하게 고민했었다. 둔지봉의 그 새벽 풍경마저 사라지면 더 이상 오름에서 김영갑을 기억할 수 없는 것은 아닐까 두려웠다. 이미 너무 많은 것이 변했고 너무 빠르게 사라지고 있다.

이른 새벽 둔지봉 기슭에서 내다본 다랑쉬오름. 김영갑이 죽기 전까지 그리워했던 풍경이다.

삽시간의 황홀

둔지봉 자락은 광활한 공동묘지다. 수많은 무덤이 둔지봉 아랫도리를 감싸고 있다. 줄을 맞춰 늘어선 무덤도 있지만 시간을 두고 하나씩 자리를 잡아 산담의 방향과 모양, 크기가 제각각인 무덤이 대부분이다. 둔지봉에서 제일 먼저 시선을 끄는 주인공이 이 산담이다. 둔지봉 자락은 예부터 좋은 묏자리로 이름난 명당이라고 한다. 죽음을 앞둔 김영갑이 하필이면 무덤 천지 오름을 애타게 찾았다. 얄궂다면 얄궂다.

오름에서 무덤은 빠질 수 없는 오브제다. 봉분 자체가 봉긋한 오름을 닮았고, 올망졸망 모인 무덤도 올망졸망 돋은 오름을 닮았다. 무덤에는 주위로 산담을 두른다. 무덤 자체를 산담 또는 산갓이라고도 한다. 산담에는 타원형도 있지만 대부분이 정사각형이다. 무덤 앞의 산담이 높고 뒤가 낮다. 오름 어귀 경사진 자리에 무덤을 쓰기 때문이다. 산담은 보통 1미터 높이까지 쌓는다. 오목하거나 볼록한 곡선의 오름에서 정사각형의 산담은 단연 돋보인다. 오로지 바라보는 입장에서, 산담은 한가로운 화면에 긴장감을 불어넣는 역할을 한다. 바라보는 입장에서는 미학적 가치를 운운할 수 있겠으나 살아가는 입장에서는 차분하게 구실을 따질 수밖에 없다. 산담은 마소가 봉분을 해치거나 산불이나 방애불(초지에 일부러 놓은 불)이 무덤으로 번지는 사고를 막는 방어벽의 역할을 한다.

산담에도 문이 있다. 귀신이 드나드는 문이어서 신문神門이다. 제주 사람은 부르기 쉽게 시문이라 한다. 집에서 제사를 지낼 때 슬쩍 문을 열어놓는 것처럼 돌 몇 개를 비워 귀신을 위한 통로를 만들어놓았다. 봉분을 중심으로 오른쪽에 시문이 있으면 남자 묘고, 왼쪽에 구멍이 있으면 여자 묘다. 시문 위에는 넙죽한 돌이 하나 얹혀 있다. 정돌이라고 한다. 제주의 전통대문 정낭과 역할이 비슷하다. 산담에 시문이 있으면 120년이 안 된 묘라는 뜻이다. 제주에서도 고조까지만 제사를 지낸다. 한 세대를 흔히 30년으로 계산하니까 4대조까지 120년이다. 5대조 조상부터는 모시지 않아 시문을 닫는다. 제주에서는 묏를 쓸 때 '산씨다(산을 쓰다)'고 표현한다. 묏자리는 '산터'라 하고, 묏자리 알아보는 일은 '구산한다(산을 구하다)'고 말한다. 죄다 '산'이다. 다시 강조하지만 제주에서 산은 이 세상의 영역이 아니다.

둔지봉은 제주시 구좌읍 한동리와 덕천리의 경계를 이룬다. 행정구역은 한동리에 속한다. 해발고도는 282미터이고 비고는 152미터다. 둔지는 평지보다 조금 높은 곳을 이른다. 마소가 많이 모여 무리를 이룰 때도 '둔진다'고 한다. 두 뜻 모두 둔지봉에 매겨져 있다. 둔지봉은 여러 번 들었지만, 정상은 올라가본 적이 없다. 오로지 김영갑 때문이다. 김영갑이 지목한 지점에서만 나는 둔지봉을 경험했다. 둔지봉은 바라보는 오름도 아니고 올라가는 오름도 아니다. 김영갑이 지정한 기슭에서서 삽시간의 황홀을 만끽하는 오름이다.

"둔지봉 북쪽 끝자락 2차선 도로 양쪽에 공동묘지가 있는데, 오른

둔지봉 주변의 중산간 초원. 개발의 여파가 아직은 미치지 않아 옛 모습 그대로를 간직하고 있다.

쪽 농로를 따라 1킬로미터 정도 가면 둔지봉 올라가는 길이 나 있다. 직진해서 1킬로미터 더 가면 농로는 끝이 난다. 그곳에 차를 세워놓고 비포장도로를 따라 산책하면 둔지봉의 정취를 마음껏 느낄 수 있다. 나는 주차해놓은 곳에서 보이는 둔지봉을 가장 사랑한다."

앞서 인용한 글에 나오는 구절이다. 이 대목을 읽으면서 나는 울컥했다. 아! 형님은 길을 외우고 있었다. 5년이나 못 갔는데 길을 다 알고 있었다. 그는 병들어 누워서도 둔지봉을 꿈꾼 것이다. 그래서 어제 올랐던 길처럼 조목조목 들려주는 것이다. 김영갑은 둔지봉을 가슴에 묻어두고 살다가 죽었다.

나는 둔지봉 하면 징글징글한 비가 먼저 떠오른다. 둔지봉에 갈 때마다 비가 퍼부었다. 권혁재 선배와 형님의 5주기 추모기사를 취재하러 갔을 때는 정말로 죽을 뻔했다. 우비와 장화로 중무장했지만 속옷까지 다 젖었다. 옆에서 따귀를 때리는 비를 피할 수 있는 방법은 없었다. 그래도 우리는 온종일 돌아다녔다. 박훈일 관장이 운전하는 용달트럭이 수륙양용차처럼 길을 뚫었다. 그날 저녁 TV 뉴스에서 제주 산간지역 강수량이 600밀리미터가 넘었다는 걸 알았다. 순간 나와 권혁재 선배의 눈이 마주쳤다. '진짜로 죽을 뻔했구나' 하는 안도의 눈길이었다. 5주기만 아니었어도 이렇게 미련하게 작업하진 않았을 터였다. 딴에는 제사상에 술 한 잔 못 올린 동생들의 성의였다. 형님이 어떤 환경에서 사진을 찍었는지 동생들에게 가르쳐주고 싶었는지도 모른다. 형님이 남긴 사진에서 맑은 하늘은 많지 않다.

딱 한 번이었다. 둔지봉에서 나는 여명을 딱 한 번 봤다. 그날도 나는 형님이 서 있으라고 한 그 장소에 서서 동이 트기를 기다렸다. 그리고 나는 거기에서 세상이 열리는 장면을 목격했다. 원시의 지구가 기지개를 켜는 것처럼 중산간이 게으름을 피우며 제 속살을 드러냈다. 정신없이 카메라 셔터를 누르다 울었다. 아니 눈물을 연신 훔치다 정신을 차려 셔터를 눌렀다. 왼쪽부터 다랑쉬오름, 돝오름, 동거문이오름, 높은오름이 아침 햇빛을 받아 번뜩였다. 갤러리에서 봤던 바로 그 장면이었다. 지금 여기에 김영갑이 있었다.

해가 완전히 뜨면 얼른 짐을 싸야 했다. 둔지봉 정상도 탐이 났지만 박훈일 관장의 성화를 이길 수는 없었다. 둔지봉에서 자동차로 5분 거리에 '구름언덕'이 있다. 메밀밭과 무밭 사이에 돋은 야트막한 알오름이다. 서귀포 갯바위에 서명숙의 '폭풍의 언덕'이 있다면, 중산간 후미진 들녘에는 김영갑의 '구름언덕'이 있다. 용눈이오름과 더불어 김영갑의 작품세계를 상징하는 또 하나의 장면이 여기에서 연출된다. 낮고 펑퍼짐한 알오름 양쪽에 소나무 한 그루씩 서 있는 풍경이다. 갤러리에 가본 사람은 안다. 이 허한 풍경의 사진이 김영갑의 모질었던 인생을 자꾸 떠올리게 한다. 갤러리에서도 이 사진 앞이 제일 북적인다. 원래는 이름이 없었는데 손님이 하도 이름을 물어와 박훈일 관장이 구름언덕이라고 지었다.

부고를 쓰다

"23년간 제주도의 풍광을 카메라에 담아온 사진작가 김영갑 씨가 29일 별세했다. 48세."

중앙일보 2005년 5월 30일자 28면 부고기사의 글머리다. 모두 600자 기사였다. 나는 김영갑 부고를 쓰면서 600자로 하나의 인생을 압축하는 것은 죄악일 수 있다는 생각을 했다. 이 짧은 부고기사에서 나는 어떠한 표정도 감정도 담을 수 없었다. 나는 엉엉 울며 기사를 썼다. 기사를 어떻게 마감했는지 기억이 안 난다. 부고면 담당부장 앞에서 엉엉 울며 기사를 더 쓰게 해달라고 생떼 부렸던 기억은 난다.

김영갑은 별안간 갔다. 전에도 일주일을 끙끙 앓다가 일어났던 적이 있어서 그날 아침에도 일어날 줄 알았다고 한다. 당시에는 갤러리 직원이었던 박훈일 관장이 전날 종일 아무것도 못 먹고 누워 있는 형님이 불안해 "옆방에서 잘까요?" 물었더니 "아니다. 들어가라" 분명히 대답했었더란다. 그러나 그날은 몸이 끝까지 말을 듣지 않았다. 그래서 임종을 지켜본 이도 없고, 유언도 없다. 평생을 혼자 살더니 갈 때도 혼자 갔다. 햇볕 따사로운 오월의 봄날이었고, 지금은 말끔히 단장된 갤러리 마당 공사가 한창 진행 중이었다. 죽기 두 달쯤 전 그는 나에게 감나무 이야기를 늘어놓았었다.

"감나무 있잖아. 마을에서 벼락 맞았다고 버린 거 주워 왔었다고. 시커먼 밑동만 남은 걸 갤러리 앞마당에 심었는데 싹이 났다고 했잖

아. 올해는 꽃이 필 것 같다. 꽃이 피면 감도 열릴 것 아니냐. 생명이란 게 대단하지 않냐? 감나무는 죽었던 건데 살아났으니까 나도 살 거 같지 않냐? 킬킬킬."

내가 기억하는 김영갑은 웃지 못했다. 웃는 표정을 짓지 못했다. 얼굴 근육이 없어서였다. 대신 그는 웃는 소리를 내 감정을 표현했다. 그의 웃음은 낮고 걸걸한 소리였고, 그 소리를 들으며 나는 형님의 건강을 안심했다. 솔직히 나는 김영갑이 한참 더 살 줄 알았다. 이미 병원이 내린 시한부 5년을 1년이나 넘긴 뒤였다. 하여 그의 부고에는 시차가 있었다. 김영갑의 부고는 시한을 넘긴 것이었다. 2005년 5월 29일 부고를 마감하자마자 제주로 내려갔다. 그가 늘 앉아 있던 갤러리 입구 왼쪽의 나무의자에 영정이 놓여 있었다.

형님은 가루가 되어 그 감나무 아래에 뿌려졌다. 형님이 있는 자리다. 나는 갤러리를 들를 때마다 감나무 앞에 먼저 선다. 그리고 담배에 불을 붙여 나무 앞에 놓는다. 생전의 그는 줄기차게 담배를 피워댔다. 시한부 인생한테 건강 운운하는 것이 우스워 말리지도 않았다. 그는 아프고 나서도 달라지지 않은 건 담배밖에 없다고 했었다. 아직은 괜찮다고 알리고 싶어 담배를 문다고도 했었다. 감나무 앞의 담배는 이상하게도 필터 앞까지 금세 타버린다. 심술 맞은 제주 바람 때문이겠지만, 나는 저승에서도 형님이 담배를 안 끊었다고 확신한다. "좀 작작 좀 피쇼." 부러 소리 내 핀잔을 준다.

갤러리는 지금 명소가 됐다. 고마운 일이다. 제주올레 3코스가 갤러리 앞을 지나면서 올레꾼 덕도 봤다. 2015년에는 한국관광공사가 선정하는 한국관광 100선에 들기도 했다. 솔직히 형님이 살아 있었어도 이랬을까 싶다. 박훈일 관장이 정말 고생이 많았다. 언젠가는 갤러리 앞에 긴 줄이 서 있어 멀찍이서 사람만 구경하다 돌아온 적도 있다. 주차장에 늘어선 렌터카만 바라봐도 나는 흐뭇하다. 진심이다.

여행정보

김영갑 갤러리 '두모악'은 입장료가 있다. 어른 4,500원. 김영갑의 책과 엽서, 달력 등 기념품을 살 수 있다. 갤러리 뒤편에는 무인카페도 있다. 캡슐커피 3,000원. 매주 수요일 휴무.

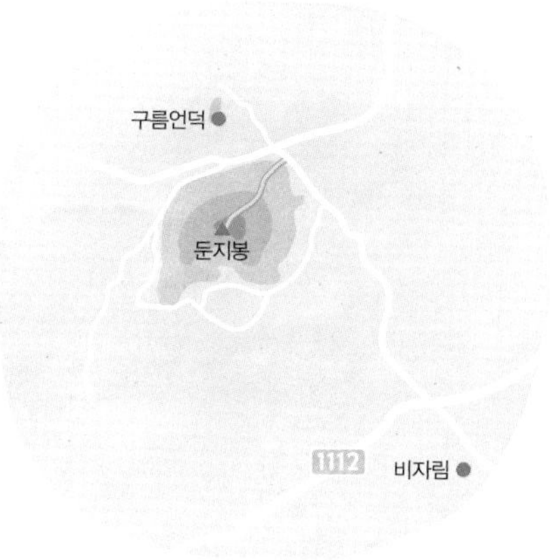

직선과 곡선

다랑쉬오름, 아끈다랑쉬오름

단 하나의 오름이라면 십중팔구는 다랑쉬오름을 꼽을 터다. 성산일출봉, 산방산, 송악산도 이름난 오름이지만 이들 오름은 일찍이 자력갱생의 길에 들어선 관광명소이므로 의미가 다르다. 다랑쉬오름은 오름 하면 제일 먼저 떠오르는 연관 검색어이자, 오름 어귀에 관광버스 주차장까지 마련한 제주의 대표 관광자원이다. 내가 오름 여행을 기획한 것도 다랑쉬오름 나무계단에서 겪은 병목현상의 충격 때문이었다. 다랑쉬오름과 용눈이오름은 관광자원으로 소비되는 제주 동부 오름밭의 두 주인공이다.

다랑쉬오름은 크고 높은 오름이다. 오름 전체 둘레가 3,391미터에 해발고도는 382미터에 이른다. 동부 오름 군락에서 높은오름(405미터) 다음으로 키가 크다. 눈여겨봐야 할 것은 산 자체의 높이, 즉 비고다. 다랑쉬오름은 비고가 227미터인 반면에 높은오름은 175미터다. 정상까지 거리가 다랑쉬오름이 높은오름보다 52미터 더 길다는 뜻이다. 거리만 긴 것이 아니다. 다랑쉬오름은 가파른 비탈을 40분은 족히 올라야 한다. 제법 단단한 각오가 필요하다.

다랑쉬오름을 두고 흔히 오름의 여왕이라고 한다. 워낙 유명한 비유가 돼버려서 다랑쉬오름 하면 너 나 할 것 없이 여왕님 타령이다. 소위 '다랑쉬 여왕론'의 창시자는 물론 김종철 선생이다. 『오름나그네』에서 선생은 다음과 같이 다랑쉬오름을 찬양했다.

"비단 치마에 몸을 감싼 여인처럼 우아한 몸맵시가 가을 하늘에 말쑥하다. … 빼어난 균제미에 있어서는 구좌읍 일대에서 단연 여왕의 자리를 차지한다."

선생의 구좌읍 일대가 내가 말하는 동부 오름 군락, 즉 오름밭과 대체로 일치한다. 선생의 수사가 지금의 시선으로는 낡아 보이기는 하나, 선생의 말마따나 다랑쉬오름이 동부 오름 군락에서 돋보이는 오름인 것은 부인할 수 없는 사실이다. 다만 선생이 균제미를 언급한 것처럼 다랑쉬오름은 아름다운 오름이라기보다 잘생긴 오름이라고 말하고 싶다. 다랑쉬오름은 오름 둘레와 굼부리 둘레가 그리는 동그라미가 동심

원에 가까워 거의 완전한 형태의 원형을 구현한다. 따라서 다랑쉬오름은 어느 지점에서나 대칭적으로 보인다. 지도에서도 일정한 간격의 등고선이 또렷하다. 한 번의 강력한 폭발만 발생했을 때 이렇게 말끔한 형체의 화산이 형성된다. 화산이 생성된 뒤에도 추가적인 변동이 없어 애초의 화산 형체가 잘 유지돼 있다.

비단 치마를 두른 여왕은 우아하지만 균형미하고는 거리가 있다. 하여 다랑쉬오름이 여왕처럼 아름답다는 선생의 문장은 수정되어야 한다. 수학적인 비율과 완성체로의 균형미를 앞세우고 싶었으면 미스코리아의 통일된 신체사이즈와 비교를 하는 것이 되레 어울렸다. 그러나 요즘은 시대가 달라져 미스코리아도 적절한 인용 사례가 되지 못한다. 해부학을 도입해 인체 비율을 구현했다는 밀로의 비너스상이나 인체 비율을 계산했다는 레오나르도 다빈치의 신체론 같은 작품을 인용한다면 그나마 나았을지 모르겠다. 아무튼 다랑쉬오름은 잘생겼다.

속 깊은 오름

다랑쉬오름의 아랫도리도 삼나무가 두르고 있다. 언뜻 삼나무 산으로 보이지만 중턱 위부터는 나무가 없다. 삼나무를 치마처럼 두른 오름은 다랑쉬오름 말고도 많다. 민둥산을 참지 못했던 박정희 정부 시대, 오름에도 나무를 심으라는 명령을 말단 공무원이 무시할 수 없는 노릇이었다. 하여 오름 아랫도리와 오름 어귀 길가에 대충 삼나무를 심었다. 보여주기식 사업이었으니 슬쩍 보여주기만 하면 됐다. 지금 와서 보면 되레 고마운 안일주의 행정이었다. 다랑쉬오름 삼나무 숲 사이로 반듯하고 가파른 나무계단이 하늘을 향해 뻗어 있다.

거친 숨 몰아쉬며 정상에 오르면 두 가지 풍경에 압도된다. 하나는 물론 조망이다. 무엇을 더 말할 수 있겠는가. 오름밭에서 가장 높이 올라 내려다보는데 무엇이 가려져 안 보이고 무엇이 숨어 안 드러나겠는가. 열거하기도 힘들다. 제주 지도 펼쳐놓고 동쪽의 오름은 다 보인다고 생각하면 대체로 맞다. 시야가 맑으면 바다 건너 우도봉까지 내다보인다. 이왕이면 이른 아침, 정확히 말하면 해가 뜨기 전에 정상에 오르기를 권한다. 일출은 실패해도 괜찮다. 해가 뜬 직후, 그러니까 비스듬히 누운 아침햇살이 오름밭을 서서히 밝히는 장면이 실은 하이라이트다. 해가 뜬 직후처럼 해가 진 직후도 놓치면 안 된다. 혹시 '이내'라는 명사를 아시는지. 해가 진 뒤에도 파란 기운이 남아 있는 하늘을 가리킨다. 세상에서 제일 고운 파란색이다. 이내는 기껏해야 10분 정도 이어진다. 그 10분이 지나면 하늘은 본래의 우주 색깔로 돌아간다. 색깔은 의외로 시간적 개념이다.

다음으로 압도당하는 대상은 굼부리다. 거대하고 깊은 아가리가 은근히 겁이 날 정도다. 깔때기 모양의 원형 굼부리는 바깥둘레가 1,500미터에 가깝다. 크기도 크거니와 다랑쉬오름의 굼부리는 깊이도 깊다. 깊이가 115미터나 된다. 다랑쉬오름의 굼부리 깊이와 백록담의 깊이가 같다. 한라산(1,950미터)의 높이를 생각하면 다랑쉬오름의 굼부리는 비정상적으로 깊다. 앞서 다랑쉬오름의 비고가 227미터라고 했다. 다랑쉬오름의 절반 정도는 안쪽으로 구멍이 파인 셈이다. 말하자면 속 깊은 오름이다.

상식에서 어긋나는 자연현상이 벌어지면 소방관처럼 나타나 상황을 수습하는 주인공이 있다. 신화와 전설이다. 물론 다랑쉬오름 정도 되는 오름은 한라산을 손수 빚었다는 설문대할망 급이 출연해야 격이 맞는다. 설문대할망이 치마로 흙을 날라 한라산을 쌓을 때 일이다. 할망이 한 줌씩 집어놓은 흙이 오름이 됐는데 한 놈의 대가리가 너무 도드라졌던 것이다. 해서 할망이 주먹으로 대가리를 탁 쳤더니 쏙 들어가버렸단다. 이 정도 스토리텔링이 받쳐줘야 다랑쉬오름 굼부리의 몰상식적 깊이가 해명된다.

이름 이야기를 안 할 수가 없다. 다랑쉬는 우리말에서 이 오름만 독점하는 낱말이기 때문이다. 무슨 뜻일까. 거대한 굼부리가 달처럼 보인다고 하여 다랑쉬라는 이름이 붙었다는 이야기가 전해온다. 하여 다랑쉬오름의 한자 이름도 월랑봉月郎峰이다(이름만 봐도 김종철 선생의 여왕님 비유는 틀렸다. 보시라. 한자 이름도 '달 도련님 봉우리'다). 그러나 나는 다른 해석이 더 솔깃하다. 고구려 고어 '달수리'에서 다랑쉬가 나왔다는 풀이가 있다. 여기에서 달達은 높다는 뜻으로 다랑쉬는 높은 산을 이른다.

다랑쉬오름 아래에도 4·3사건의 흉터가 남아 있다. 다랑쉬오름 남

다랑쉬오름 기슭에서 바라본 제주 동부 오름밭의 여명.
하루가 열리는 것은 세상이 열리는 것이다.

©안성식

쪽에 10여 가구가 모여 사는 다랑쉬 마을이 있었다. 1948년 10월 소개령이 내려진 뒤 다랑쉬 마을도 사라졌다. 오름 아래에 늙은 팽나무 한 그루가 서 있고 그 옆에 옛날에 마을이 있었다는 표석이 놓여 있다. 끔찍한 학살의 현장도 있다. 다랑쉬 주민은 다 피난을 떠났고 대신 다른 중산간 마을의 주민들이 다랑쉬오름 아래 동굴에 숨어들었다. 그러나 그들은 1948년 12월 18일 토벌대에 발각돼 모두 죽었다. 토벌대는 동굴 입구에서 불을 피워 동굴 안의 사람들을 질식시켜 죽였다. 학살 다음 날 동굴에 들어가 시신을 정리했다는 주민에 따르면 모두 땅에 코를 박고 피를 흘리며 쓰러져 있었다고 한다. 다랑쉬동굴은 1992년 발굴됐다. 그때 유골 11구를 수습했지만, 원래는 20구가 넘었다고 한다. 유족들이 몰래 시신을 수습했던 것이다. 현재 동굴 입구는 막혀 있다.

점점 더 멀어져간다

다랑쉬오름은 역시 차원이 다른 오름이다. 슬하에 거느리는 오름이 있다. 이름도 그대로 물려줬다. 아끈다랑쉬오름. '아끈'이 제주 방언으로 버금간다는 의미이니까 새끼다랑쉬오름이라는 뜻이겠다. 아끈다랑쉬오름은 다랑쉬오름과 길 하나를 사이에 두고 마주 보고 있다. 정말로 어미 곁의 새끼 같다. 해발고도는 198미터에 불과하고 둘레는 약

아끈다랑쉬오름. 다랑쉬오름이 직선의 오름이라면 아끈다랑쉬오름은 곡선의 오름이다.

600미터에 이른다. 오름 위에 무덤이 하나 있다. 고씨지묘高氏之墓라고 적힌 비석이 서 있다. 세상에서 가장 외로운 무덤 같다. 다 둘러보는데 한 시간도 남는다. 오름은 길쭉한 타원형으로, 계란보다는 럭비공처럼 생겼다.

아끈다랑쉬오름 하면 나는 박훈일 관장이 생각난다. 김영갑 갤러리 '두모악'의 관장이자 사진작가. 형님이 죽고서 갤러리를 물려받은 주인공이다. 김영갑은 제주에 맨 처음 내려왔을 때 하숙을 했었다. 그 하숙집 아들이 당시 고등학생이었던 박훈일 관장이었다. 공부에 흥미를 잃었던 고등학생은 허구한 날 사진 찍으러 돌아다니는 영갑 삼촌(박 관장이 형님을 부르는 호칭이다)이 멋있어 보였다. 형님도 자신을 졸졸 따라다니는 동생이 싫지 않았다. 박 관장은 이제 와서 "삼촌이 사진 가르쳐준다며 순진한 고등학생을 꼬셨다"고 주장하지만, 나는 박 관장이 먼저 형님을 따라 나섰으리라고 합리적 추측을 한다. 박 관장은 사진을 찍을 때 제일 멋있다.

박 관장이 없었으면 지금의 갤러리도 없었다. 형님이 황망히 떠나자 그는 누가 시키지 않았는데도 상주 노릇을 했고, 주인이 떠난 갤러리를 홀로 챙겼다. 지금 생각해도 아찔하다. 만약 박 관장이 없었으면 갤러리는, 수많은 사진은 어떻게 됐을까. 그가 갤러리를 맡는다고 하자 형님을 기억하는 모든 사람이 안도했었다. 그리고 진심으로 고마워했다. 품성이 착하고 성실한 데다 형님한테 직접 사진까지 배웠으니 더 할 나위 없는 적임자였다. 박훈일 관장의 성품은 내가 아니라 김영갑이 증명한다. 형님이 살아 있을 때 일이다. 사진을 배우겠다고 전국의 젊은이들이 갤러리를 찾아왔었다. 제자로 들어와 갤러리 잡무를 맡는 형식이었다. 그러나 대부분이 두어 달을 못 버티고 나갔다. 형님 때문이었다. 원래부터 괴팍한 사람이었고 병든 뒤에는 성격이 더욱 고약해졌다. 박 관장도 여러 번 다른 일을 하겠다고 나갔다가 돌아오곤 했다. 마침 형님이 떠날 때 박 관장이 곁에 있었다. 지상에서 형님 몫으로 남은 마지막 복이었다.

박 관장을 볼 때마다 미안하고 죄스럽다. 그는 나보다 세 살 위인데, 형님이 돌아갈 때만 해도 건장한 청년이었다. 갤러리 살림을 맡고서는 폭삭 늙어버렸다. 속을 안 털어놔서 그렇지, 얼마나 혼자서 끙끙 앓았을까 짐작이 되고도 남는다. 언젠가 가시리 나목도식당에서는 나와 권혁재 선배 앞에서 왈칵 울음을 터뜨리기도 했다.

오름 취재를 하러 내려가면 그는 최대한 일정을 조정해 나를 데리고 다닌다. 박훈일 관장이 아니었으면 생전의 형님이 아끼던 장소를 속속들이 알지 못했을 것이다. 여기 아끈다랑쉬오름도 김영갑 5주기 추모기사를 취재하러 내려왔을 때 박훈일 관장이 데려왔었다. 다랑쉬오름 바로 앞의 이 야트막한 언덕이 아끈다랑쉬오름이라는 것도 나는 몰랐다. 다랑쉬오름은 올라봤지만 아끈다랑쉬오름은 쳐다보지도 않았기 때문이다. 박 관장이 얘기해줬다. 형님이 다랑쉬오름보다 아끈다랑쉬오름을 더 아꼈다고. 거대하고 반듯한 옆 오름의 직선보다 낮고 여린 이 오름의 곡선을 더 사랑했다고. 밀밭의 밀이 어지러이 춤을 추던 어느

지금 김영갑 갤러리를 맡고 있는 박훈일 관장. 전시회도 여러 번 연 사진작가다.

봄날, 나는 그와 함께 꼬박 반나절을 아끈다랑쉬오름만 바라봤었다.

"해마다 내 곁으로 달려오는 / 김영갑의 달력엔 / 아끈다랑쉬오름에서 무지개가 뜬다 / 나는 달력을 넘기다가 4월을 만나 / 무지개 뜨는 아끈다랑쉬오름에 올라가 시를 읽는다 / … / 고씨 무덤에 술을 따르고 / 나도 따라 마시며 / 낯도 모르는 고씨에게 시를 읽어준다"(이생진, 「아끈다랑쉬오름」 부분).

아끈다랑쉬오름에서 형님을 기억하는 또 한 사람이 있다. '성산포 시인' 이생진 선생이다. 생전의 형님과 인연이 각별해 추모행사에도 빠지지 않는다. 선생도 형님처럼 충청도 사람이다. 두 사람 모두 제주가 그렇게 좋았나 보다. 선생은 제주를 노래했고, 형님은 제주를 담아냈다. 1978년에 펴낸 시집 『그리운 바다 성산포』가 시인의 대표작이자 제주를 노래한 가장 유명한 시집이다. 성산일출봉 북쪽 오정개 언덕에 선생의 시비공원이 조성돼 있다. 선생이 제주와 연을 맺은 계기가 남다르다. 1929년생인 선생은 군생활을 모슬포에서 했다. 육군 제1훈련소가 모슬포에 주둔했던 기간은 1951년 1월에서 1956년 1월까지였다. 인연이란 이렇게도 모진 것이다.

다랑쉬오름에서 1킬로미터 정도 떨어진 거리에 비자림이 있다. 박 관장은 "비자림에도 형님의 아지트가 있다"고 일러주었다. "비자림은 입장료가 있는데?"라고 묻자 "들어가지는 않고 입구 매점에는 자주 들렀다"고 했다. 매점 앞 자판기에서 꼭 밀크커피를 뽑아 마셨다고 했다. 사람의 흔적이라고는 찾아보기 힘든 오름밭에서 형님은 자판기 커피

한 잔으로 스스로의 수고를 달랬다. 5주기 추모기사를 취재할 때는 자판기가 있었는데 10주기 추모기사를 취재할 때는 자판기가 없었다. 대신 매점에서 원두커피를 팔고 있었다. 세상에서 형님의 흔적이 하나 더 지워졌다. 그렇게 점점 더 멀어지나 보다.

여행정보

다랑쉬오름 바로 옆이 비자림이다. 비자림은 입장료가 있다. 어른 1,500원. 유모차도 다닐 수 있도록 길을 잘 닦아놓았다.

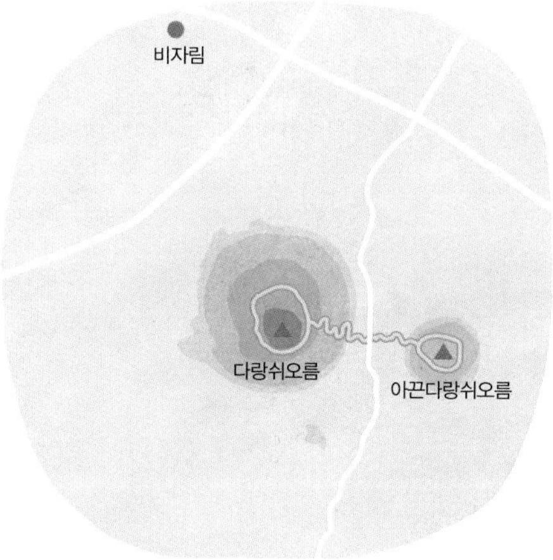

바람을 바라보다

따라비오름

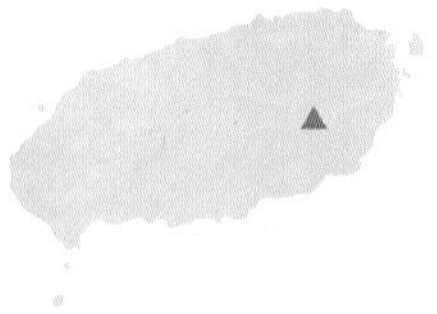

'똥돼지'는 제주 흑돼지를 가리키는 이름이다. 말 그대로 똥을 먹고 자란 돼지를 가리킨다. 제주에서는 돼지를 돗 또는 도새기라 한다. 흑돼지는 '꺼멍 돗(도새기)'이다. 똥돼지는 돗통 또는 돗통시라 불리는 전통 화장실에서 키웠다. 사람에게는 뒷간이지만 돼지에게는 집이다.

제주 사람은 돗통시 옆에 왕모시 풀을 키웠다. 잎사귀가 아주 크고 넓적한 왕모시의 용도는 화장지였다. 큰일을 보러 들어갈 때 왕모시잎 몇 장을 뜯어서 갔다. 돗통시에는 보리 짚을 깔았다. 돼지를 위해서라기보다는 사람을 위해서였다. 돼지 똥과 뒤섞여 썩은 보리 짚은 훌륭한 퇴비가 됐다. 이 퇴비를 돗거름이라 했는데, 11월 보리를 파종할 때 용이하게 쓰였다. 돼지 똥 퇴비라도 깔아야 거친 흙에 보리라도 심을 수 있었다. 똥을 매개로 사람과 돼지는 서로를 먹여 살렸다.

제주 돼지가 똥을 먹고 산 이유는 간단하다. 먹일 게 없어서였다. 사람이 먹을 것도 모자란데 돼지 먹일 음식 찌꺼기가 있을 턱이 없었다. 사람도 먹는 것이 변변치 못해 똥을 많이 누지 못했다. 먹일 똥이 넉넉한 형편이 아니어서 돼지를 많이 키울 수도 없었다. 기껏해야 한 집에서 한두 마리가 전부였다. 돼지라도 한두 마리 있으면 그나마 집에 먹을 게 있다는 뜻이었다. 먹이가 모자라서인지 제주 돼지는 덩치도 작다. 다 커도 30킬로그램 언저리에 불과하다. 버크셔니 햄프셔니 하는 서양 품종보다 한참 왜소하고, 주둥이가 비쭉 튀어나온 꼴이 마소처럼 홀쭉하다. 고기가 되기 이전의 제주 돼지는, 여느 가축도 별반 다르지 않겠지만 쉬이 음식이 연상되지 않는다.

제주에서 돼지는 귀한 재산이었다. 1년에 한두 번 먹는 게 쉽지 않았다. 제주에서는 날을 정해 돼지를 마을사람들과 나누어 먹었다. 혼인 같은 경사가 있는 날 돼지를 잡았다. 혼례 잔치는 보통 사흘이나 이어졌다. 첫날은 돼지를 잡고, 이튿날은 잔치를 하고, 마지막날 혼례를 치렀다. 돼지를 잡는 날 절대 권력이 나타났다. '도감'이라는 마을 어르신이었다(잔치도감 또는 고기도감이라고도 한다). 고기를 삶고 순대를 빚는, 말하자면 셰프였다. 이 셰프가 고기를 배식했다. 한 사람에게 돼지고기 세 점, 순대 한 점, 마른두부 한 점씩 골고루 나눠줬다. 고기 양이 적거나 손님 수가 많아도 노는 입이 없어야 했으므로 양을 조절해 고기 개수를 맞췄다. 도감은 수요와 공급의 일치가 사실상 불가능한 제주 잔치의 통제본부이자 작전사령부인 셈이었다. 사돈식구만 유일한 예외였다. 고기가 모자라도 사돈식구에게는 큼직한 덩어리가 할당됐다. 요즘 제주도 돼지고기 식당 중에 '근고기'를 파는 집이 있다. 고기 한두 근을 통째로 굽는 집으로, 주인이 고기를 직접 굽고 잘라서 준다. 손님이 고기를 만지면 화를 내는 집도 있다. 도감의 풍습이 진화 또는 변용된 사례라 할 수 있다.

돼지고기 조리방법은 간단했다. 끓는 물에 삶는 것이 거의 유일한 레시피였다. 고기가 모자라면 고깃국물이라도 든든히 먹여야 했다. 돼지 삶은 물에 국수를 말면 고기국수가 됐고, 순대를 넣으면 순댓국이 됐고, 모자반 같은 해초를 넣으면 몸국이 됐다(제주에서는 모자반을 몸이라고 한다). 고기를 삶아 돔베라 불리는 도마에 얹으면 돔베고기다. 우리가 알고 있는 돼지고기 수육이다. 도감이 이 돔베에 근고기를 올려놓고 배식을 했다. 족발은 아강발이라고 부른다. 원래는 작은 돼지의 발이라는 뜻이지만 지금은 돼지족발을 통칭한다. 돔베고기와 아강발(요즘엔 돼지고기 구이까지) 모두 멜젓(멸치젓갈)에 찍어 먹는 게 제주 전통으로 알려져 있는데, 제주 사람은 막상 그 전통을 낯설어한다. 날된장이 제주에서는 더 익숙하다. 제주 전통 순대는 육지 사람이 먹기가 쉽지 않다. 피 한 방울도 아까웠는지, 선지를 너무 많이 넣어 텁텁하다.

제주에서는 순대도 날된장에 찍어서 먹는다. 요즘도 소금 대신 날된장을 내놓는 식당이 있다.

고기국수는 자장면과 같은 굵기의 중면을 쓴다. 소면은 너무 얇아서 뜨겁고 기름진 국물을 부으면 금세 퍼진다. 중면 정도 두께의 면을 넣고 삶아야 육수가 적당히 배 '배지근한' 맛이 우러난다. 제주 방언 '배지근하다'를 흔히 '맛있다'로 이해하는데 정확히 말하면 돼지 육수의 맛, 더 정확히 말하면 몸국 국물의 맛이다. 고기국수는 밀가루가 대량으로 공급된 한국전쟁 이후의 음식이기 때문이다. 예부터 마을 잔치의 피날레를 장식하는 음식은 몸국이었다. 해장으로도 탁월하지만 몸국의 기능은 사실 고기를 먹었어도 여전히 허한 배를 채우는 것이었다. 잔치가 아무리 성대해도 쌀밥은 없었다. 쌀밥은 귀신이 내려오는 제삿날이나 명절에야 구경할 수 있었다. 제주에서는 쌀밥을 '곤밥'이라고 한다. '곱다'에서 '곤'이 나왔다. 제주 사람은 음식을 두고, 그것도 그저 허연 쌀밥을 보고 곱다고 표현했다. 곤밥은 형용사 '곱다'에 관한 가장 서러운 용례다.

고기국수에 멸치육수를 넣는 집도 많다. 멸치육수가 들어가면 국물이 가벼워진다. 식당마다 국물 맛에 차이가 나는 것은 멸치와 고기의 육수 비율이 달라서다. 제주 식당에서 고기국수를 주문하자마자 바로 나오면 면을 미리 삶아놓았다는 뜻이다. 중면은 한참 익혀야 한다. 아무튼 배지근하다는 말은 구수하고 진득한 국물 맛(돼지 뼈를 삶았을 때 나는 특유의 고릿한 냄새를 포함한 맛)을 형용할 때 써야 옳다. 현재 제주도 식당에서 판매하는 흑돼지는 1986년 제주축산진흥원이 제주 토종 흑돼지와 일반 흑돼지를 교배해 얻은 개량종이다. 제주 토종 흑돼지는 2015년 천연기념물 제550호로 지정됐다.

제일 맛있는 돼지고기 집

따라비오름만 생각하면 나는 돼지고기가 생각난다. 따라비오름에서 나오는 길 서귀포시 표선면 가시리 나목도식당에서 먹은 돼지고기를 잊지 못한다. 생전의 김영갑이 "제주도에서 제일 맛있는 돼지고기 집"이라며 데리고 갔었다. 이미 그때 그는 병세가 악화돼 고기를 씹을 수 없었다. 그런데도 그는 "고기 먹으러 가자"며 이 집에 왔다. 그리고 나와 권혁재 선배가 허겁지겁 고기를 주워 먹는 장면을 행복한 얼굴로 지켜봤다. 언젠가 박훈일 관장도 나목도식당에 얽힌 일화를 들려줬다.

"삼촌이 고기가 먹고 싶으면 심부름을 시켰어요. 나목도식당에서 순댓국을 받아왔죠. 순대를 믹서로 갈아서 먹었어요."

가시리는 예부터 돼지고기로 유명한 마을이다. 예외적으로 가시리에서는 마을 잔치가 없어도 돼지를 잡았다. 돼지를 잡는 날이면 마을에 빨간 깃발이 올라갔다. 가시리에 깃발이 올랐다는 소문이 나면 인근 동네에서도 고기를 떼러 왔다. 가시리에서 빨간 깃발이 나부끼는 날, 나목도식당은 특별 메뉴로 생갈비를 내놓았다. 김영갑은 그 생갈비 맛을 기억하고 있었다. 지금은 가시리도 많이 변했다. 2010년 농촌체험마을로 선정되면서 가시리는 체험관광마을로 거듭났다. 4월이면 제주도 최대 규모의 유채꽃 축제가 열리고, 현대식 시설을 갖춘 조랑말체험공원도 들어섰다. 주민 1,200명의 중산간 마을은 이제 제주도에서 손꼽는 부자 마을이 됐다. 나목도식당도 확 달라졌다. 몇 해 전만 해도 렌터카라고는 찾아볼 수 없는 허름한 동네 식당이었다. 지금은 옛날 식당 자리 옆에 새 건물을 세웠다. 사흘에 한 마리 꼴로 돼지고기를 소비한다고 한다. 흐뭇하지만 솔직히 착잡하다. 여행에서 음식은 맛보다 공간으로 기억되기 때문이다.

내 기억 속의 김영갑은 밥 대신에 죽을 먹었다. 턱 근육이 약해져 음식을 씹지 못했다. 그는 한동안 나와 겸상을 하지 않았다. 까닭을 안 건 한참 지난 뒤였다. 그는 음식을 입으로 옮기는 동작마저 버거웠다. 그래도 먹어야 했다. 음식을 입으로 가져오지 못하면 입이 음식으로 다가가야 했다. 그는 개처럼 엎드려 죽을 핥아 먹었다. 그 꼴을 남에게 보이기 싫었을 뿐이었다. 시간이 흘러 그가 같이 밥을 먹자고 한 날, 나는 하마터면 울 뻔했다. 이 사람이 마침내 나를 받아들였구나. 눈물이 나도록 고마웠다. 복받치는 눈물을 꾹꾹 참으며 한 숟갈 한 숟갈 죽을 떠 먹였다. 그는 아기처럼 넙죽넙죽 죽 한 그릇을 다 받아먹었다. 누군가에게 무언가를 먹이는 것처럼 거룩한 일은 없다.

따라비오름은 억새밭 한복판에 서 있다. 따라비오름도 억새로 덮여 있다. 억새 세상이다.

그때 그 바람

따라비오름은 큰 오름이다. 해발고도 342미터 비고 107미터로 제주 동부 오름밭에서도 두드러지는 몸집이다. 오름 둘레는 2,633미터나 되고 굼부리 둘레만도 855미터에 이른다. 따라비오름은 대표적인 가을 오름이다. 오름 자락은 물론이고 주변 중산간이 죄 억새밭이다. 거대한 억새 초원이 펼쳐진다.

나는 2005년 가을 따라비오름에 처음 들었다. 그때도 물론 억새 때문이었다. 그때 나는 따라비오름보다 주변의 중산간에 더 취했었다. 인적이 드문 곳이 아니라 인적이 아예 없는 곳이었다. 사방을 둘러봐도 전봇대 하나 뵈지 않는, 말 그대로 허허벌판이었다. 지구에 나 혼자 남은 것 같은 느낌이랄까. 외로움보다는 해방감이 먼저 동했다. 마침 바람이 불어왔다. 어른 키보다 큰 억새가 거대한 파도처럼 출렁였다. 초원에서 나는 바람에 파묻혔다. 그때 나는 "아직도 이런 야생 초원이 남아 있다는 사실이 마냥 고맙다"고 썼다.

"언제 이 억새 천국이 개발될지 몰라 부지런히 카메라 셔터를 눌렀다. 다음 번에도 지금 이대로의 모습이길 혼자 빌었다. 중산간 초원을 제 집 삼아 살았던 김영갑이 왜 유독 예를 아꼈는지 알 것도 같았다. 남에게 들키고 싶지 않은 곳이다."

그러나 내 소원은 이루어지지 않았다. 따라비오름에 탐방객이 드는 건 기쁜 일이지만, 따라비오름을 에운 들판이 개발되는 현장은 가슴

따라비오름 굼부리 능선. 능선과 능선이 만났다가 헤어지며 기하학적인 곡선을 그린다.

아프다. 초원은 아직 남아 있지만, 야생의 흔적은 더 이상 남아 있지 않다. 억새밭 사이로 길이 났고, 억새밭 높이도 한참 낮아졌다. 가슴에 묻고 살았던 풍경 하나가 이렇게 사라지고 있다.

옛날에는 이 초원에서 말을 풀어놓고 길렀다. 따라비오름을 품은 가시리에 조선시대 갑마장甲馬場이 설치됐던 까닭이다. 갑마장은 조선시대 최고 등급의 말을 기르는 목장을 말한다. 갑마장의 전통은 고려시대까지 거슬러 올라간다. 가시리가 여느 마을보다 돼지고기가 흔한 이유도 몽골 목동 목호와 관련이 있다. 요즘으로 말하면 가시리 일대는 일종의 특화단지였다. 우량한 말을 생산하기 위해 외국인 전문 인력이 집단으로 거주하는 자치구 말이다. 다른 고을과 음식문화가 다를 수 밖에 없었다. 따라비라는 이름이 별난데, 이름의 내력은 손자봉 편에서 말하련다. 이를테면 오름 일가족에 관한 이야기다.

따라비오름은 바라보는 방향에 따라 제각각이다. 봉우리가 하나로 보이기도 하고 두어 개로 보이기도 한다. 북쪽에서 바라본 모습이 제일 잘생겼다. 능선에 올라서야 따라비오름의 기기묘묘한 생김새가 한눈에 들어온다. 큰 굼부리 안으로 작은 굼부리 세 개가 들어가 있다. 이들 굼부리에서 뻗어 나온 능선이 다른 굼부리와 만났다가 헤어지며 기하학적인 주능선을 그린다. 곡선과 곡선이 이어져 하나의 거대한 곡선을 이루기도 하고, 하나의 곡선이 여러 개의 곡선으로 나뉘어 층층이 포개지기도 한다. 바라보는 방향에 따라 따라비오름이 달리 보이는 까닭이다. 용눈이오름의 관능적인 곡선이 연상되는데, 구릉 모양인 용눈이오름과 달리 따라비오름은 풍만하다.

"내가 살았던 중산간 마을도 주변이 온통 억새밭이다. 5월이면 억새의 새싹이 나온다. 6월이면 제법 빠르게 자라고, 7월이면 잎이 억세어지고, 8월이면 키가 2미터 가까이 자란다. 9월이면 꽃대가 굵어지고, 10월이면 꽃이 피고, 11월이면 꽃이 붉은색에서 하얗게 변해간다. 12월이면 꽃들이 바람에 날려 앙상한 줄기만 남는다. 겨우내 눈과 바람에 시달려도 억새는 바람이 떠미는 방향으로 눕지 않는다. 바람은 다시 봄이 올 때까지 초원의 억새들과 장난질을 한다."(김영갑, 『그 섬에 내가 있었네』 부분).

따라비오름에서 보면 한라산 뒤로 해가 넘어간다. 따라비오름 맨 꼭대기에 의자 두 개가 한라산을 바라보고 놓여 있다. 그 의자에 앉아 억새를 만나고 가는 바람을 바라봤다. 김영갑처럼 사시사철 억새를 지켜보지는 못했지만 그래도 가을이면, 억새 꽃이 바람에 날리는 계절이 돌아오면 따라비오름에 들어 제주의 바람을 바라봤다. 따라비오름에 들면 제주의 바람이 보인다. 김영갑이 바라봤던 그 바람이다.

여행정보

가시리 조랑말체험공원은 프로그램이 알차다. 승마체험 7,000원. 가시리에는 나목도식당 말고도 가시식당이 돼지고기 집으로 유명하다.

어우러지다

손자봉, 모자봉

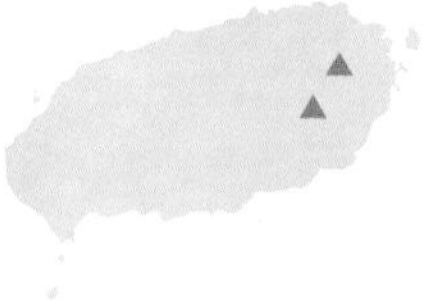

송당 당오름 편에서 여신 백주또 이야기를 했었다. 1만 8,000위 제주 신의 어머니가 백주또라고. 금백조로라는 도로 이름도 백주또에서 유래했다고. 그 금백조로가 내가 제일 좋아하는 길이며, 제주 동쪽 중산간 억새밭을 관통하는 환상의 드라이브 코스라고 말했었다. 그 길을 다시 달린다. 그리고 내가 오름밭이라 부르는 동부 오름 군락에 들어선다. 중산간 초원에 올록볼록 돋은 오름 수십 개가 눈앞에 펼쳐진다. 용눈이오름, 손자봉, 다랑쉬오름, 동검은이오름, 돝오름, 높은오름, 둔지봉 등 하나같이 김영갑이 사랑했던 오름이다. 행정구역은 제주시 구좌읍 송당리, 세화리, 종달리 일대다. 오름의 왕국이다.

송당 사거리에서 1136번 간선도로를 타고 성산 쪽으로 10분쯤 달리다 보면 양쪽으로 몸집 큰 오름을 지나친다. 오른쪽의 덩치가 높은오름이고, 왼쪽의 덩치는 다랑쉬오름이다. 동부 오름 군락에서 첫 번째 큰 오름과 두 번째 큰 오름이다. 두 덩치를 지나자마자 도로에 바짝 붙은 오름 두 개가 양쪽에서 나타난다. 울퉁불퉁한 언덕배기가 넓게 펼쳐진 왼쪽의 오름이 용눈이오름이고, 능선 모서리를 따라 삼나무가 한 줄로 늘어선 오른편의 오름이 손자봉이다. 두 오름 모두 독특한 생김새 때문에 한눈에 들어오지만, 손자봉의 별난 외모는 용눈이오름도 넘보지 못한다. 꼭 턱선을 따라 구레나룻이라도 기른 것 같다. 바라보는 각도에 따라서 비탈의 삼나무는 X자 형을 그리기도 하고 Y자 형을 만들기도 한다. 어떻게 모서리에만 삼나무가 일렬로 서 있을까. 삼나무가 목장의 경계라도 되는 걸까. 아무튼 손자봉의 외모는 동부 오름 군락은 물론이고 섬 전체에서도 단연 돋보인다고 할 수 있다. 헬기로 오름밭 상공을 지날 때 손자봉은 톡톡히 이정표 노릇을 한다.

손자봉을 중심으로 동부 오름 군락의 여러 이름난 오름이 다닥다닥 모여 있다. 금백조로 건너편의 용눈이오름은 코앞에 있는 것처럼 가깝다. 동쪽으로 1킬로미터도 안 되는 거리에 있어서 용눈이오름 능선에서 바라볼 때 손자봉의 모습이 가장 잘 드러난다. 주위 오름과 비교하면 아담한 편이다. 그러나 잘생겼다. 손자봉의 해발고도는 256미터이고 비고는 76미터다. 정상에 거대한 굼부리가 아가리를 벌리고 있다. 굼부리 둘레만 600미터에 이르고 굼부리 깊이는 26미터다.

손자봉 남서쪽의 동검은이오름도 손자봉 하면 바로 떠오르는 오름이다. 손자봉 어귀에서 여정을 시작하면 늘 구릉지대 너머 동검은이오름까지 이어졌다. 두 오름은 경계가 애매할 정도로 자연스레 연결돼 있다. 서쪽의 높은오름, 북쪽의 다랑쉬오름도 손자봉에서 2킬로미터 안쪽에 있는 이웃들이다. 높은오름이나 다랑쉬오름에 오르면 손자봉은 용눈이오름과 겹쳐 보인다. 오름밭에서는 오름들이 서로의 풍경이 되어주고 서로의 전망이 되어주고 서로의 배경이 되어준다. 그렇게 고만고만한 것들이, 그렇게 서로 어우러지고 섞이며 서로의 곁을 내어준다. 못난 놈은 못난 놈을 알아본다고, 나는 이 오름밭이 그렇게 좋았다. 내 제주 여행의 팔 할은 이 오름밭에서 뒹구는 일이었다.

오름의 계보

오름 중에는 이른바 한라산 닮은꼴들이 있다. 예를 들어 한라산 꼭대기가 날아와 꽂혔다는 산방산은 오른쪽 옆얼굴이 한라산을 빼닮았고, 법환포구에서 올려다보는 서귀포의 고근산은 한라산과 실루엣이 겹치며 어미 품에 안긴 아기 같은 장면을 연출한다. 한라산의 옛 이름을 가져다 쓰는 영주산은 한라산 모양으로 위풍당당하게 성읍을 내려다본다.

손자봉孫子峰은 아예 이름에 한라산과의 혈연관계를 명시했다. 한라산의 손자여서 손자봉이라는 주장이다. 한라산과 손자봉이 비슷하게 생겼다는데, 글쎄다. 내 눈에는 앞서 열거한 오름들이 한라산과 훨씬 더 비슷하다.

손자봉의 이름에 대해서는 다른 유래도 내려온다. 족보에 관한 이야기다. 손자봉은 368개나 된다는 제주 오름 중에서 유일하게 족보를 따지는 오름이다. 족보를 거슬러 오르면 10킬로미터 가까이 떨어진 표선면 가시리의 따라비오름까지 가야 한다. 따라비오름의 한자 이름이 지조악地祖岳이다. 할아버지 오름이라는 뜻이다. 할아버지 오름이 있으니, 손자 오름도 있다는 주장이다. 허무맹랑하게 들리지만 족보 타령에는 나름의 개연성이 있다. 따라비오름 주변에 이른바 일가족 오름이 모여 산다. 따라비오름과 영주산 사이의 오름이 모자봉(306미터)이다. 모지오름, 모지악, 뭇지오름 등 유사한 여러 이름이 섞여 쓰이는데 기본형은 엄마와 자식, 즉 모자母子다. 굼부리가 알오름을 감싼 꼴이 어미가 아기를 안고 있는 모습이어서 모자봉이 됐다고 한다. 모자봉에서 남동쪽으로 길을 건너면 장자오름(216미터)이 있다. 장자오름 앞에는 '모지악하장자봉母地岳下長子峰'이라고 쓴 묘비까지 서 있다. 모자봉과 장자오름의 관계를 증명하는 표식이다. 모자봉 뒤의 나지막한 언덕의 이름은 새끼오름(301미터)이다. 한자로는 병아리 추雛 자를 써 추악雛岳이라고 한다. 모자봉, 따라비오름 등 큰 오름이 주변을 둘러싸고 있어 새끼오름이라 한다지만, 중산간의 수많은 알오름 중에서 새끼오름만 이름을 얻은 것은 엄연한 특혜다.

더욱 흥미로운 것은 모자봉에 전해오는 용 전설이다. 옛날에 집채만 한 용이 모자봉에서 솟구쳐 올라 성읍을 휘저은 뒤 동쪽 바다로 날아갔는데 바다에 들어가지 않고 오름에 앉아 용눈이오름이 됐다고 한다. 용눈이오름 바로 곁의 오름이 하필이면 손자봉이다. 할아버지 오름과 손자 오름이 10킬로미터나 떨어져 있게 된 사정이다. 아무튼 족보를 그리면 다음과 같다. 할아버지(따라비오름) 옆에 며느리(모자봉), 며느리 옆에 큰아들(장자오름), 며느리 뒤에 작은 아들(새끼오름), 그리고 멀찌감치 떨어진 손자(손자봉). 믿거나 말거나 식의 이야기이지만, 가족관계로 엮인 오름은 이 다섯 개밖에 없다.

손자봉은 이름이 너무 많다. 손자오름, 손지봉, 손지오름 등 표기가 다 제각각이다. 손지는 손자의 제주 방언이다. 문제는 도로 이정표, 오름 앞의 표석, 제주 지도의 표기가 다 다르다는 데 있다. 그 유명한 다랑쉬오름도 도로 이정표에는 월랑봉으로 표기돼 있다. 제주 고유어를 한자로 옮기면서 문서에 기록된 이름과 제주 사람이 부르는 이름이 달라졌다고 하지만, 일제의 한자 표기는 70년 전 일이다. 10년 전에는 이 허술한 체계가 거슬리지 않았는데 오름이 관광자원으로 개발된 지금은 게을러 보인다.

오름밭에는 오름도 많지만, 많은 것이 많다. 메밀도 많고, 유채도 많고, 당근도 많고, 무도 많고, 배추도 많다. 무꽃을 처음 본 것도 여기 오름밭의 어느 돌담 아래에서였다. 무에 꽃이 피었다는 건, 제철에 무를 뽑지 않았다는 뜻이다. 농부가 밭에 나오지 못했을 수도 있고, 뽑아봤자 팔 데가 없어 내버려뒀을 수도 있다. 사정까지는 알 수 없지만, 무꽃에는 농부의 눈물이 배어 있다. 나는 이제야 무꽃을 보면 농부의 눈물이 보인다.

오름밭에는 밭이 많아서 돌담도 많다. 제주의 밭 풍경은 돌담의 풍경이기도 하다. 제주 들녘은 바다처럼 가로로 누운 선이 화면을 지배한다. 제주 바다는 제주 출신 문충성 시인의 연작시에 나오는 대로 "끝을 가늠할 수 없는 수평선"의 세상이고, 제주의 들녘은 장장 2만 2,000킬로미터가 넘는다는 얼기설기 얽힌 돌담의 영역이다. 제주 돌담의 돌은 모두 지금의 밭에서 캐낸 것이다. 그러니까 지금의 밭은 애초에 널찍한 빌레였다. 제주 사람은 밭 한 뙈기라도 얻으려고 바위를 쪼개서 파냈고, 그렇게 쌓은 돌무더기로 돌담을 쌓았다. 구멍 숭숭 뚫린 돌담은 아무리 모진 바람에도 끄떡없다. 볼수록 신기하고 용하다. 돌담을 가만히 보면 직선이 없다. 반듯이 쌓은 것 같아도 상하가 다르고 좌우가 다르다. 특히 돌담 위쪽이 아래보다 안으로 들어가 있다. 바람을 견디는 원리가 이 엉성해 보이는 돌담에 차곡차곡 쌓여 있다. 그 기

중산간의 메밀밭. 제주의 중산간은 초여름이 되면 소금 뿌린 것 같은 풍경을 연출한다.

특하고 갸륵한 사연이 귀해 제주 돌담은 세계식량농업기구FAO의 세계 중요농업유산으로 지정됐다. 생전의 김영갑도 돌담을 사랑했다. 김영갑은 중산간의 돌담을 가장 많이, 그리고 가장 잘 담아낸 사진작가이기도 하다. 김영갑은 유난히 가로로 긴 필름을 사용했다. 김영갑에게도 제주는 길게 누운 세상이었다.

오름밭 돌담 안에서 제일 흔히 보이는 것이 메밀이다. 중산간 오름밭에 메밀이 많은 이유는 간단하다. 중산간은 척박한 땅이고, 메밀은 그 땅 같지 않은 땅에서도 잘 자라기 때문이다. 지금 당신 눈앞의 메밀밭은 처음부터 메밀밭이 아니었을 가능성이 크다. 제주에서는 이것저것 심어봐서 안 되면 메밀이나 심는다. 그 덕분에 중산간 오름밭은 초여름마다 소금을 뿌린 것 같은 메밀꽃 피는 풍경을 연출한다. 메밀 하면 「메밀꽃 필 무렵」의 고장 강원도 평창군 봉평면이 먼저 떠오르지만 제주가 메밀 생산량 전국 1위를 놓친 적은 없다. 스토리텔링이 있고 없고의 차이다.

제주에서 메밀 하면 단연 송당이다. 동부 오름 군락이 시작하는 마을이자 백주또를 모시는 고장이다. 옛날에는 송당의 메밀장수가 해안까지 내려와 갯것과 바꿔 갔다고 한다. 지금도 송당 본향당에서 제를 마치면 손님에게 메밀국수를 대접한다. 메밀에도 신화가 얽혀 있다. 자청비를 아시는지. 자청비가 하늘나라에서 갖고 온 씨앗이 메밀이다. 메밀을 갖고 내려온 자청비는 곡식을 관장하는 신이 됐다. 메밀은 제주에서 더없는 효자 곡물이다. 빙떡부터 메밀범벅, 메밀죽, 메밀수제비까지 메밀이 주원료인 음식도 많거니와 몸국이나 육개장에도 메밀을 풀어 걸쭉한 식감을 살려낸다. 여자가 아기를 낳아도 메밀을 먹였고, 제사상에도 메밀로 묵을 쒀 올렸다. 메밀은 몽골에서 넘어온 것으로 전해진다. 고려시대 100년은 몽골 땅이었으니 제주에 몽골 음식문화가 남아 있는 것은 외려 당연하다. 여기 동부 오름 군락은 더욱이 목호의 활동영역이었다.

겹겹의 인연

나는 인연을 믿는다. 연꽃 만나러 가는 바람과 연꽃 만나고 가는 바람의 차이를 나는 믿는다. 우연이 겹치면 필연이라고 했나. 아마도 나와 그녀는 연꽃을 여러 번 만난 바람이었나 보다. 그러니까 2008년이었을 게다. 손세실리아 시인이 문예지에 「방명록」이라는 시를 발표했다. 전라북도 고창의 미당시문학관을 들렀던 소회를 시인은 다음과 같이 남겼다. "지나는 길인데 / 안 올 수는 없고 / 오기는 왔는데 / 너무 좋은데 / 좋아할 수만은 없고." 참으로 공감하는 구절이었다. 미당을 옹호할 생각은 없지만, 그렇다고 입에서 맴도는 미당의 시구를 억지로 떼어낼 수는 없었다. 그 복잡한 심사를 시인은 털어놓고 있었다. 문학기자 시절이었고, 나는 그녀에게서 편안하고 익숙한 무언가를 느꼈다.

그녀를 다시 만난 것은 서울의 한 미술관이었다. 2009년 김영갑 4주

용눈이오름 정상에서 바라본 손자봉. 두 오름이 붙어 있어 서로가 서로의 풍경이 된다.

기에 맞춰 전시회가 열렸는데, 그녀가 거기에도 있었다. 그때까지도 나는 형님과 그녀가 인연이 있었는지 몰랐다. 너무 반가워 두 손을 꼭 잡았다. 이듬해 5주기를 기려 형님을 기리는 인연들이 추모문집 『김영갑』을 묶었을 때도 나와 그녀는 나란히 이름을 올렸다. 문집에서 그녀는 「두모악에 전하는 안부」라는 시를 소개했다. 형님이 죽기 직전에 쓴 시라고 했다. "손가락 한 마디 근육 한 올 그 새 또 / 석고처럼 딱딱해졌을지 모를 일이나 / 그대 사는 섬 나 다시 찾는 날 / 우리 처음 만났던 그날처럼 / 손바닥만 한 쪽창에 앉아 / 나 마중해주시기를, 부디." 그녀가 기억하던 형님도 내가 기억하는 형님과 다르지 않았다. 시에서 형님은 생생했다. 갤러리 어귀 그 나무의자에 그대로 앉아 있었다.

세월이 흘러 2015년 그녀가 나에게 시집을 보내왔다. 무심코 시집을 넘기다 멈춰 서고 말았다. "숨을 데가 필요했던 게지 / 맺힌 설움 토로할 품이 필요했던 게지 / 절대가치라 여겼던 것들로부터 / 상처받고 더러는 깊이 배신당해 / 이룬 것 죄다 회색도시에 부려놓고 / 본향으로 도망쳐와 / 산목숨 차마 어쩌지 못하고 / 미친 듯 홀린 듯 / …… / 덜컥 길닦이 자청하고 나선 여자 / 처처 순례객들 길잡이가 된 여자 / …… / 알고 보면 폭설 속 키 작은 홑동백 같은 여자 / 너울 이는 망망바다 바위섬 같은 / 그 여자"(손세실리아, 「올레, 그 여자」 부분)

그녀는 진즉에 제주에 내려와 살고 있었다. 제주에서 그녀는 무던히도 올레길을 걸었고, 홑동백 같은 여자도 알게 됐다. 나는 몰랐다. 그렇게 제주를 드나들었지만 그녀도 올레길에 빠져 사는지 전혀 알지 못했다. 어떻게 세 번이나 마주칠 수 있을까. 내 삶의 모퉁이마다 어떻게 나타날 수 있을까. 그녀의 삶 모퉁이에 내가 불쑥 끼어들었던 것인가. 기가 막힌 것은, 공연기자를 하면서 친하게 된 안석환 배우가 그녀하고도 친한 사이라는 사실이었다. 인연도 이렇게 겹겹이 쌓일 수 있는 것인가. 전생에 나와 그녀는 무슨 인연이었던 것일까. 나는 그녀를 자주 만나지 못한다. 안부도 잘 전하지 않는다. 그래도 그녀는 늘 잘 살고 있을 것 같다. 그녀를 생각하면 그냥 편안하다. 소식은 뜸해도 언제나 든든한 누이처럼 말이다. 그녀는 제주시 조천읍에 있는 낡고 낮은 집을 고쳐 '시인의집'이라는 북카페를 열었다. 이제는 제법 알려져 손님이 많다. 동부 오름 군락에서 멀지 않다.

여행정보

손세실리아 시인이 운영하는 시인의집은 북카페다. 시인이 주인이다 보니 시집이 많다. 책마다 저자 사인이 들어가 있다. 주인이 자주 비우니 미리 전화를 하는 게 좋다. 064-784-1002.

오래된 기억 같은

동검은이오름

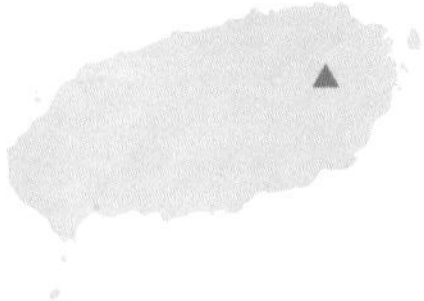

숲이 좋은 오름도 많다. 해발고도 1,000미터 언저리 한라산 자락의 오름은 대부분 천연림 울창한 깊은 숲이다. 해발고도 300미터 언저리 중산간에도 숲이 좋은 오름이 있다. 하나 오름의 원형은 민둥산에 가깝다. 붉은 흙 드러낸 벌거숭이산이 아니라 풀이 덮인 언덕초원이 오름의 원래 모습이다. 1만 년 전에는 이 풀밭에도 나무가 우거졌는지 모르겠다. 그러나 사람이 오름에 마소를 풀어놓은 다음에는 나무가 사라졌다. 오름에서 마소를 기르지 않은 뒤로는 나무가 다시 자라났다. 대표적인 사례가 제주 시내의 사라봉이다. 마소 풀어놓았던 조선시대에는 초록색 언덕이었지만 지금은 검푸른 해송 숲의 모습이다. 아무튼 오래전부터 오름 자락은 마소의 영역이었다. 동부 오름 군락이 특히 그러했다. 지금은 동부 오름 군락에서도 동검은이오름만이 소의 고유 영역인 듯하다.

동검은이오름 동쪽 자락을 따라 마을이 운영하는 농장이 들어앉아 있다. 내가 다녀본 오름 농장 중에서 가장 규모가 크다. 하여 손자봉에서 바라보는 동검은이오름은 아주 오래된 기억처럼 낯설고 반갑다. 소 수백 마리가 오름 자락 여기저기에서 한가로이 풀을 뜯는 장면은 시방 동검은이오름만이 연출할 수 있는 장관이다. 어느 봄날 아침 동검은이오름 아래 언덕에 한동안 앉아 있었던 적이 있다. 노란 개민들레와 하얀 찔레꽃이 만발했고, 소들이 낯선 손님을 물끄러미 쳐다봤다. 멀리 성산일출봉이 내다보였고 왼쪽으로는 구름이 다랑쉬오름을 핥고 지나갔다. 시야는 뻥 뚫렸지만 깊고 깊은 숲에 혼자 든 것처럼 내밀한 기분에 흠뻑 젖었다. 새는 연방 지저귀었고, 소는 이따금 게으른 울음을 울었다. 소똥을 피해 팔베개를 하고 누웠다. 얼마나 하늘을 바라봤을까. 바람이 귓가를 간질였고, 스르르 잠이 밀려왔다. 내 기억에서 동검은이오름은 이렇게 평화로운 장면으로 남아 있다. 그러나 모든 기억은 개인의 경험에 의존한다. 대다수의 오름 여행자에게 동검은이오름은 거칠고 험한 산으로 기억된다. 동검은이오름은 실제로 날카로운 산에 가깝다. 해발고도 340미터 비고 115미터로 동부 오름 군락의 고만고만한 오름 중 하나다. 대신 봉우리가 뾰족하고 비탈이 가파르다. 높은오름이나 백약이오름에서 동검은이오름은 끝이 뾰족한 성처럼 서 있다. 언뜻 성질 사나운 경비 아저씨 같다. 오름 여행자 대부분이 동검은이오름 하면 힘들었던 기억부터 떠올리는 이유도 경사진 능선을 따라 이어진 탐방로를 기억하기 때문이다.

동검은이오름에는 굼부리가 세 개나 있다. 최소한 세 차례 이상 분화활동을 일으킨 복합화산이라는 뜻이다. 여느 복합화산처럼 동검은이오름도 생김새가 반듯하지 못하다. 대신에 자유분방한 곡선이 그려진다. 굼부리를 에워싸고 봉우리 네 개가 솟아 있는데, 제일 큰 굼부리 양쪽으로 능선이 다리를 벌리듯이 뻗어 있다. 능선 기슭에는 수많은 알오름이 오도독 돋아 있다. 이 장면이 장관이다. 출렁출렁 물결이 일렁이는 것 같기도 하고, 부글부글 물이 끓어오르는 것 같기도 하다. 이 꿈틀거리는 초원이 소들의 세상이다. 동검은이오름을 거미오름이라고도 한다. 거미가 수많은 알을 품고 있는 것 같아서 거미오름이라고 한단다. 거미오름이라는 이름이 이 알오름 초원에서 유래했다. 박훈일 관장이 동행하면 늘 손자봉에서 시작해 알오름 초원을 가로지른 뒤 동검은이오름을 넘었다. 그 봄날 아침에도 나란히 누워서 하늘을 바라봤다. 알오름 초원에는 소만 있는 것이 아니다. 산담도 많다. 동검은이오름 자락도 둔지봉 자락처럼 명당이라고 한다. 그래서인가. 희한하게 명당 오름에 들면 자꾸 눕고 싶어진다.

오름을 찾아가는 것과 오름을 오르는 것은 다른 일이다. 용눈이오

동검은이오름 자락은 거대한 목장이다. 숫자를 헤아릴 수 없을 만큼 많은 소가 초원을 차지하고 있다.
이제 정말 얼마 안 남은 풍경이다.

름, 다랑쉬오름 등 관광자원으로 개발된 오름은 탐방로, 주차장, 화장실 등 편의시설이 잘돼 있다. 그러나 동검은이오름, 둔지봉 등 아직은 인적이 드문 오름은 진입로를 찾는 것도 만만치 않다. 특히 동검은이오름은 목장으로 쓰이고 있어 주위에 철조망을 쳐놓았다. 잘 찾아보면 한 사람이 통과할 수 있을 만큼의 틈을 만들어놓았다. 오름에 들어선 목장은 대부분 마을 공동목장이어서 출입을 통제하지는 않는다. 대신 가축이 놀라지 않도록 주의해야 한다.

설문대할망의 색다른 취향

우리가 아는 거문오름은 조천읍 선흘리의 거문오름이다. 유네스코 세계자연유산으로 지정된 그 오름이다. 제주에는 거문오름이 두 개 더 있었다. 사려니숲에 있는 물찻오름도 원래는 거문오름(또는 검은오름)이었다. 선흘의 거문오름이나 물찻오름 모두 숲이 깊은 오름이다. 숲이 깊으면 검어 보인다. 선흘의 거문오름과 곧잘 비교되던 오름이 구좌읍 종달리의 거문오름, 즉 동검은이오름이었다. 동검은이오름도 옛날에는 거문오름이라고 불렀다. 두 거문오름을 구분하기 위해 제주 사람은 이름 앞에 방향을 넣었다. 선흘의 거문오름은 서쪽에 있어 서검은이, 종달의 거문오름은 동쪽에 있어 동검은이라 했다. 최근에는 선흘의 거문오름만 거문오름이라고 부른다. 이름은 종종 권위의 문제이기도 하다.

동검은이오름에는 이름이 몇 개 더 있다. 동거문오름, 동검은오름, 거미오름 등으로도 불린다. 기본형은 모두 거문(검)이다. 그러나 동검은이오름은 검지 않다. 검은 숲은커녕 푸른 숲도 없는 민둥산이다. 아랫자락 일부가 삼나무 숲이고 서남쪽으로 수산곶자왈이 이어지기는 하지만, 동검은이오름은 숲이 검어서 거문오름이 아니다. 다른 풀이를 찾아야 한다. 어원을 보면 거문(검)은 '검다'와 상관이 없다. 신神을 뜻하는 '검儉'이 맞다. 단군왕검檀君王儉의 그 검으로, 검은 곰, 감, 거미 등의 글자와 같이 신을 가리켰다고 한다. 하여 거문오름, 검은오름, 거미오름은 하나같이 신성한 산을 의미한다. 거문오름이 세 개라지만 검은오름, 거미오름 등 유사한 이름까지 합치면 열 개 가까이 된다. 따라서 동검은이오름이 거미집처럼 생겨 거미오름이라 불린다는 유래 또한 전혀 근거가 없다. 그럼 어쩌다 동검은이오름에는 신이 깃들게 되었을까. 전해오는 내력은 없다. 사뭇 다른 생김새 때문일 것으로 추측할 뿐이다. 주봉만 보면 뾰족한 산이지만 기슭을 타고 흘러내린 초원은 묵직한 몸집의 산체다. 김종철 선생도 동검은이오름을 일러 "설문대할망의 색다른 취향"이라고 표현한 바 있다.

오름 이름은 의외로 생각할 거리가 많다. 따라비, 다랑쉬, 뛰꾸부니, 도너리, 불칸디, 낭끼 등 무슨 뜻인지 짐작도 안 되는 이름이 허다하다. 제주 방언에서 어원을 찾곤 하는데, 학술적 검토가 완료된 사안도 아니다. 일부의 주장 또는 학설에 그치는 게 대부분이다. 흥미로운 건, 오름 이름에서 고구려 고어가 발견된다는 사실이다. 거문오름처럼 따라비오름, 다랑쉬오름 모두 고구려 고어에서 이름의 기원을 찾는다.

아무리 발 없는 말이 천 리 간다고 하지만, 그 옛날 만주 벌판의 고대왕국과 남쪽 바다의 섬이 무슨 관계를 맺었던 것일까. 제주 오름의 기원을 단군왕검에서 찾는 것도 솔직히 뜬금없는 것 아닌가. 그 시간과 공간의 차이를 어떻게 메꿀 것인가. 이 대목에서 나는 우리 역사가 고의로 생략하는 100년의 세월을 의심한다. 몽골의 제주 지배 100년1273~1374년 말이다. 우리가 우리말로 해독하지 못하는 이름은 외래어에서 기원을 찾는 것이 마땅하다. 몽골어 이름이 내려오면서 제주 사람이 하나씩 뜻을 입히고 이야기를 얹었다고 봐야 오히려 타당하다. 우리말로는 도저히 풀이할 수 없는 이름이 오름에는 너무 많다. 중산간 오름밭은 목호의 영역이었다. 무엇보다 100년 세월이었다. 일제강점기 35년도 우리말에 얼마나 많은 흔적을 남겼는가. 한라산 어리목의 어승생악도 마찬가지다. 정조가 타는 말을 배출해서 어승생이라 한다지만 18세기 이전에도 이 오름은 어스생이라고 불렀다. 고려 최영 장군이 정말 몽골 목동만 죽였을까. 나는 아니라고 본다.

산도 아니고 들도 아니다

비산비야非山非野. 산도 아니고 들도 아니라는 뜻이다. 그럼 무엇인가. 남도 어느 산사의 스님한테서도 이 구절을 들은 기억이 있다. "절은 어디에 지어야 하느냐"는 질문에 대한 답이었다. 산도 아니고 들도 아니면 절은 어디에 있어야 하는가.

돌아보니 내 오름 여행은 산도 아니고 들도 아닌 땅을 떠도는 일이었다. 산은 신의 땅이고 들은 사람의 땅이므로, 나의 오름 여행은 그 중간 어딘가에서 헤매는 일이었다. 그 애매하고 모호한 공간이 나는 좋았다. 처음에는 사람이 없어서 좋았고, 시간이 흐른 뒤에는 사람이 너무 없는 것은 아니어서 좋았다. 두 발은 땅에 디딘 채 하늘을 올려다보는 일을 종교에 비유할 수 있다면, 중산간은 나에게 엄숙하고 숭고한 종교적인 공간이었다. 나는 스님의 말씀을 이렇게 이해했다.

하여 나의 오름 여행은 어수선한 관광이나 가벼운 산책이 될 수 없었다. 풀 한 포기 밟지 않고 꽃 한 송이 꺾지 않는 걸음이어야 했고, 사람이 남긴 생의 흔적을 어루만지는 일이어야 했다. 하여 나의 오름 여행은 이름을 매기기가 곤란하다. 자연주의여행이라고 부르기에는 사람을 너무 찾고, 걷기여행이라고 부르기에는 딴청을 너무 자주 피우고, 역사기행이라고 부르기에는 너무 자주 숲속에 들어간다. 굳이 내 여행을 부른다면 '나란히 서려는 여행'이다. 생전의 김영갑처럼 오름 곁에서 오름을 지켜보는 여행이다. 내가 김영갑에 대하여 자신 있게 증언할 수 있는 하나가 그가 머물렀던 자리다. 김영갑은 늘 오름의 곁에 있었다. 나도 그 자리에 서 있고 싶었다. 풍경으로 들어가는 것은 아직 나의 자리가 아니다. 나는 오늘도 여행의 도중에 있으므로 풍경 안으로 들어갈 수 있는 자격이 없다. 옆에 서 있을 수만 있어도 나에게는

오름은 산도 아니고 들도 아니다. 하여 제주 오름 여행은 그 중간 어딘가에서 헤매는 일이다.
김영갑이 그러했고 나 또한 그러하다.

영광이다.

야생화 트레킹은 세상에서 제일 속도가 느린 여행이다. 걷는 여행이 아니라 주저앉는 여행이어서다. 길섶에 핀 꽃과 눈을 맞추려면 제 몸을 스스로 낮추는 수밖에 없다. 더욱이 우리 꽃은 하나같이 잘다. 겨우 새끼손톱만 한 꽃을 피운다. 주저앉아도 꽃을 마주할 수 없어 나는 수없이 바닥에 엎드렸다. 야생화 트레킹은 제일 숨이 가쁜 여행이기도 하다. 거친 숨을 몰아쉬는 여행이 아니라 억지로 숨을 참는 여행이어서다. 우리 꽃은 작아서 약하다. 실바람이라도 불어오면 꽃은 제 몸을 가누지 못한다. 카메라 뷰파인더 너머의 그네들과 눈을 맞추려고 나는 수없이 숨을 멈춘 채 그네들이 숨을 고르기만을 기다렸다. 꽃을 들여다보는 여행은 세상에서 가장 낮은 여행이다. 제주의 식생은 뭍과 많이 달라서 오름밭이 아무리 들꽃 천지여도 야생화 트레킹은 쉽지 않았다. 그래도 야생화 트레킹에 나서는 마음만은 내려놓지 않았다. 꽃을 찾아가고 꽃을 들여다보고 꽃과 눈을 맞추고 꽃과 같이 숨을 쉬는 마음으로 오름을 오르내렸다. 2003년 김영갑을 맨 처음 만났을 때였다. 사진에 대해 뭐라고 말을 하고 싶은데 표현할 방법을 알지 못했다. 기껏 뱉은 말이 겨우 이랬다. "사진을 잘 몰라서요. 꼭 그림 같네요." 형님은 알고 있었다는 듯이 대답했다.

"사진은 그림과 같습니다. 화가가 캔버스에 자신이 받은 인상을 옮기듯이, 사진작가도 자신의 느낌을 카메라에 담습니다. 물론 작업방식은 많이 다릅니다. 화가는 캔버스에서 햇살과 바람을 마음껏 만들어내지만 사진은 그렇게 못하지요. 그래서 저는 기다립니다. 낮이고 밤이고 여름이고 겨울이고 내가 상상하는 화면이 나올 때까지 기다립니다. 구름을 기다리고 햇볕을 기다리고 바람을 기다립니다."

무명초無名草는 국어사전에도 나오는 단어다. 그러나 세상에 이름 없는 풀은 없다. 내가 아직 이름을 모르는 풀일 따름이다. 따라서 무명초는 추상명사다. 산야에 무명초가 없는 것처럼 도시에도 무명씨는 없다. 오름을 다니면서 배운 이치다. 어쩌면 여행은 세상을 정확히 호명하는 일이다. 카페에서 하와이안 코나 같은 원두를 지목하는 일이고, 가을 들판에서 구절초와 쑥부쟁이를 헷갈리지 않는 일이고, 이른 새벽 다랑쉬오름에 올라 붉게 물든 지미봉을 바라보는 일이다. 꼬박꼬박 그리고 또박또박 이름을 부르는 일이다.

작고 낮은 화산이지만 오름에도 저마다 이름이 있다. 이 책에도 오름 마흔 개의 이름이 있다. 한라산처럼 세상을 호령하는 산이 되지는 못하지만, 제주에는 368개나 되는 이름의 오름이 있다. 도시의 삶이 자꾸 겉도는 것은 우리가 우리의 이름으로 불리지 못해서다. 하나같이 미스터 김이고 이 과장이어서다. 한라산처럼 거대한 세상을 만들지는 못하지만, 비록 누추하나 나만의 세상 하나씩은 우리도 만들면서 산다. 하여 우리의 오름 여행은 정겹고 또 눈물겹다. 고만고만한 삶이 고만고만한 또 다른 삶을 찾아가는 여정이니 편안하고 또 서러울 뿐이다. 김영갑은 사진을 찍는 건 기다리는 일이라고 했다. 당신 곁에 서서 하염없이 기다리다 보면 삽시간의 황홀을 경험할 수 있다고 했다. 기다리는 것은 결국 남을 품는 일이다. 나도 오름에서 내 가난한 인연 정도는 말할 수 있게 됐다. 그러면 됐다.

여행정보

동검은이오름은 도로에서 떨어져 있어 주변에 아무것도 없다. 먹을 것과 식수를 챙겨야 한다. 물론 화장실도 없다. 목장 안에서는 소가 놀라지 않도록 주의를 기울여야 한다.

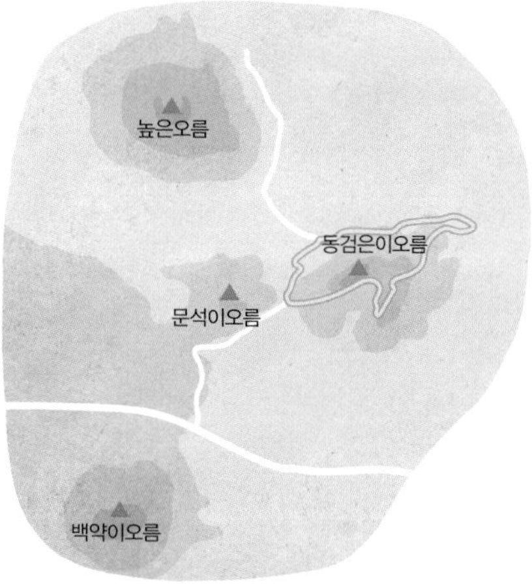

©김영갑

참고문헌 및 인용자료

○ **제주 역사문화**

김종철 지음, 『오름나그네 1, 2, 3』, 높은오름

강정효 지음, 『한라산』, 돌베개

유홍준 지음, 『나의 문화유산답사기 7』, 창비

주강현 지음, 『제주기행』, 웅진지식하우스

이성복 지음, 『오름 오르다』, 현대문학

현용준 지음, 『제주도 마을 신앙』, 보고사

김효철·송시태·김대신 지음, 『제주, 곶자왈』, 숲의틈

강영봉 지음, 『제주어 제주사람 제주문화 이야기』, 각

현길언 지음, 『제주설화와 주변부 사람들의 생존양식』, 태학사

이영권 지음, 『제주역사기행』, 한겨레신문사

최열 지음, 『옛 그림 따라 걷는 제주길』, 서해문집

허영선 지음, 『탐라에 매혹된 세계인의 제주 오디세이』, 서해문집

허남춘·허영선·강수경 지음, 『할망 하르방이 들려주는 제주음식이야기』, 이야기섬

이즈미 세이치 지음, 김종철 옮김, 『제주도』, 여름언덕

고영봉 지음, 『별방의 숨결』, 새미출판기획

○ **제주올레**

사단법인 제주올레, 「제주올레 1, 2」

서명숙 지음, 『놀멍 쉬멍 걸으멍 제주올레여행』, 북하우스

서명숙 지음, 『꼬닥꼬닥 걸어가는 이 길처럼』, 북하우스

서명숙 지음, 『식탐』, 시사IN북

서명숙 지음, 『숨, 나와 마주 서는 순간』, 북하우스

서명숙 지음, 『영초언니』, 문학동네

성우제 지음, 『폭삭 속았수다』, 강

강제윤 지음, 『올레, 사랑을 만나다』, 예담

○ 김영갑

김영갑 지음, 『섬에 홀려 필름에 미쳐』, 하날오름
김영갑 지음, 『그 섬에 내가 있었네』, 휴먼앤북스
김영갑·이생진 지음, 『숲 속의 사랑』, 우리글
양인자 외 지음, 『김영갑』, 휴먼앤북스

○ 제주 여행

허상문 지음, 『바람의 풍경 제주의 속살』, 열린시선
문신기·문신희 지음, 『제주오름 걷기여행』, 디스커버리미디어
양희주 지음, 『제주밥상 표류기』, 스타일북스
박윤정 지음, 『올라! 제주오름』, 수학여행
길을 찾는 사람들 지음, 『제주도 올레&언저리길 걷기여행』, 황금시간

○ 기타

현기영 지음, 『순이삼촌』, 창비
손세실리아 지음, 『꿈결에 시를 베다』, 실천문학사
허영선 지음, 『해녀들』, 문학동네
문충성 지음, 『그때 제주 바람』, 문학과지성사
강영란 지음, 『염소가 반 뜯어먹고 내가 반 뜯어먹고』, 문학의전당
김경욱 지음, 『천년의 왕국』, 문학과지성사
구좌문학회, '동녘에 이는 바람 2015년 제10호'
주강현 지음, 『등대』, 생각의나무
최원석 지음, 『사람의 산 우리 산의 인문학』, 한길사
유홍준 지음, 『김정희』, 학고재
이이화 지음, 『이이화의 한국사 이야기 7』, 한길사
손민호 지음, 『규슈올레』, 중앙북스
손민호 외 지음, 『미국 국립공원을 가다』, 중앙북스
이윤섭 지음, 『여말선초』, 아이필드
베르나르 올리비에 지음, 고정아 옮김, 『나는 걷는다 1, 2, 3, 끝』, 효형출판
제주관광공사, 「성산·오조 지질트레일」

제주, 오름, 기행

1판1쇄 2017년 10월 2일
1판5쇄 2022년 3월 30일

지은이 손민호
펴낸이 김정순
책임편집 오세은
디자인 이혜령
마케팅 이보민 양혜림 이다영

펴낸곳 (주)북하우스퍼블리셔스
출판등록 1997년 9월 23일 제406-2003-055호
주소 04043 서울시 마포구 양화로 12길 16-9(서교동 북앤빌딩)
전자우편 editor@bookhouse.co.kr
홈페이지 www.bookhouse.co.kr
전화 02-3144-3123
팩스 02-3144-3121

ISBN 978-89-5605-826-9 (03980)